本书得到"山西省基础研究计划资助项目（青年）"（202103021223291）的资助

风电场及风电机组的
最优维修决策
模型与方法

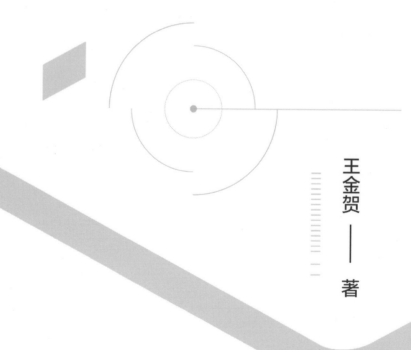

王金贺 —— 著

经济管理出版社
ECONOMY & MANAGEMENT PUBLISHING HOUSE

图书在版编目（CIP）数据

风电场及风电机组的最优维修决策模型与方法/王金贺著 . —北京：经济管理出版社，2024.3

ISBN 978-7-5096-9635-4

Ⅰ.①风…　Ⅱ.①王…　Ⅲ.①风力发电—发电厂—电气设备—维修—决策模型—研究 ②风力发电机—发电机组—维修—决策模型—研究　Ⅳ.①TM614 ②TM315

中国国家版本馆 CIP 数据核字（2024）第 054312 号

组稿编辑：谢　妙
责任编辑：谢　妙
责任印制：黄章平
责任校对：蔡晓臻

出版发行：经济管理出版社
　　　　　（北京市海淀区北蜂窝 8 号中雅大厦 A 座 11 层　100038）
网　　址：www. E-mp. com. cn
电　　话：（010）51915602
印　　刷：唐山玺诚印务有限公司
经　　销：新华书店
开　　本：720mm×1000mm/16
印　　张：19
字　　数：330 千字
版　　次：2024 年 3 月第 1 版　　2024 年 3 月第 1 次印刷
书　　号：ISBN 978-7-5096-9635-4
定　　价：88.00 元

前　言

受化石能源短缺和环境恶化的影响，人们的全球环保意识逐渐增强，可再生能源得到了广泛关注，并在过去几十年里迅速增长。在可再生能源中，风能因低成本、无污染等优势被认为是电能生产中取之不尽的清洁能源之一，且在过去几十年里取得了里程碑式的发展。成本的大幅下降和作为电力需求供应的重要潜力已经充分证明，风能在未来将会保持强劲的增长趋势。然而，风电场通常坐落在偏僻地带或者近海区域，恶劣的运行环境导致的高昂运维成本对风电行业提出了挑战。因此，分析风电场的运维特性、研究风电场和风电机组的维修决策建模及优化、提高风电行业经济效益和市场竞争力成为亟须解决的前沿问题。

本书针对风电场实际运维中风电机组结构复杂和环境恶劣等原因导致的维修成本较高、维修效果与实际不符，以及间歇性风速导致的不可避免的能源生产中断等问题，考虑风电场中机组之间存在的强经济相关性，从风电场和风电机组两个维度对机组的维修决策问题展开阐述，主要内容如下：

第一，风电场多设备并联系统维修决策建模和优化研究。将风电场中单台风电机组系统视为一个独立运行的设备，整个风电场则可以看作一个多设备并联系统。机组发生故障被认为是"排队系统中顾客的到达"，笔者利用排队论框架构建了风电机组在固定故障率和变故障率下发生故障的两种多设备并联系统成组维修决策模型。

第二，大型可修系统非完美维修效果的表达以及风电机组定周期非完美预防性动态维修决策建模。考虑到大型可修系统（如风电机组）的维修往往存在非完美的情况，根据系统实际的运维特性，笔者分析了影响机组非完美维修效果的直观因素，利用这些直观因素，在系统历史故障数据的基础上构建了故障率函数更新模型。基于此模型，笔者提出了考虑非完美效果的风电机组的定周期预防性动态维修策略，并给出了相应的优化方法。

第三，非完美维修效果下风电场多设备并联系统的动态成组维修决策建模和优化研究。基于前文构建的风电场成组维修框架，在机组故障率函数更新模型的基础上对风电场动态成组维修决策建模，笔者提出了并联系统在任意一个成组维修期内的平均费用率模型，通过数值实验和算例分析验证了模型的正确性、动态性和有效性。

第四，风电场多设备并联系统的状态成组维修决策建模和优化研究。笔者利用状态监测技术提供的信息判断机组劣化的程度，在风电场成组维修模型的基础上，探讨了风电场状态成组维修模型的构建和优化方法。在此过程中，分析了机组在每个维修决策点上各种可能的维修场景，由此推导出机组劣化状态演变的稳态规律，给出了机组状态维修下的稳态概率密度函数，解决了机组之间的维修相关性问题。

第五，间歇性风速影响下的机组维修决策建模和优化研究。风电机组运行的特殊性就在于能源产出不受控制，风速的间歇性不可避免地会造成机组的生产中断，这为风电机组的维修提供了外部机会。基于此，笔者研究了机组在常规运行条件下和外部机会条件下的状态维修决策模型，并通过数值分析验证了模型的经济优势。

第六，风电机组的内外联合机会维修决策建模和优化研究。在机组外部机会维修决策模型的基础上，融合故障机组提供的内部维修机会，充分利用二者在维修中的优势，笔者提出了机组的内外联合机会维修策略。在此模型推导过程中，分析了机组劣化演变的稳态规律，计算了在常规运行和外部机会两种情况下，机组在各个维修决策点被维修的概率，继而利用半更新理论建立了机组的成本率模型。实例分析表明，此模型能够合理分配维修资源，使机组的经济效益最优。

全书共分为13章。第1章介绍了本书的研究背景、意义，以及国内外研究现状等。第2章、第3章和第4章阐述了利用排队论对机组进行成组维修决策建模的思想，以及在固定故障率和变故障率下风电机组维修决策的建模方法和优化求解过程。第5章和第6章分别介绍了故障率函数更新模型下风电机组定周期预防维修决策模型，并建立了通用的大型可修系统非完美维修效果模型，对模型的正确性和灵敏性进行了分析和验证。第7章和第8章分别介绍了如何将风电机组非完美维修效果模型应用到机组的动态非完美预防维修决策建模和风电场的动态成组维修决策建模过程中。第9章介绍了基于状态维修思想对风电场进行最优成组维修决策建模的过程。第10章介绍了风电场运维环境中风速间歇性特征，并提出了停风期机会的概念，以及将停风期机会与风电机组维修决策建模相结合的思想。第11章和第12章分别介绍了基于停风期机会对机组进行维修决策建模，以及考虑在内外两种维修机会的情况下对机组进行联合维修决策建模的过程和优化方法。第13章对研究内容进行了总结与展望。

本书的完成得到了中北大学副校长曾建潮教授的鼎力支持和帮助。曾建潮教授严谨求实、孜孜不倦和虚怀若谷的学术作风，以及乐观、豁达，仰之弥高、钻之弥坚的人格魅力使我体悟到科研工作者应该具备的修养和品格，更让我明白了很多人生哲理，这将令我受益终生。感谢曾建潮教授对我科研工作的悉心指导和谆谆教诲。

太原科技大学工业与系统工程研究所依托承担的国家自然科学基金项目、山西省青年基金项目、山西省高等学校科技创新项目等，对风电场及风电机组的最优维修决策及其应用问题进行了深入的分析和研究，并取得了一系列的研究成果，这些成果构成了本书的主要内容。本书的研究工作还得到山西省重点研发计划项目及山西省人文社会科学重点研究基地装备制造业创新发展研究中心的资助，在此表示深深的感谢。

由于笔者水平有限，书中难免存在不妥之处，恳请各位专家和广大读者批评指正。

王金贺
2023 年 7 月

目　录

第1章　绪论 / 1

1.1　研究背景及意义 / 3

　　1.1.1　风电机组的工作原理 / 5

　　1.1.2　风电机组的最优维修决策研究 / 6

　　1.1.3　风电场的最优维修决策研究 / 7

1.2　风电机组及风电场的维修决策研究现状 / 7

　　1.2.1　风电机组维修决策研究现状 / 8

　　1.2.2　风电场维修决策研究现状 / 12

1.3　问题的提出 / 14

1.4　研究内容和结构安排 / 17

　　1.4.1　研究内容 / 17

　　1.4.2　结构安排 / 18

第2章　基于排队论的风电场成组维修思想 / 21

2.1　成组维修策略 / 23

　　2.1.1　系统假设 / 23

　　2.1.2　维修策略描述 / 24

　　2.1.3　成组维修决策模型 / 24

2.2　故障机组的维修排队模型 / 25

2.2.1　排队论思想 / 25

2.2.2　故障机组的到达服从泊松分布 / 27

2.2.3　故障机组到达的相继时间间隔 / 29

2.2.4　故障机组的排队规则 / 30

2.2.5　故障机组的服务机构 / 30

本章小结 / 32

第3章　固定故障率下风电场成组维修决策建模 / 33

3.1　固定故障率下成组维修模型 / 35

3.1.1　固定故障率下故障机组逗留时间期望值 / 35

3.1.2　固定故障率下目标函数求解 / 36

3.2　固定故障率下维修优化模型验证 / 37

3.2.1　固定故障率下策略对比 / 37

3.2.2　固定故障率下灵敏度分析 / 38

本章小结 / 42

第4章　变故障率下风电场成组维修决策建模 / 45

4.1　变故障率下成组维修模型 / 47

4.1.1　故障机组的到达规律 / 47

4.1.2　变故障率下故障机组的平均等待时间 / 49

4.1.3　变故障率下目标函数求解 / 50

4.2　变故障率下数值实验 / 51

4.2.1　变故障率下成组维修优化模型验证 / 51

4.2.2　变故障率下策略对比 / 51

4.2.3　变故障率下灵敏度分析 / 52

4.3　案例研究 / 58

本章小结 / 60

目 录

第5章　故障率函数更新模型下风电机组定周期预防维修决策 ／ 63

5.1　风电机组维修特性 ／ 65

5.1.1　风电机组故障率函数的定义及其函数间关系 ／ 66

5.1.2　风电机组的常见故障 ／ 67

5.1.3　风电机组的基本维修方式 ／ 67

5.1.4　风电机组的初始故障率函数 ／ 67

5.2　系统定义 ／ 69

5.2.1　系统描述 ／ 69

5.2.2　系统假设 ／ 69

5.3　维修策略描述 ／ 70

5.4　风电机组故障率函数更新模型的构建 ／ 71

5.4.1　虚龄因子和有效役龄的确定 ／ 72

5.4.2　风电机组故障率加速因子的确定 ／ 73

5.4.3　风电机组故障率函数更新模型 ／ 74

5.5　风电机组的维修次数、维修成本及维修时间 ／ 75

5.5.1　风电机组的小修次数 ／ 75

5.5.2　风电机组的小修成本和小修时间 ／ 76

5.5.3　风电机组的预防性维修成本和维修时间 ／ 76

5.5.4　风电机组的停机损失和停机时间 ／ 77

5.5.5　风电机组的维修准备成本 ／ 77

5.5.6　风电机组的总维修成本和总维修时间 ／ 78

5.5.7　风电机组的有效度 ／ 78

5.5.8　定周期预防性维修决策模型的求解 ／ 78

5.6　数值实验 ／ 79

5.6.1　决策变量对目标值的影响 ／ 80

5.6.2　经济性分析 ／ 81

5.6.3　灵敏度分析 ／ 83

本章小结 ／ 85

第6章 大型可修系统非完美维修效果建模 / 87

6.1 大型可修系统非完美维修效果模型的建立 / 89

6.1.1 大型可修系统虚龄因子的确定 / 90

6.1.2 大型可修系统虚拟役龄的确定 / 92

6.1.3 大型可修系统故障率更新因子的确定 / 93

6.1.4 大型可修系统故障率函数更新模型 / 94

6.2 故障率函数更新模型验证 / 97

6.2.1 正确性分析 / 97

6.2.2 灵敏性分析 / 99

6.2.3 维修费用等对模型的影响 / 101

6.3 案例分析 / 104

本章小结 / 109

第7章 风电机组最优动态非完美预防维修决策 / 111

7.1 系统描述 / 113

7.1.1 系统定义 / 113

7.1.2 系统假设 / 113

7.1.3 维修策略 / 114

7.1.4 费用率模型 / 114

7.2 风电机组的维修次数、维修成本及维修时间 / 115

7.2.1 风电机组的小修次数 / 115

7.2.2 风电机组的小修成本和小修时间 / 116

7.2.3 风电机组的预防性非完美维修成本和维修时间 / 117

7.2.4 风电机组的停机时间和停机损失 / 118

7.2.5 风电机组的维修准备成本 / 118

7.2.6 风电机组总维修成本和总维修时间的建立 / 118

7.2.7 风电机组的有效度 / 118

7.2.8 目标模型 / 118

目 录

7.3 模型最优解分析 / 119

7.4 应用研究 / 123

    7.4.1 模型参数取值 / 124

    7.4.2 模型中虚龄因子和故障强度更新因子的变化 / 124

    7.4.3 经济性分析 / 126

    7.4.4 灵敏性分析 / 127

本章小结 / 130

第8章 考虑非完美维修效果的风电场动态成组维修决策 / 131

8.1 系统描述 / 133

    8.1.1 系统假设 / 133

    8.1.2 动态成组维修策略描述 / 134

    8.1.3 最优维修决策模型 / 134

8.2 风电机组的故障率函数和平均维修时间 / 136

    8.2.1 风电机组的故障率函数 / 136

    8.2.2 故障机组的平均维修时间 / 141

8.3 故障机组的平均等待时间 / 142

8.4 数值实验 / 144

    8.4.1 经济性分析 / 145

    8.4.2 灵敏性分析 / 148

8.5 实例分析 / 159

    8.5.1 动态成组完美维修 / 160

    8.5.2 动态成组非完美维修 / 160

    8.5.3 结果分析 / 162

本章小结 / 163

第9章 考虑状态维修的风电场成组维修决策建模与优化 / 165

9.1 系统描述 / 167

    9.1.1 单台风电机组状态建模 / 167

9.1.2　模型假设 / 168

9.1.3　状态成组维修策略 / 168

9.2　状态成组维修模型 / 169

9.2.1　系统状态成组维修概率的确定 / 170

9.2.2　成本率模型 / 174

9.3　风电机组的稳态概率密度函数 / 175

9.3.1　风电机组的维修情景分析 / 175

9.3.2　风电机组的稳态概率密度函数求解 / 178

9.4　数值实验 / 182

9.4.1　稳态概率密度函数模型验证 / 182

9.4.2　稳态概率密度函数的正确性分析 / 185

9.4.3　稳态概率密度函数在具体维修策略中的有效性分析 / 185

9.5　算例分析 / 188

9.5.1　状态成组维修模型求解 / 188

9.5.2　策略对比 / 191

9.5.3　灵敏性分析 / 192

本章小结 / 194

第10章　风电场风速间歇性特性及停风期机会到达规律 / 195

10.1　问题描述 / 197

10.2　风期分布 / 198

10.3　停风期机会到达规律 / 200

本章小结 / 200

第11章　考虑风速间歇性的风电机组最优机会维修决策 / 203

11.1　最优机会维修策略 / 205

11.1.1　风电机组的劣化过程 / 206

11.1.2　常规运行条件 / 206

11.1.3　外部机会条件 / 206

11.2　最优机会维修模型 / 208

11.2.1　成本率模型 / 208

11.2.2　常规运行条件下的平均更新成本和更新长度 / 208

11.2.3　外部机会条件下的平均更新成本和更新长度 / 215

11.3　数值实验 / 222

11.3.1　策略对比 / 222

11.3.2　灵敏性分析 / 225

本章小结 / 228

第12章　风电机组内外联合机会维修决策建模与优化 / 231

12.1　系统描述 / 233

12.1.1　系统退化特征 / 233

12.1.2　内外联合机会维修策略 / 234

12.1.3　成本率模型 / 235

12.2　四种情境下的更新成本和长度 / 236

12.3　风电机组的稳态概率密度函数 / 245

12.3.1　维修场景分析 / 245

12.3.2　稳态概率密度函数的数值求解 / 249

12.4　数值实验 / 251

12.4.1　稳态概率密度函数验证 / 252

12.4.2　模型优化求解 / 257

12.4.3　策略对比 / 260

12.4.4　灵敏性分析 / 261

本章小结 / 265

第13章　总结与展望 / 267

13.1　总结 / 269

13.2　展望 / 271

13.2.1 针对风电机组的维修决策研究方向 / 271

13.2.2 针对风电场的维修决策研究方向 / 272

参考文献 / 273

第 1 章

绪 论

1.1 研究背景及意义

随着人类文明的进步，大量不可再生能源被开采，并由此带来了一系列环境破坏问题，于是人们开始注重开发风能和太阳能等[1] 可再生清洁能源。其中，风能[2,3] 作为一种低成本、高弹性的绿色可持续能源得到了世界各国的关注和重视[4,5]。随着风电技术的发展[6,7] 及多兆瓦复杂风电机组在陆上及近海的投入运行[8]，风电行业在全球展现了强劲的发展趋势[5,9,10]。

在发展初期，全球风电产业大部分集中在欧洲市场，近年来随着发展中国家新兴市场的不断崛起，巴西、中国及印度等国家的风电装机容量有了大幅增加。截至 2021 年末，全球有超过 80 个国家和地区已经安装了风电系统，其中 26 个国家已经达到了 1GW 的风电容量。据相关数据统计，2022 年全球风电市场新增装机容量及累计装机容量分别达到了 100.6GW① 和 906GW，如图 1-1 所示。2021 年，在全球风电年新增装机容量排名前 5 位的国家和地区中，中国（47.57GW、338.31GW），美国（12.75GW、134.4GW）稳居前 2 位（见图 1-2）。

图 1-1 2012~2022 年全球风电年新增装机容量及累计装机容量（单位：MW②）

---

① GW 即吉瓦。
② MW 即兆瓦。

截至 2022 年 11 月底，我国风电装机容量达到 350GW，同比增长 15.1%，在全球风电市场遥遥领先[2,11]。根据目前发展趋势预测，全球新增装机容量和累计装机容量将在 2050 年分别达到 208GW 和 5806GW，这足以说明风电行业具有巨大的发展潜力且表现出了规模化发展趋势。

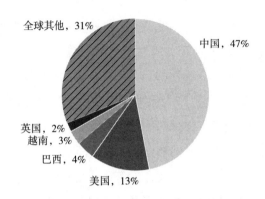

图 1-2　2021 年全球风电年新增装机容量排名前 5 位的国家和地区

尽管风力发电事业蒸蒸日上，但是风电机组（Wind Turbine，WT）高昂的维护和维修（Operation and Maintenance，O&M）费用[12]带来的极大运维成本[13]对风电企业提出了挑战[14,15]。例如，对于单台容量为 750kW① 的风机而言，在 20 年的寿命周期中，其运行和维修费用占了其投入成本的 75%～90%[5,16,17]。根据风电行业领先的咨询公司——GARRAD HASSAN 的统计，陆上风电场中的每台风电机组每年的平均运维费用高达 3 万欧元，海上风电场中的每台风电机组每年的运维费用更是前者的两倍多。因此，合理的维修维护计划不仅是保证风电机组可靠、安全、高效运行的前提，也是提高风电场经济效益和市场竞争力的关键。不同于传统制造系统，风电机组的运行主要借助风能，一般都建设在地广人稀的偏僻地带或者近海地区。由于设备体型庞大、运维环境恶劣等导致机组的维修可达性低，再加上管理控制策略的不完善和设计安装时的缺陷致使风电机组在运行过程中发生故障的概率较高，维修的难度较大、成本较高。

———————
① kW 即千瓦。

因此，针对风电机组的运维特性，为风电机组制定合理的维修规划，在保证系统高效运行的同时降低运行成本，是提高风电行业市场竞争力的重要任务之一。

1.1.1 风电机组的工作原理

风电机组系统主要由基座、控制系统、塔架、偏航系统、叶片、轮毂、风轮轴、机舱盖、发电机、传动装置、齿轮增速箱、电缆和各子系统链接设备等部件组成，它是一个集机械、液压、电气、通信、机电等多学科于一体的复杂的多部件系统，如图 1-3 所示。

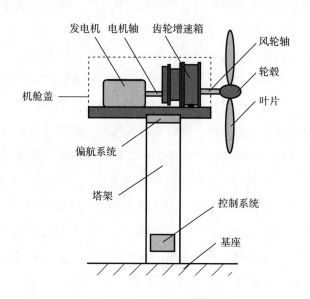

图 1-3 风电机组系统结构简图

在风电机组系统中，叶片将外界的风能转化成机械能，并通过齿轮增速箱对叶片进行提速后，由发电机将动能转换成电能。塔架将机舱高高举起，接受高处的风能，而塔架上方的偏航系统可以及时检测风向信号，降低不稳定风向对机组输出功率的影响。

1.1.2 风电机组的最优维修决策研究

由图 1-3 可知，风电机组是一个大型复杂的多部件系统，而且近年来随着工业水平的提高，风电机组系统呈现出部件数量增加、结构复杂化和型号多样化的趋势，这在提高风电机组风能利用率的同时也增加了维护和维修的难度。在实际情况中，对于此类复杂系统而言，部件之间的运维并非独立，而是存在某种或者某几种相互作用的关系。Thomas[18] 将多部件系统中部件之间的依赖关系划分为三类：结构依赖性（Structure Dependence）、经济依赖性（Economic Dependence）和随机依赖性（Stochastic Dependence）。其中，结构依赖性认为部件之间存在结构上的关联，即对某个部件维修时也必须对其相关部件进行检查维修；经济依赖性指的是对多个部件同时进行维护和维修比单独对某个部件进行维护和维修更能节省成本；随机依赖性在实际中较为常见，其认为某个部件的劣化或者故障会直接或者间接影响其他部件的退化速度。结构依赖性和随机依赖性的存在增加了多部件系统在可靠性分析和维修建模方面的难度，继而使维修成本上升。而经济依赖性实质上是对维修资源的共享，能够有效利用每一次维修机会以大幅度降低维修成本，因此对于化工、核电站、风电场和煤矿等位于偏僻地带、维修准备成本（Setting up Cost，C_{set}）较高且维修资源调度困难的生产制造系统具有重要作用。其中，维修准备成本指的是在维修活动实施之前，由于调整机器、布置生产线、清理现场及准备产品模具等活动所产生的机械、人工等相关费用。显然，多部件之间的相关关系是研究多部件系统维修决策建模不容忽视的关键因素。位于偏僻地带或者近海地区的机组系统的各个组件相对于传统工业系统来说都是大型设备，且大部分处于高空或者海上，维修活动的实施需要大型起吊设备（如起重机或塔吊等）辅助完成，而大型起吊设备的租赁和使用费用远远超过了维修成本[19,20]，这就导致风电机组系统的维修准备成本较高。因此，在一定维修资源的限制下，应考虑 C_{set} 对风电机组维修成本的影响，根据最优的维修决策，制定合理的维修规划来降低风电场维修成本是亟待解决的重要问题。

此外，在实际维修操作中，对于寿命较长的大型设备或者部件而言，维修后（除更换外）的性能不可能完全恢复，这就产生了所谓的非完美维修[21]，风电机组系统也不例外。随着使用时间的增加，风电机组不断磨损老化，一旦某个部件发生故障，便面临高昂的更换成本，管理人员往往采取的是非完美维修而非更换。因此，在维修决策中，若不能及时更新衡量风电机组系统或部件健康状况的指标，势必造成风电机组系统的过维修或者欠维修，使决策结果与实际情况存在偏差。除此之外，风电机组对电能的输出受到风速间歇性的影响，使功率的输出不受控制，在对风电机组进行维修决策研究时考虑外部风的影响将使维修策略更具有实际意义。

1.1.3 风电场的最优维修决策研究

考虑到风电场通常由数十台或者上百台功能和规格相同且独立运行的风电机组组成，可以将风电场视为一个典型的多设备系统。为了保证风电场较高的输出功率，专家、学者和工程师在前期的风电场布局和地域选择方面会进行统筹规划，并会提出不同的模型[22-25]，旨在使风电场能够充分利用所在区域的风能。

但是，布局和选址一旦确定，风电场未来几十年都将面对维护和维修问题，尤其是对于超过质保期的风电机组系统而言，维修问题显得尤为重要。通过对风电机组系统最优维修决策的分析可知，高昂的维修准备成本和恶劣的运行环境是风电机组区别于普通制造系统的主要特征，这就使学者对风电场最优维修决策的研究不得不考虑在共享 C_{set} 的同时确保维修活动实施的便利性。近年来，从风电场整体视角来看，通过考虑多台风电机组之间的相互关系和维修活动的可实践性来分析全局最优维修策略的建模和优化问题是风电场系统中维修决策领域的研究趋势，亦是挑战。

1.2 风电机组及风电场的维修决策研究现状

作为新兴产业，针对风电机组部件或者系统的维修方式主要有两类：故障后维修（Corrective Maintenance，CM）和预防性维修（Preventive Maintenance，PM）。虽然 CM 一般发生在设备故障之后，具有被动性，但却最大限度地保证了设备的运行时间，在一定程度上节约了维修成本。PM 则是在设备故障来临之前对其进行一系列的检查、润滑、调整等以保证设备的持续运行，其又可以分为基于时间的维修（Time-based Maintenance，TBM）及基于状态的维修（Condition-based Maintenance，CBM）。虽然 PM 克服了 CM 的被动缺陷，同时能在一定程度上阻止设备故障的发生，但是频繁的 PM 必然导致较高的维修成本以及造成停机损失。因此，二者在机组以及风电场维修决策中的应用必须合理安排。

1.2.1 风电机组维修决策研究现状

风电机组作为电能输出的关键设备，其可用性、可靠性及安全性是整个风电场高效运行的重要保障。研究风电机组可靠性的第一步是能够准确预测其可能发生的故障[19,20,26-31]，在风电行业发展初期，学术界倾向于从风电机组的监控和数据采集系统（Supervisory Control And Data Acquisition，SCADA）[32] 着手，对收集的故障数据进行分析，提出了风电机组的故障预测和诊断方法[33]，继而构建了故障数据管理系统[34]，并由此提出了各种 PM 策略[35]。例如，Kusiak 和 Li[36]通过分析从 SCADA 中获得的故障数据，基于故障和无故障预测、根据严重性对故障分类和具体故障预测三个方面提出了机组故障的预测和诊断方法，该模型能够在故障发生前 5~60 分钟给出预测。Nielsen 和 Sørensen[35] 提出了采用贝叶斯事先预测决策理论对海上风电机组制定合理的优化配置，旨在使海上风电机组的风险最小。

随着维修决策建模技术在风电机组系统中的应用，机组关键部件之间的依赖关系开始被关注。其中，机会维修根据设备（部件）之间的经济依赖性被提出，是指在维修故障部件的同时将其他没有发生故障但劣化状态达到某一给定维修阈值的部件一起维修，通过共享维修成本达到降低总维修成本的目的。目前的机会维修模型有 TBM 和 CBM 两种主要的框架[28,37]。一般情况下，维修机会来源于其他故障部件导致的生产中断。在 TBM 中，对部件实施维修的阈值是时间类型[38,39]。例如，周健[40] 提出了在非等周期预防性维修时间间隔的基础上优化机组的各个部件，以机会维修成本结余最大为目标函数来优化机会维修组合。鄢盛腾等学者[41-44] 则是在风电场实际运行天数的基础上，考虑机组关键部件之间的随机性和确定性关系提出了机会维修策略。陈玉晶等[45,46] 以经济性和停机次数为优化目标，以可靠度为约束条件建立了机组中变桨系统多部件机会维修策略模型。

由于 CBM 能够根据安装在系统上的传感器发出的信号对系统的状态进行准确评估，使其成为大型设备维修中较先进的维修技术之一，于是人们开始关注 CBM 策略在风电机组关键部件中的应用。de Jonge 等[47]、Alaswad 和 Xiang[48] 分析了 CBM 较 TBM 在退化过程、故障严重程度、准备成本要求、状态测量精确性等方面的实用性。从单部件系统的 CBM 模型[49] 到多部件系统退化状态的多目标模型[50,51]，CBM 在保证部件经济性和可用性的同时，很好地提高了系统的可靠性[52-55]。学者通过将 PM[30] 与 CBM 相结合，提出了状态机会维修策略（Condition Based Opportunistic Maintenance Strategy，CBOMS）的概念[56,57]，并建立了状态机会维修模型，由此衍生了一系列机会维修策略[29,31,35,58,59]。在 CBM 机会维修模型中，维修活动的实施取决于当前系统的劣化状态是否超过了给定的状态阈值[49,60]。张路朋等学者[61-63] 将 CBM 与机会维修相结合，通过对机组系统中多个处于不同劣化状态的关键部件进行同时维修，有效降低了机组的维修成本。Li 等[64] 以风电机组的轴承裂变为研究对象，建立了轴承裂变探测的多维变量分解模型，这一模型能够解决大速度或者荷载波动时多渠道信号的接收问题，同时提高风电机组的可用性并降低风能成本。考虑到多种类型的内部（由系统退化造成的老化、磨损和裂缝等）和外部（由严酷的海上环境引起的极寒、风吹和波浪冲击等）冲击，Shafiee 等[65] 提出了在应力腐蚀裂痕和环境冲击条件下海上多叶片风电机组的最佳机会状态维修模型，系统地分析了风电机组的退化过程。Sarker 和 Faiz[30] 提出了一种将预防性替换和预防性维修策略相结合的新维修策略模型，并发现风电机组系统关键部件的维修成本主要受到部件寿命组数量和寿命阈值设定的影响。符杨等[66] 从 PM 和 CM 两个方面来界定机会的概念，提出了海上风电机组维修可及度指标，将风速和浪高作为影响海上风电机组维修可及性的两个主要因素，并通过马尔科夫法来模拟风速和浪高，研究其对风电机组维修可及性的影响。Duan 等[50]、Babishin 和 Taghipour[67] 对由多个部件组成的系统提出了最优的 CBM 策略，同时 Qiu 等[68] 讨论了多种故障模式下系统可用度的维修模型。在此期间，van der Linden 等[34] 对风电机组进行了定期或实时的状态监测，记录其故障数据，并对这些数据进行汇总、分析，构建了风电机组的故障数据管理系统。

通过以上综述不难发现，无论是 TBM 还是 CBM，以上模型均假设部件或系统在每一次维修后,其性能都能恢复如新。在实际工程中,风电机组系统是一个复杂的大型可修系统[5,69],此类工业系统在运行过程中一旦出现故障,受高昂更换成本的影响,维修人员往往会选择对其实施维修而非更换,以保证系统有效的运行寿命[14]。为了更确切地描述这一普遍现象,学者对大型可修系统被维修后的可靠性评估产生了浓厚的兴趣。对系统作业现场故障数据的收集和分析结果能准确反映出服役中工业系统的可靠性水平。目前,基于现场故障数据的可靠性评估建模技术主要有两种:寿命分布过程和随机点过程。前者通过威布尔分布模型[70]、对数分布模型[71]及比例风险模型[72]等各种理想化模型对系统的可靠性进行理论建模,导致评估结果与工程实际存在偏差,其更适用于工业生产中不可修系统的可靠性评估。后者是基于随机理论,在计算机技术的发展下形成的可靠性评估技术,其认为系统故障点的发生不可预测,通过普通更新过程(Renewal Processes,RP)、非齐次泊松过程(Non - Homogeneous Poisson Processes,NHPP)、广义更新过程(Generalized Renewal Processes,GRP)[21,73]和比例强度过程(Proportional Intensity Processes,PIP)[69]四种模型很好地描述了可修系统的完全维修、最小维修和非完美维修等。RP 模型和 NHPP 模型一般应用于系统的完美维修和最小维修,而 PIP 模型由于其仿真结果的复杂性,阻碍了其在工程实际中的应用。在 GRP 中应用最广泛的是虚拟役龄(虚龄)模型,其通过虚拟役龄描述了可修系统的非完美维修效果。Kijima 等[73]和 Doyen 等[74]认为,系统的虚龄是其维修次数和运行时间的函数,并根据维修效果将虚龄的表达分为模型Ⅰ和模型Ⅱ两种类型,前者假设本次维修活动仅能修复部件或者系统在两次故障之间产生的损伤,后者则假设当前维修活动能够修复本次故障前产生的所有损伤。在 Kijima 模型的基础上,学者进行了进一步研究,Bartholomew-Biggs 等[75]和 Jacopino 等[76]对 Kijima 提出的两种模型进行了比较和分析,讨论了模型中各参数的灵敏性。Rodionov 等[77]分析了系统虚龄对在不同故障率函数中描述役龄变化的 β 参数的影响,更有学者提出了多状态系统的非完美维修模型[78],旨在使系统在长期时间域内的费用率最低。Doyen 和 Gaudoin[79]在 Kijima 模型的基础上从几何降低和强度降低两个方面进行理论建模,描述了非完美维修后系统(部件)役龄或者故障强度的变化。

在实际工程中,大型可修系统的可靠性与其故障率函数密切相关[80],取决于自身役龄的变化和对维修效果的影响，并且维修后，其性能的恢复介于"完全更新"和"完全如旧"之间，非完美维修效果的表达能够更贴合实际地描述维修对大型可修系统故障率函数的影响。

既往研究较少探讨风电机组系统中的非完美维修。Zhang 等[29] 和张琛等[81] 在考虑部件之间经济依赖关系的基础上，利用混合风险比例模型描述了非完美维修对部件的影响，提出了具有可靠性约束的部件机会非完美维修策略模型。赵洪山等[82] 在考虑非完美维修的情况下完善了威布尔比例风险模型，根据部件被维修的程度建立了非完美维修策略模型。

此外，风电机组系统的输出功率受到外界随机风速的影响，而在自然条件下，风速具有间歇性，当其低于某一个阈值（如风速低于 3m/s）时，机组功率输出会中断，可以将这种不可避免的能源中断视为系统的一个外部维修机会[27,83]。利用此机会对风电机组实施预防性维修，不仅能够降低机组发生不可预测故障的概率，而且解决了在恶劣条件下不能实施维修活动[84,85] 的问题，同时提高了机组在常规运行条件下的机会维修成本。

在制造系统和生产系统[83] 中，外部维修机会[86,87] 指的是由于原材料短缺、恶劣运维环境[88,89] 和生产中断等不可避免的情况带来的维修机会。为了充分利用这些外部维修机会，Pandey 等[90,91] 利用两个连续的任务执行间隙基于 CBM 提出了针对两部件或多部件系统的选择维修模型。Dao 等[92] 针对多状态的串并联系统建立了机会维修模型来帮助管理者在连续两次任务有限的故障间隔内合理地分配维修设备。Nakagawa 等[38,93] 综述了在不同的运维环境中机会与定周期的检测策略。考虑到制造系统的生产间歇性，学者开始将系统的生产等待阶段作为外部维修机会融入 TBM[94] 和 CBM[83] 策略进行研究，在这些文献中，外部机会的到达被认为是齐次泊松过程（Homogeneous Poisson Process，HPP）。在机会产生遵循 HPP 的基础上，学者研究了单部件系统的机会维修策略[95]。此外，Ba 等[88] 和 Yang 等[96] 还提出了考虑非齐次泊松机会到达和随机机会间隔的机会维修模型。

目前关于风电机组的机会维修模型主要来自内部机会[26,27,65,67,97-100]。然而，在风电场中，随机风速不仅直接决定了机组功率的输出，而且影响维修活动的实施和可达性[1,101]。为此，Abdollahzadeh 等[102] 提出了考虑随机风速的风电场两目标机会维修优化，然而优化过程通过仿真实验进行，降低了模型的实践性。

以上研究从风电机组的故障诊断预测入手，分析了非完美机会维修策略模型和随机风速对风电机组系统维修决策的影响，既考虑了风电机组关键部件之间的经济依赖关系，也考虑了部件故障的随机性和不确定性，很好地描述了关键部件的劣化过程，这在很大程度上提高了机组的可靠性。但是，关于风电机组系统维修决策的研究更多地倾向于系统中某个或者某几个关键部件而非系统整体。在实际运行中，风电场中存在很多个相同类型的风电机组系统，这些风电机组之间存在很强的经济相关性，从风电场整体角度分析维修管理更能凸显维修决策的经济效益。

1.2.2 风电场维修决策研究现状

受维修工具和恶劣运行环境的限制，风电场中机组的维修成本高昂，而准确、及时地对机组的可靠性水平做出评估，能够有效避免不必要的支出，从而降低机组的维修成本。为此，肖运启等[103]对大型风电场的运行状态进行了综合分析，并给出了综合评价策略，这对风电场维修资源的分配和调用提供了参考。国外学者对风电场的研究集中在风电场的布局优化上。Bansal 和 Farswan[22]通过生态地理学理论解决了风电场布局优化问题，该方法不仅可以确定风电场的位置，还可以确定风电场中风电机组的安装数目。Wang 等[23]提出了风电场的土地有效性问题，将拥有风电场土地所有权的部门考虑进来，根据土地的有效性建立模型统筹规划风电场布局，使其达到最优。Parada 等[24]和 Li 等[25]分别通过高斯混合模型和超启发式数学方法对风电场布局中的选址进行了优化，前者利用遗传算法最小化年风能成本、最大化风电场经济效益，后者利用建立的超启发式数学模型最小化陆地使用面积、最大化风能年产量。Mirhassani 和 Yarahmadi[104]在前人研究成果的基础上，根据不同轮毂高度下多种机组的最小作用建立交互矩阵，提出了确切的数学方程。由于风电场的布局受到很多不确定性因素的影响，如风向的不确定性、天气变化、生产中的不确定性风险等，于是 Ursavas[105]将不确定性天气条件对风电场安装的干扰性转化成相应的参数，建立了解决风电场安装布局优化的模型，利用本德斯分解方法求解。Yin 等[106]从因风向不确定性导致的生产风险角度出发建立模型，通过蒙特卡罗仿真部件运行状况获得来自风的概率密度的最大样本数。也有学者根据海上风电场的多标准选择确定风电场的统计模型[107-109]。除了对风电场布局选址问题的研究，也有学者从风电场电网布局的角度进行考虑。例如，Yao 等[110]、Rashid 和 Ali[111] 研究了双馈感应发电机（Doubly Fed Induction Generator，DFIG）和直接驱动永磁同步发电机（Direct-Driven Permanent-Magnet Synchronous Generator，D-PMSG）相结合的混合风电场的协调控制策略。Ghorbani 等[112] 和 Khenar 等[113] 提出了对风电场输电线的保护和交流电的控制策略。还有学者认为，风向信息的准确预测是评估海上风电场年风能产量的先决条件[114,115]，并由此给出了不同的解决方案。无论是研究风电场的电网布局、输电线规划，还是海浪对风电场安装的影响及推力系数的确定[116-118]，都旨在减少风电场布局和安装成本，但是风电场经济效益除受到前期投产前的布局和安装的影响外，更多是受后期运维过程中维护、维修工作的影响。

由于风电场一般建在地势较高的地方，或者条件恶劣的海上，通常由大型支持结构（塔吊和地基部件）和巨型转子或者叶片等组成[26]，维修时需要动用大型机械（如起重机、塔吊、直升机或者起重船等），而这些设备的租赁费用和运输费用较高[19,20,119]，导致了风电场高昂的维修准备成本 C_{set}。显然，风电场中多台风电机组之间存在很强的经济相关性[27]，而成组维修（Group Maintenance，GM）能够很好地利用系统（部件）的经济相关性，通过将多个系统（部件）的维修任务组合在一起来共担 C_{set}，从而降低系统的 O&M 成本[28,50,120]。

GM 策略已经广泛应用到各个领域[102,121,122]，如建筑业[123]、制造业[124] 及企业维修决策[122] 等。已有的 GM 模型主要分为三类：m-故障成组维修[125]、T-时间成组维修及（m，T）成组维修[126]。以上三种 GM 模型均假设系统运行在无限长的时间域内，称为静态模型。为了弥补静态模型对短期信息（环境和运行条件等的改变）利用的不足，很多学者在 Wildeman 等[127] 提出的滚动计划 GM 方法的基础上，提出了各种扩展的动态 GM 策略[128,129]。目前文献中涉及的 GM 模型主要应用在串联系统中，在维修资源限制[130] 或者成组维修时间限制[58,131] 的条件下同时对多个部件进行维修[42,58]，达到节约维修成本的目的[132,133]。例如，Xiao 等[131] 将成组维修和预防性维修相结合，考虑了延迟成本对总维修成本的影响。Aizpurua 等[134] 进一步运用机会维修[29] 的思想，将状态维修和 GM 相结合，对关键部件进行状态维修，同时对非关键部件进行成组维修。

GM 策略在风电场中的应用主要集中在将风电机组视为一个由多个关键部件组成的串联系统，当风电机组中某一关键部件发生故障或者受到外部冲击（如天气条件或者浪高的限制等）[65,135,136] 导致其停机时，在对该关键部件进行停机维修的同时，将 PM 和 CM[63] 相结合，对机组中其他非关键部件进行批量检测，分析对其进行维修的可能性[29-31]，由此提出了各种维修策略[59,62,63,137]，有效降低了风电机组的 C_{set}。

从上述对风电场的维修决策研究可知，对风电场整体经济效益的研究大多聚焦于其选址、布局或者电网输送的优化问题上，真正从维修决策角度研究风电场整体经济性的文献屈指可数。

1.3   问题的提出

由以上综述可知，学者针对降低风电机组或者风电场的维修成本问题提出了各种解决办法。然而，大部分研究均假设风电机组系统运行在静态环境中，从串联系统的角度分析其关键部件的维修建模，当考虑到随机风速对系统退化的影响时，只能借助于仿真优化方法[102]。此外，受到恶劣环境的影响及状态检测技术发展的限制[56]，CBM 策略在某些偏僻地带风电场中的应用还不够完善和成熟，衡量风电机组性能最直观的指标依然是可靠性，而对可靠性水平的评估源于TBM，这与故障率函数密切相关，且随着风电机组服务役龄的增加和维修效果的不同而变化。但是对于风电机组而言，由于其结构的复杂性及运行环境的恶劣性，其虚拟役龄的表达并不容易，同时故障强度的更新不仅受到维修次数的影响，还和非完美维修效果密切相关，单纯地通过参数评估和维修次数来确定机组的虚龄因子及故障强度的更新不仅造成了评估结果与实际存在的偏差，而且降低了非完美维修模型下维修策略的实用性。因此，基于概率统计构建适用于风电机组系统退化特征的非完美维修模型对准确评估风电机组系统或者关键部件的可靠性水平依然具有现实意义。同时，如何充分利用由随机风速间歇性提供的外部维修机会对风电机组的维修决策问题进行研究，是提高风电场经济回报的一个关键问题。

在有关风电场整体维修决策的研究中，针对风电场全局维修决策的建模较少。虽然 GM 策略能够很好地利用系统部件之间的经济相关性达到降低维修成本的目的，但是 GM 策略在风电场中的应用依然停留在将单台风电机组视为一个由关键部件组成的串联系统，分析部件之间的经济依赖。在实际工程中，风电场中各风电机组的运行相互独立，劣化互不干扰，整个风电场可以看作一个由多设备组成的并联系统，串联系统下的 GM 策略对风电场并不适用，且对于一个由几十台甚至上百台风电机组组成的大型风电场而言，只分析一台风电机组或者某几个关键部件的维修决策对提高风电场整体运维经济性并不显著。受建模和计算复杂度的限制，目前鲜有将单台风电机组视为一个关键设备，将整个风电场作为一个并联系统的维修决策建模的研究。综上所述，风电机组和风电场维修决策研究中尚需解决的问题可以分为两大类：

第一类，以单台风电机组作为研究对象，尚有以下问题需要解决：

（1）基于概率统计的视角，构建能够准确评估风电机组系统维修前后可靠性水平的非完美维修模型。根据 SCADA 系统获得的历史故障数据和风电机组的运维特性，分析风电机组系统或者其关键部件在单次非完美维修后其性能水平的变化，得到非完美维修活动中对系统或者部件性能产生显著影响的因素。利用这些因素构建适用于大型可修系统的故障率函数更新模型，为后续维修决策建模中对系统或者部件的状态评估提供有效的方法。基于此故障率函数更新模型来研究风电机组的定周期动态预防性维修决策的建模和优化问题，并验证此模型的现实意义。

（2）将外部维修机会融合到风电机组系统维修决策建模中的方法。由于风电机组依赖于客观条件，随机风速的间歇性必然会导致生产中断，而此时的生产中断可以为维修规划提供外部机会，充分利用此机会对风电机组进行 PM 既能保证系统的高效可靠运行，又能降低正常风速下因系统故障导致的停机损失。

（3）联合内外部维修机会对风电机组系统进行维修建模的方法。由于风电场中各风电机组系统独立运行，某台风电机组的故障可以为其他劣化状态达到某一阈值的机组提供内部维修机会，同时由风速间歇性触发的外部维修机会也被充分利用，在二者竞争维修的模式下，可以大幅度降低风电机组的维修成本，这为后期风电场的整体优化提供了理论基础。

第二类，从风电场的视角进行维修决策建模，有以下问题需要研究：

（1）构建一种针对多设备并联系统 GM 的分析方法。将风电场中单台风电机组看作独立的设备，整个风电场视为一个多设备并联系统，分析单次 GM 时相互权衡的因素，为后期针对风电场系统研究动态 GM 提供分析框架。

（2）基于 TBM 构建符合多设备并联系统的非完美动态 GM 建模方法。受运行环境的限制，状态检测技术在风电场中的应用还不够完善和成熟，从 TBM 角度分析风电场的动态 GM 不仅便于维修活动的实施，而且为后期基于 CBM 对风电场进行 GM 建模奠定了基础。

（3）基于 CBM 对风电场系统进行 GM 建模的方法。随着信息技术的发展，CBM 策略在风电场的应用是必然趋势，考虑 CBM 对风电场的维修建模为类似于风电场系统的多设备并联系统提供了新的思路。

单台风电机组是一个由多个部件组成的串联系统，其具有多部件系统的典型特征。例如，各部件的劣化过程和维修特性不同，部件之间往往存在经济、结构或者随机等依赖关系。在工程维修的各种维修方式中，完美维修（更换）能够使系统（部件）的性能恢复如新，这是最理想的维修方式。但是在实际工程中，完美维修往往很难达到，尤其像风电机组这样的大型系统，在较长的运行期限（25～30 年）内，若发生故障，受高昂的更换成本及备件数量、维修可达性等的限制，维修后其性能虽然会有很大程度的改善，但是并不能恢复如新，而是介于"恢复如新"和"恢复如旧"之间的某一个状态，而非完美维修很好地描述了这一状态，使对维修效果的描述与实际更接近。此外，充分利用多部件系统在运行过程中的外部维修机会能够使维修决策模型更具有实践性。因此，研究风电机组系统的最优维修决策问题对于解决多部件串联系统的维修决策具有深刻意义。

若将单台风电机组系统视为一个关键设备，整个风电场则可以看作多设备并联系统。与其他多部件系统相比，此类多设备并联系统的维修决策建模具有如下特征：①系统中的各设备独立运行，其退化互不影响；②各设备中同一部件的维修特性相似，如相同的维修技术、维修实施、维修准备工作等，在维修决策建模时无须区分是哪一个设备，只统计需要维修的设备数量即可；③各个设备均属于维修准备成本较高的子系统，设备之间存在很强的经济相关性。由此可见，研究风电场系统的维修决策建模对类似的多设备并联系统也具有重要意义。

1.4 研究内容和结构安排

1.4.1 研究内容

针对以上问题，笔者在考虑非完美维修特性、随机风速的间歇性及风电场的强经济相关性的基础上，分别从风电机组系统和风电场两个角度研究了系统的维修决策建模，旨在构建一种多设备并联系统的成组维修建模方法；探究了非完美维修模型及融合内外部维修机会的机组劣化特征，建立了基于 TBM 和 CBM 的风电场 GM 决策模型，并给出了相应的案例分析，以期为具有相同特征的多部件系统的维修决策问题提供理论框架、解决思路和应用研究。因此，本书的研究内容主要有以下几个方面：

（1）风电场多设备并联系统的最优 GM 框架。由于风电场中风电机组发生故障的情景类似于排队论中顾客的到达，故将故障机组的到达通过排队论模型进行描述，通过权衡故障机组由于没有被立即维修产生的总停机损失与多台故障机组同时被维修节省的维修成本来优化最优 GM 时故障机组的台数。其中，故障机组的到达分别通过固定故障率和可变故障率两个模型来表达，为后续构建风电场的动态 GM 模型提供了有效的分析框架。

（2）风电机组的定周期动态非完美维修决策建模与优化方法。结合大型可修系统的运维特性，根据服务役龄、维修费用及维修次数等直观变量分析非完美维修效果对系统故障率函数的影响，通过非完美维修效果与虚龄及故障强度的相互影响关系，构建了可修系统的故障率更新模型来表征非完美维修前后系统性能的变化。根据此模型对被维修后的风电机组系统的可靠性进行及时更新，在保证系统基本可用度的前提下，以系统长期费用率为目标，构建风电机组系统在定周期检测下的维修决策模型。

（3）考虑非完美维修效果下风电场系统的动态 GM 决策研究。在风电机组系统故障率函数更新模型的基础上，分析风电场中机组发生故障的规律，同时考虑 GM 框架下因故障机组没有被及时维修产生的总停机损失与故障风电机组到达规律之间的关系，研究风电场的动态 GM 决策模型，并通过权衡总停机损失和节省的维修准备成本的高低对模型进行优化。

（4）考虑状态维修的风电场 GM 决策建模与优化研究。在风电场 GM 框架的基础上，结合现有的状态检测技术，对风电场实施定周期检测并分析每个检测点劣化水平超过维修阈值的机组台数，在此基础上考虑风电场的状态 GM，通过使 GM 期内的总成本最低来优化维修时故障机组台数和检测间隔。

（5）间歇性风速影响下风电机组的最优机会维修决策建模和优化研究。根据风电机组系统独有的运维特性，分析由随机的间歇性风速导致的不可避免的生产中断所提供的外部维修机会对机组维修建模的影响，充分利用此外部机会构建风电机组的机会维修决策模型。

（6）间歇性风速影响下风电机组的内外联合机会维修决策建模和优化研究。由于风电机组之间存在强经济相关性，将因某台风电机组故障所提供的内部维修机会与间歇性风速产生的外部维修机会相结合，通过相互竞争的维修模式构建风电机组的维修决策模型，实现机组运维的经济性。

1.4.2　结构安排

本书从风电机组和风电场两个角度切入，分别研究了基于排队论思想的风电机组成组维修模型框架、非完美维修模型、定周期动态预防性维修决策模型、融合外部机会和联合内外部机会的维修决策模型，以及在 CBM 的基础上风电场多设备并联系统的动态 GM 策略，尝试解决了风电场运维环境恶劣及产能依赖于自然风等导致的运维成本高、维修活动不可及和输出功率不可控等问题，具体章节安排如图 1-4 所示。

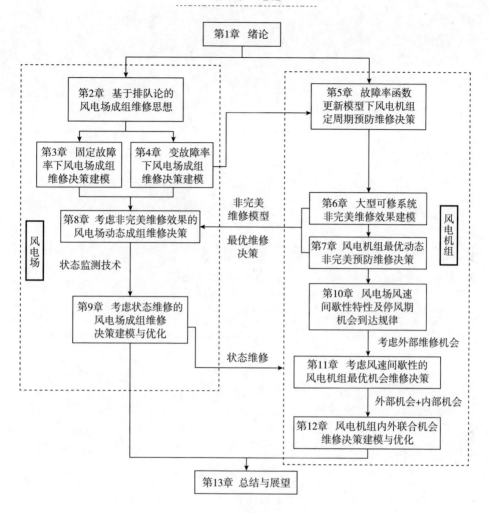

图1-4 本书的章节结构

第 2 章

基于排队论的风电场成组维修思想

风电场通常由几十台或上百台风电机组构成，且同一个风电场中的风电机组的结构和功能相同。从风电场整体来看，多台结构和功能相同的风电机组组成了一个多设备并联系统，且这些风电机组具有相似的维修特质，存在很强的经济相关性。而国内外学者关于风电场维修策略的研究主要集中在解决机组关键部件或者串联系统维修决策问题上[33-35]，这对于研究风电场多设备并联系统并不适用，不能从整体视角衡量风电场的经济效益。

针对以上问题，本章提出了一种基于排队论的风电场 GM 策略。在此策略下，风电机组故障停机等待维修的过程等同于排队论中顾客到达等待被服务的过程。通过分析风电机组故障到达过程及停机等待时长规律，对比 GM 模式下节约的维修准备成本，建立了以 GM 较传统单台维修节省成本最大为目标的风电场最优 GM 模型，并通过权衡维修准备费用和风电机组总停机损失来确定最优维修策略。

2.1　成组维修策略

由于风电机组所处的位置与风电场初期的布局和选址相关，一旦安装运营后，其经济效益主要取决于维护维修控制。在 GM 模型中将单台风电机组视为一个整体，不区分其结构部件，整个风电场则为一个多设备并联系统，系统的经济性与每台风电机组是否正常运行密切相关。

2.1.1　系统假设

风电场运维是一个复杂的过程，为简化系统并更好地描述维修策略，笔者作以下假设：

（1）由于时间长度是影响风电机组停机损失大小的关键因素，则通过故障率函数来描述每台风电机组的退化过程。

（2）为凸显故障率对系统的影响，不考虑风电场中风速、风期、风电机组所处位置等因素对风电机组运行的影响。

（3）给出的故障率函数可以反映风电机组整体的退化情况。

（4）每台风电机组的运行状态只有故障和正常两种，若风电机组发生故障即为停机性故障，并产生维修需求；若处于正常状态则没有任何发电量的损失，且不同损伤程度对风电机组造成的故障损失均可通过停机损失反映。

（5）由于风电机组之间的经济相关性对风电场维修的影响较为突出，这里只考虑风电机组之间的经济相关性。

2.1.2　维修策略描述

当且仅当系统中故障机组台数达到 M 时，需立即对系统组织 GM，其他情况下不做任何处理。与较长的运行周期和等待时间相比，GM 时间较短，为凸显 C_{set} 对模型的影响，在构建模型的过程中认为维修时间可以忽略不计。但是对于海上风电场而言，维修时间对模型优化结果的影响在变故障率下 GM 模型的算例分析中进行了描述和总结。维修时每台风电机组涉及的费用均包括故障后维修费用 C_c、单台风电机组单位时间停机损失 C_d 及维修准备成本 C_{set}。

2.1.3　成组维修决策模型

基于以上系统假设和维修策略的描述，将 M 台故障机组 GM 的总费用与传统维修模式下的总费用进行对比，以两者的差值（GM 费用节省值）最大作为衡量模型优劣的标准，以此建立目标函数。

$$
\begin{aligned}
F_{sc}(M) &= F_1(M) - F_2(M) \\
&= M(C_{set} + C_c) - \left[(C_{set} + MC_c) + \sum_{i=1}^{M-1} C_d E(W_i) \right] \\
&= (M-1)C_{set} - \sum_{i=1}^{M-1} C_d E(W_i) \quad\quad\quad (2-1)
\end{aligned}
$$

where $F_1(M) = M(C_{set} + C_c)$，$F_2(M) = C_{set} + MC_c + \sum_{i=1}^{M-1} C_d E(W_i)$

$$
M^* = \operatorname{argmax} F_{sc}(M) \quad\quad\quad (2-2)
$$

式中，$F_{sc}(M)$ 表示风电场 GM 的节省成本，$E(W_i)$ 表示第 i 台故障机组维修前的平均等待时间。显然，$(C_{set}+C_c)$ 表示对单台故障风电机组进行传统维修的费用，$F_1(M)$ 表示对 M 台故障风电机组进行传统维修的总费用，$F_2(M)$ 表示对 M 台故障机组 GM 的总费用。

显然，对 M 台故障机组 GM 可以在很大程度上降低 C_{set}，但风电机组故障后没有被立即维修导致了停机等待损失，在 C_d 一定的情况下，停机等待损失只与每台故障机组的平均等待时间 $E(W_i)$ 有关。因此，确定 $E(W_i)$ 是优化 M 台故障风电机组成组维修的关键。由于每台风电机组故障停机的时刻是随机的，所以，每台风电机组从故障停机到恢复正常状态的等待时间是不一样的。此外，每台机组故障后没有被立即维修可以形象化为此故障机组在风电场中排队。那么 M 台故障风电机组形成 GM 时则可描述为一个队列。因此，可以用排队论方法来确定第 i 台故障机组的平均等待时间 $E(W_i)$。

2.2　故障机组的维修排队模型

利用排队论方法建立故障机组的维修排队模型的关键是确定故障机组的到达规律和相继到达的时间间隔分布。这里，故障机组被视为排队论中的顾客，每台风电机组发生停机性故障视为故障机组的到达，即顾客的到达。

2.2.1　排队论思想

排队论（Queuing Theory，QT）又称随机服务系统理论，是为了解决生活中出现的排队现象（比如，车站、码头等交通枢纽的车船堵塞和疏导，电话局的占线问题及故障机器的停机待修问题等）而产生的。其一般结构如图 2-1 所示，图中虚线内称为排队系统，它是排队论要解决的核心问题。

排队系统一般由三个部分组成：①输入过程；②排队规则；③服务机构。其各部分特点和完整结构如图 2-2 所示。显然，建立排队论模型关键是确定输入过程中顾客到达和相继到达的时间间隔的分布、顾客的排队规则及服务时间的分布。

图 2-1 排队系统

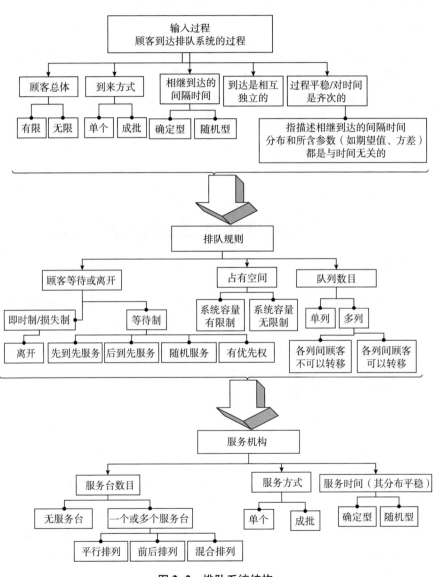

图 2-2 排队系统结构

2.2.2 故障机组的到达服从泊松分布

根据故障率函数的定义，假设单台风电机组在 $[t, t+\Delta t)$ 发生故障的概率为 $\lambda\Delta t+o(\Delta t)$ [其中，当 $\Delta t \to 0$ 时，$o(\Delta t)$ 是关于 Δt 的高阶无穷小]。若风电机组在 0 时刻是全新的，则 $P_0(0)=1$、$P_n(0)=0$。$P_n(t)$ 表示在时间 $(0, t]$ 内 n 台风电机组发生故障的概率，即在时间区间 $(0, t]$ 内故障机组的到达数为 n 的概率，则 $\sum\limits_{n=0}^{\infty} P_n(t)=1$。

对于风电场而言，故障机组的到达符合以下三个条件：

（1）在不相互重叠的时间内，故障机组的到达是相互独立的，即无后效性。

（2）当 Δt 充分小时，在时间区间 $[t, t+\Delta t)$ 内有一台故障机组到达的概率可以表示为：

$$P_1(t, t+\Delta t)=\lambda\Delta t+o(\Delta t) \tag{2-3}$$

其中，λ 表示单位时间有一台风电机组故障的概率，也称概率强度。

（3）当 Δt 充分小时，在时间区间 $[t, t+\Delta t)$ 内有两台及两台以上故障风电机组到达的概率极小，可以忽略不计，即：

$$\sum_{n=2}^{\infty} P_n(t, t+\Delta t)=o(\Delta t) \tag{2-4}$$

设 $N(t)$ 表示在时间区间 $[0, t)$ 内到达的故障机组台数（$t>0$），则在时间区间 $[t_1, t_2)$（$t_2>t_1$）内有 $n(n\geq 0)$ 台故障机组的概率 $P_n(t_1, t_2)$ 可以表示为：

$$P_n(t_1, t_2)=P\{N(t_2)-N(t_1)=n\} (t_2>t_1, n\geq 0) \tag{2-5}$$

显然，$P_n(t_1, t_2)$ 符合上述三个条件，故障机组的到达形成了泊松流。

根据以上三个条件继续讨论故障机组到达数 n 的概率分布，令 $P_n(0, t)=P_n(t)$、$P_0(t, t+\Delta t)=1-\lambda\Delta t+o(\Delta t)$ 分别表示时间从 0 开始，在 t 时间内到达 n 台故障机组的概率和在时间区间 $[t, t+\Delta t)$ 内没有故障机组到达的概率。

进一步把时间区间 $[t, t+\Delta t)$ 分为互不重叠的两个区间 $[0, t)$ 和 $[t, t+\Delta t)$，到达的故障机组总数是 n，分别出现在这两个区间上的情况有三种，如表 2-1 所示。

表 2-1 概率状况分布

区间 情况	[0, t)		[t, $t+\Delta t$)		[0, $t+\Delta t$)	
	个数	概率	个数	概率	个数	概率
(A)	n	$P_n(t)$	0	$1-\lambda\Delta t+o(\Delta t)$	n	$P_n(t)[1-\lambda\Delta t+o(\Delta t)]$
(B)	$n-1$	$P_{n-1}(t)$	1	$\lambda\Delta t$	n	$P_{n-1}(t)\lambda\Delta t$
(C)	$n-2$	$P_{n-2}(t)$	2	$o(\Delta t)$	n	$o(\Delta t)$
	$n-3$	$P_{n-3}(t)$	3	$o(\Delta t)$	n	$o(\Delta t)$
	$\vdots$	$\vdots$	$\vdots$	$o(\Delta t)$	$\vdots$	$o(\Delta t)$
	0	$P_0(t)$	n	$o(\Delta t)$	n	$o(\Delta t)$

以上（A）、（B）、（C）三种情况是相互独立的，且在时间区间 [0, $t+\Delta t$) 内到达 n 台故障机组的事件是三种情况之一，所以 $P_n(t+\Delta t)$ 应是这三种情况的概率之和 [各 $o(\Delta t)$ 合为一个]。

$$P_n(t+\Delta t)=P_n(t)(1-\lambda\Delta t)+P_{n-1}(t)\lambda\Delta t+o(\Delta t) \tag{2-6}$$

$$\frac{P_n(t+\Delta t)-P_n(t)}{\Delta t}=-\lambda P_n(t)+\lambda P_{n-1}(t)+\frac{o(\Delta t)}{\Delta t} \tag{2-7}$$

令 $\Delta t\to 0$，得到下列方程，结合初始条件有：

$$\begin{cases}\dfrac{dP_n(t)}{dt}=-\lambda P_n(t)+\lambda P_{n-1}(t),\ n\geqslant 1\\ P_n(0)=0\end{cases} \tag{2-8}$$

当 $n=0$ 时符合情况（A），得：

$$\begin{cases}\dfrac{dP_0(t)}{dt}=-\lambda P_0(t)\\ P_0(0)=1\end{cases} \tag{2-9}$$

对式（2-8）和式（2-9）求解得：

$$P_n(t)=\frac{(\lambda t)^n}{n!}e^{-\lambda t},\ t>0\ n=0,\ 1,\ 2,\ 3,\ \cdots \tag{2-10}$$

其中，$P_n(t)$ 表示在区间长度为 t 的时间内到达 n 台故障机组的概率，则随机变量 $\{N(t)=N(s+t)-N(t)\}$ 服从泊松分布。

2.2.3　故障机组到达的相继时间间隔

由以上分析可知，故障机组相继到达的时间间隔 T 具有随机性，且当前故障机组到达所需的时间与前一故障机组到达所需的时间 T_s 无关，具有马尔科夫性或者无后效性，即：

$$P\{T>t+T_s \mid T>T_s\} = P\{T>t\} \tag{2-11}$$

另外，根据泊松流可知，在 $[0，t)$ 区间内至少有一台故障机组到达的概率为：

$$1-P_0(t) = 1-e^{-\lambda t}，\quad t>0 \tag{2-12}$$

显然，故障机组相继到达的时间间隔 T 服从负指数，其概率密度可表示为：

$$f_T(t) = \begin{cases} \lambda e^{-\lambda t}，& t \geqslant 0 \\ 0，& t<0 \end{cases} \tag{2-13}$$

则 $E(T) = \dfrac{1}{\lambda}$，$\mathrm{Var}(T) = \dfrac{1}{\lambda^2}$。

对于泊松流，λ 表示单位时间平均到达的故障机组台数，$\dfrac{1}{\lambda}$ 则表示故障机组相继到达的平均时间间隔。

由于风电机组维修活动的特殊性，单台风电机组的维修时间相对于等待时间是极小的，可以忽略不计。因此，对故障机组 GM 的服务是批处理过程，且认为服务是瞬间完成的，时间为零。因此，每台待修故障机组的到达时间、相继到达的间隔时间均服从平稳的负指数分布，如图 2-3 所示。

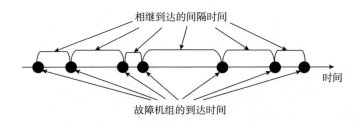

图 2-3　间隔时间和到达时间分布

2.2.4　故障机组的排队规则

排队论中的排队规则涉及队长、队列长、逗留时间和等待时间，它们之间的关系如表2-2所示。

表 2-2　排队规则

名称	描述	表示（期望值）
队长	系统中的顾客数	L_s
队列长	在系统中排队等待服务的顾客数	L_q
关系	系统中的顾客数＝在系统中排队等待服务的顾客数+正在被服务的顾客数	$L_s = L_q + N_s$
逗留时间	一个顾客在系统中的停留时间	W_s
等待时间	一个顾客在系统中排队等待的时间	W_q
关系	逗留时间＝等待时间+服务时间	$W_s = W_q + T_c$

在此模型中，风电机组一旦发生故障导致停机只能等待维修，且被维修的过程是批处理过程，正在被服务的顾客数及服务时间均为零。

2.2.5　故障机组的服务机构

在风电场维修中，服务台指的是维修组或者大型维修设备等，维修的进行是单列对成批的服务。1953 年，Kendall[138] 提出排队模型分类方法，并通过相继顾客到达间隔时间的分布、服务时间的分布、服务台的个数三个主要特征将模型按一定的符号进行区分，如图2-4所示。

传统排队论的服务规则包括先到先服务（First Come First Service，FCFS）、后到先服务（Last Come First Service，LCFS）、随机服务（Random Service，RS）及有优先权的服务（Priority Service，PS）四种服务方式[139,140]。对于风电场而言，GM 的服务规则是批处理过程，因此，可以看成批处理服务（Batch Processing Service，BPS）。

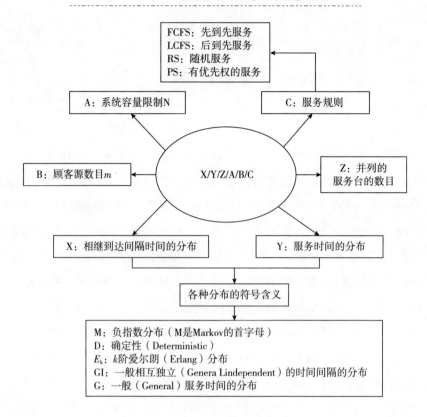

图 2-4　排队模型的分类

在排队论中经常用系统的状态表示系统中顾客的数量，在本模型中，系统在时刻 t 状态为 n 的概率是 $P_n(t)$。通过求稳态（Steady State）解或统计平衡状态（Statistical Equilibrium State）解的思想，有：

$$\lim_{t \to \infty} P_n(t) = P_n(t) \tag{2-14}$$

那么，故障机组到达的规律可以描述为负指数分布、服务时间为 0、单服务台，以及系统容量为 M 且顾客源数量为 N 的批处理服务的排队模型。

本章小结

为了降低风电场的运维成本，本章将每台风电机组视为一个独立设备，将风电场作为一个多设备并联系统进行研究。本章在对故障风电机组到达等待被维修与排队论中顾客到达等待被服务的相似特性进行抽象和分析的基础上，介绍了基于排队论的风电机组成组维修决策建模方法，对故障机组的到达规律、维修前等待时长服从的分布及 GM 模式下节约的维修准备成本进行了统一的描述与分析，建立了以 GM 较传统单台维修节省成本最大为目标的风电场最优 GM 模型。

在基于排队论的风电机组 GM 维修决策建模过程中，本书关注的是风电机组的 GM 较传统模式下单台机组故障立即被维修节约的总维修成本，而在构建节约的总维修成本与决策变量之间的解析表达式时，真正需要考虑和计算的是每台机组故障到达的概率及故障的时刻点，这决定了故障机组的停机等待时长和停机损失。后续章节将在固定故障率和变故障率两种模式下分析机组故障到达的规律，并在本章排队论建模思想的基础上进一步研究风电场的 GM 维修决策建模方法。

第 3 章

固定故障率下风电场成组维修决策建模

在同一个风电场中，机组的功能和规格基本相同。在投入运行的前期阶段，机组具有相似的劣化过程和维修特性且随机独立。研究并利用这些特性，可以得到更适合此类系统的最优成组维修策略。

本章在第 2 章基于排队论的风电场成组维修建模思想的基础上，重点讨论了固定故障率下风电机组故障到达的规律、故障时刻点及停机等待时长的计算方法，并由此建立了风电机组的维修排队模型，研究了固定故障率模式下风电场 GM 决策建模过程，并通过数值实验验证了模型的正确性、可行性、有效性及经济性。

3.1　固定故障率下成组维修模型

根据式（2-1）所呈现的目标函数可知，对于固定故障率下的 GM 模型，只需要确定每台故障机组的停机时间（每台故障机组的逗留时间期望值）即可。

3.1.1　固定故障率下故障机组逗留时间期望值

由于服务方式是批处理，且维修时间忽略不计，故障机组的逗留时间期望值指的是单台故障机组在队列中逗留的时间，也就是风电机组从故障停机状态恢复到正常运行状态的时间。

令 T_{interval} 表示两台故障机组相继到达的时间间隔，从到达至离开系统的时间（在系统中逗留的时间），由于每台故障机组的到达的时间是随机的，所以 T_{interval} 是随机变量。由式（2-13）可知，故障机组相继到达的平均时间间隔为 $E(T_{\text{interval}}) = \dfrac{1}{\lambda}$。

当第 i 台故障机组到达时，按照批处理服务的规则，在系统容量为 N 的条件下还需等待其他（$M-i$）台故障机组的到来，此时第 i 台故障机组在系统中的逗留时间等于其他（$M-i$）台故障机组相继到达的时间间隔之和。

$$E(T_i) = (M-i)E(T_{\text{interval}}) = (M-i) \times \frac{1}{\lambda} \tag{3-1}$$

3.1.2 固定故障率下目标函数求解

将式（3-1）代入式（2-1），节省成本函数 F_{sc} 变为：

$$F_{\text{sc}}(M) = (M-1)C_{\text{set}} - \sum_{i=1}^{M-1} C_d E(T_i) = (M-1)C_{\text{set}} - \sum_{i=1}^{M-1} C_d \times (M-i) \times \frac{1}{\lambda} \tag{3-2}$$

通过式（3-2）可以确定最优 GM 故障机组台数为 M^*，即当风电场中风电机组故障停机的台数达到 M^* 时，进行 GM 是最经济的，可节省的成本最大，最大值为 $\max F_{\text{sc}}$。

将式（3-2）代入式（2-1），节省成本函数 F_{sc} 变为：

$$y = \operatorname{argmax} F_{\text{sc}}(M) = \operatorname{argmax}\left\{ (M-1)C_{\text{set}} - \sum_{i=1}^{M-1} C_d E(T_i) \right\}$$

$$= \operatorname{argmax}\left\{ (M-1)C_{\text{set}} - \sum_{i=1}^{M-1} C_d \times (M-i) \times \frac{1}{\lambda} \right\} \tag{3-3}$$

令 $y_{\text{sc}} = (M-1)C_{\text{set}} - \sum_{i=1}^{M-1} C_d \times (M-i) \times \frac{1}{\lambda}$，整理得：

$$y_{\text{sc}} = (M-1)C_{\text{set}} - \sum_{i=1}^{M-1} C_d \times (M-i) \times \frac{1}{\lambda} = (M-1)C_{\text{set}} - C_d \times \frac{1}{\lambda} \times \frac{M(M-1)}{2}$$

$$= -\frac{C_d}{2\lambda} \times M^2 + \left(C_{\text{set}} + \frac{C_d}{2\lambda} \right) \times M - C_{\text{set}} \tag{3-4}$$

由式（3-4）可以看出，y_{sc} 是一个关于 M 的二次函数，其抛物线开口向下，显然有最大值，这和目标函数 F_{sc} 是求 y_{sc} 的最大值一致，y_{sc} 的顶点为（M^*，y_{sc}^*），其中：

$$\begin{cases} M^* = \dfrac{2C_{\text{set}}\lambda - C_d}{2C_d} \\[4mm] y_{\text{sc}}^* = \dfrac{4[C_{\text{set}}]^2\lambda^2 + [C_d]^2 - 12C_{\text{set}}C_d\lambda}{8C_d\lambda} \end{cases} \tag{3-5}$$

则 $M = M^*$ 时，

$$F_{sc} = \frac{4[C_{set}]^2\lambda^2 + [C_d]^2 - 12C_{set}C_d\lambda}{8C_d\lambda} \tag{3-6}$$

由式（3-5）和式（3-6）可以看出，GM 的故障机组的台数 M^* 及节省成本函数 F_{sc} 与风电机组的故障率、固定成本、单位时间停机损失成本密切相关。在风电场运维中，尤其对于海上风电场的运维，当风电机组发生故障停机时，根据此模型确定 GM 的风电机组台数，可以合理规划维修资源，能在很大程度上有效节省成本，降低维修费用，从而提高风电场的综合经济效益。

3.2 固定故障率下维修优化模型验证

在该 GM 模型下，假设风电场规模为 $N = 25$，表征风电机组的固定故障率及各相关参数的取值如下：$\lambda = 3$、$C_{set} = 100000$、$C_c = 1000$、$C_d = 51900$，费用单位为元/年。

3.2.1 固定故障率下策略对比

在以上参数取值下，图 3-1 给出了传统维修策略和本章所提出的 GM 策略中维修成本，以及两种策略下维修节省成本的变化趋势。

从图 3-1 可以看出，随着故障机组数量的增加，在传统维修策略下无停机等待损失的发生，维修成本与故障机组台数为正比关系；而在 GM 策略下，受到经济相关性的影响，总停机等待损失是不断增加的，当其超过总节省 C_{set} 时，GM 策略对于系统而言不再经济，故维修成本呈现出先降后增的趋势。因此，维修成本在两种维修策略中均表现出上升趋势，不同的是在传统维修策略中，该趋势呈直线上升；而在 GM 策略中，该趋势在开始阶段增长较缓，随后开始加速上升，在此过程中，必然存在一点使得两种维修方式的维修成本差值（维修节省成本）达到最大。在本章给出的参数组下，最优 GM 的点在故障机组台数为 $M^* = 6$ 时，达到最大维修节省成本，即 $\max F_{sc} = 240500.000000$。显然，固定故障率下 GM

策略较传统维修策略在经济方面更具有优越性。

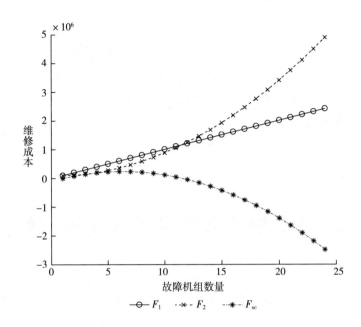

图 3-1　不同维修策略下的维修成本

3.2.2　固定故障率下灵敏度分析

由式（2-1）和式（3-5）可知，模型的最优结果 M^* 及最大节省成本值 max F_{sc} 由风电机组的故障到达率 λ、维修准备费用 C_{set}、故障维修费用 C_c 及单位时间停机损失 C_d 等各项参数共同决定。因此，有必要分析这些参数对维修决策的影响。

其中，λ 描述了单位时间故障机组到达的可能性，其值的变化影响风电机组运行过程中的退化速度，进而影响相同时间间隔内故障机组到达的台数。从图 3-2 和表 3-1 可以看出，较大的 λ 值意味着在相同时间间隔内较多的机组发生故障，同时两种维修策略对比下的最大节省成本值 max F_{sc} 和相对应的最优 GM 故障机组台数 M^* 也在不断增加，这和实际相符。

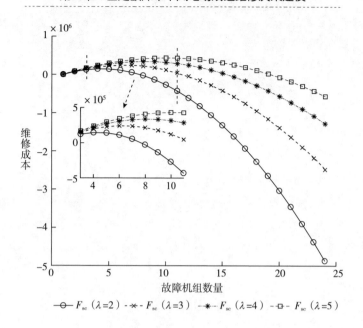

图 3-2　不同到达率 λ 下 F_{sc} 的变化趋势

表 3-1　λ 变化时对 $\max F_{sc}$ 和 M^* 的影响

$C_{set} = 100000$、$C_c = 1000$、$C_d = 51900$	$\max F_{sc}$	M^*
$\lambda = 2$	144300. 000000	4
$\lambda = 3$	240500. 000000	6
$\lambda = 4$	336700. 000000	8
$\lambda = 5$	432900. 000000	10

　　在 GM 策略中，当 C_{set} 越大时，GM 的故障机组数量越多，就越节省维修成本，维修节省成本最大值 $\max F_{sc}$ 和最优 GM 的故障机组台数必然增加，这可以通过图 3-3 中扩大子图的实验结果和表 3-2 来证明。

　　由式（3-6）可以看出，节省成本函数 F_{sc} 和 C_c 无关。因此，C_c 的变化不会对最大节省成本 $\max F_{sc}$ 和最优成组维修的故障机组台数 M^* 造成影响，如图 3-4 和表 3-3 所示。

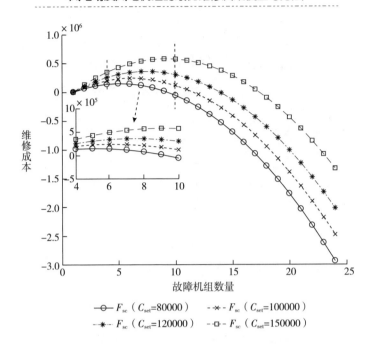

图3-3 不同C_{set}下F_{sc}的变化趋势

表3-2 C_{set}变化时对 max F_{sc} 和 M^* 的影响

$\lambda = 3$、$C_c = 1000$、$C_d = 51900$	max F_{sc}	M^*
$C_{set} = 80000$	147000.000000	5
$C_{set} = 100000$	240500.000000	6
$C_{set} = 120000$	356700.000000	7
$C_{set} = 150000$	577200.000000	9

C_d 对维修策略性能的影响与 C_{set} 截然相反，C_d 的增加意味着总停机等待损失的增加，这必然导致节省成本函数呈现下降趋势，继而使得 max F_{sc} 和 M^* 均降低，图3-5和表3-4很好地验证了这一结果。

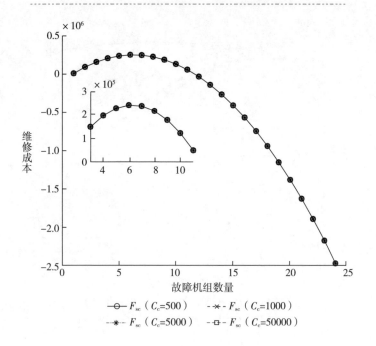

图 3-4 不同 C_c 下 F_{sc} 的变化趋势

表 3-3 C_c 变化时对 $\max F_{sc}$ 和 M^* 的影响

$\lambda = 3$、$C_{set} = 100000$、$C_d = 51900$	$\max F_{sc}$	M^*
$C_c = 500$	240500. 000000	6
$C_c = 1000$	240500. 000000	6
$C_c = 5000$	240500. 000000	6
$C_c = 50000$	240500. 000000	6

以上实验结果表明，风电机组到达率 λ、维修准备费用 C_{set}、停机等待损失 C_d 的改变会影响最优 GM 时最大节省成本值 $\max F_{sc}$ 和故障机组台数 M^* 的结果，其中 C_{set} 和 C_d 的影响较大。这说明三项参数之间存在权衡，最优的维修决策正是在这种权衡下产生的，这验证了固定故障率下 GM 模型的正确性。

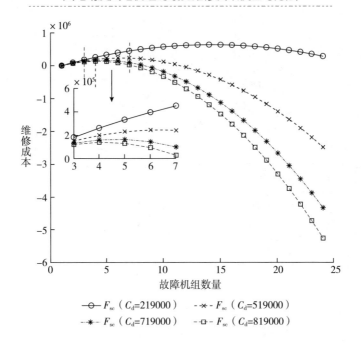

图 3-5 不同 C_d 下 F_{sc} 的变化趋势

表 3-4 C_d 变化时对 max F_{sc} 和 M^* 的影响

$\lambda = 3$、$C_{set} = 100000$、$C_c = 1000$	max F_{sc}	M^*
$C_d = 21900$	635700.000000	14
$C_d = 51900$	240500.000000	6
$C_d = 71900$	160333.333333	5
$C_d = 81900$	136200.000000	4

本章小结

　　首先，本章在基于排队论的风电场 GM 决策建模思想上，分析并推导了固定故障率下风电机组故障到达的时刻点及停机等待时长的计算公式。其次，考虑多台同类型风电机组之间的强经济相关性，权衡成组维修节约的总维修准备成本与总停机损失之间的关系，基于排队论思想提出了固定故障率下风电场的最优 GM 策略框架。根据最大节省成本目标与最优成组维修故障机组台数之间的关系给出了目标函数解析表达式。最后，通过数值实验验证了固定故障率下基于排队论思想的风电场成组维修决策模型的正确性和有效性，策略对比结果说明了本章所提策略的经济性。

　　本章建立的固定故障率下风电场的成组维修决策模型及对应的解析表达式，可为相同多设备并联系统的成组维修决策提供方法支持和理论参考。

第 4 章

变故障率下风电场成组维修决策建模

随着风电机组役龄的增加，其退化速率也在不断地发生变化，这意味着表征风电机组发生故障概率的故障率函数具有时变性。为了建立通用的风电场 GM 框架模型，在第 3 章固定故障率下风电场成组维修决策建模方法的基础上，本章利用排队论核心思想对风电场中风电机组故障到达规律进行重新分析，提出了变故障率下风电场的 GM 决策建模方法，并建立了变故障率下风电场的成组维修决策模型。通过数值实验和灵敏性分析验证了模型的正确性、可行性及有效性，且在案例研究中讨论了维修时间对 GM 模型的影响。

4.1　变故障率下成组维修模型

多数文献[141-143]对排队问题的研究都假设顾客的到达服从参数为 λ 的泊松分布。在风电场的实际运维中，风电机组的退化过程和故障率 $\lambda(t)$ 相关，而 $\lambda(t)$ 是一个随时间推移而变化的函数[144,145]，且 GM 通过对多台故障机组同时进行服务，构成了批服务模式。学者对批处理的研究注重战略顾客[146-148]对是否加入队列的权衡，但是顾客的到达依然按照泊松模式批到达[147,149-152]或者单个到达[153]，这和变故障率下的风电机组故障到达不同。

但是，变故障率下 GM 模型的目标函数及需要解决的关键问题与固定故障率下的 GM 模型一致，即通过优化式（2−1）所表达的目标函数确定最佳的 M 值，关键问题依然是确定 $E(W_i)$。不同的是在此模型下，风电机组的退化过程通过具有时变性的故障率函数来反映，这使得 M 台故障机组的到达是一个随机过程，而对 M 台故障机组的 GM 可以看作一次随机服务。因此，确定每台故障机组的平均等待时间 $E(W_i)$ 就转化为求解其在随机服务系统中的平均等待时间。

4.1.1　故障机组的到达规律

根据系统假设，若 M 台故障机组 GM 的时间忽略不计，对应到排队系统中即

为 M 台故障机组到达后立即被服务，服务时间为 0。根据系统中故障机组的到达规律和维修的方式将其描述为排队系统中 $G/D/1/M/N/BPS$ 模式比较合适。

在变故障率前提下，风电机组的退化过程由故障率函数 $\lambda(t)$ 描述，第 i 台风电机组发生故障性停机的时刻为 T_i，第一台风电机组发生故障性停机的时刻 T_1 作为起始时刻，则相邻两台故障机组到达的时间间隔表示为：

$$T_{\text{interval}}^i = T_{i+1} - T_i \quad (i = 1, 2, \cdots, M-1) \tag{4-1}$$

那么，对于批处理服务系统，在服务时间 $S_i = 0$ 的情况下，故障机组离开系统的时刻即为第 M 台故障机组到达的时刻 T_M。根据每台故障机组的到达时刻可以确定其等待时间，令 W_i 表示第 i 台故障机组的等待时间（由于是批处理服务系统，在批量为 M 时，第 M 台故障机组的等待时间为零，即 $W_M = 0$）。

$$W_i = T_M - T_i \quad (i = 1, 2, \cdots, M-1) \tag{4-2}$$

综合以上分析，本系统中故障机组的到达过程如图 4-1 所示。图 4-1 很清楚地展示了 T_{interval}^i、T_i、W_i 之间的关系。由于图中描述的是批处理过程，服务台在批量（图中 $n=9$）达到后瞬间完成服务，之后离去才会发生，图中 T_9 即为离去发生时刻。

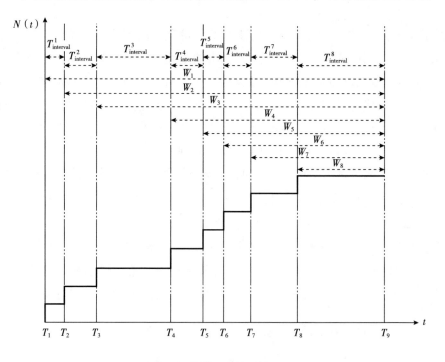

图 4-1　故障机组的到达过程

4.1.2　变故障率下故障机组的平均等待时间

在 $G/D/1/M/N/BPS$ 模式中，对系统实施维修的时刻为 T_M，同时也是服务结束时刻。那么，在 T_i 时刻，当第 i 台故障机组到达时还需等待（$M-i$）台故障机组到达之后才能开始被服务，其在系统中等待被维修的时间为 W_i，如图 4-2 所示。

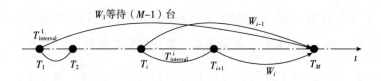

图 4-2　等待时间和相邻间隔时间描述

显然，随着故障机组台数的增加，第 i 台故障机组的等待时间 W_i 由其到达时刻 T_i 及第 M 台故障机组的到达时刻 T_M 之间的时间间隔决定，其表达式如式（4-2）所示。具体分析如下：

（1）在任意时刻 t，首台故障机组到达（风电场中有 1 台风电机组发生停机性故障，其余（$N-1$）台未发生停机性故障）的概率为 $C_N^1 \Pr\{T_1 \leqslant t\} \prod_{q=1}^{N-1} \Pr\{T_q > t\}$。那么，遍历各时刻点，首台故障机组的平均到达时刻可以表示为：

$$E(T_1) = \int_0^\infty t C_N^1 \Pr\{T_1 \leqslant t\} \prod_{q=1}^{N-1} \Pr\{T_q > t\} \, \mathrm{d}t \tag{4-3}$$

其中，T_q 表示第 q 台故障机组的随机寿命。

（2）由于每台风电机组的退化过程相互独立，第 2 台故障机组在任意时刻 t 到达的时间可以描述为风电场中共有两台风电机组发生了停机性故障，（$N-2$）台风电机组未发生停机性故障，则第 2 台故障机组到达的概率可表示为 $C_N^2 \prod_{p=1}^{2} \Pr\{T_p \leqslant t\} \prod_{q=1}^{N-2} \Pr\{T_q > t\}$。同理，该台故障机组的平均到达时刻可以表示为：

$$E(T_2) = \int_0^\infty t C_N^2 \prod_{p=1}^{2} \Pr\{T_p \leqslant t\} \prod_{q=1}^{N-2} \Pr\{T_q > t\} \, \mathrm{d}t \tag{4-4}$$

式（4-4）中 T_p 表示第 p 台故障机组的随机寿命。

（3）依次类推，在任意时刻 t，第 $i(i<M\leqslant N)$ 台故障机组到达，此时风电场中共有 i 台风电机组发生了停机性故障，$(N-i)$ 台风电机组未发生停机性故障，则第 i 台故障机组到达的概率可表示为 $C_N^i\prod\limits_{p=1}^{i}\Pr\{T_p\leqslant t\}\prod\limits_{q=1}^{N-i}\Pr\{T_q>t\}$。考虑到达时刻的各种可能性，则第 i 台故障机组的平均到达时刻可表示为：

$$E(T_i)=\int_0^\infty tC_N^i\prod_{p=1}^{i}\Pr\{T_p\leqslant t\}\prod_{q=1}^{N-i}\Pr\{T_q>t\}\,\mathrm{d}t \tag{4-5}$$

（4）在任意时刻 t，第 M 台故障机组到达，此时风电场中共有 M 台风电机组发生了停机性故障，$(N-M)$ 台风电机组未发生停机性故障，则第 M 台故障机组到达的概率可表示为 $C_N^M\prod\limits_{p=1}^{M}\Pr\{T_p\leqslant t\}\prod\limits_{q=1}^{N-M}\Pr\{T_q>t\}$。因此，第 M 台故障机组的平均到达时刻可表示为：

$$E(T_M)=\int_0^\infty tC_N^M\prod_{p=1}^{M}\Pr\{T_p\leqslant t\}\prod_{q=1}^{N-M}\Pr\{T_q>t\}\,\mathrm{d}t \tag{4-6}$$

由式（4-2）可计算出第 i 台故障机组的平均等待时间 $E(W_i)$ 为：

$$E(W_i)=E(T_M)-E(T_i) \tag{4-7}$$

将式（4-7）代入目标函数，可确定 $G/D/1/M/N/BPS$ 模式下单台故障机组平均等待时间的模型。

4.1.3 变故障率下目标函数求解

由图 4-1 可知，表征风电机组退化过程的故障率函数是一个分段函数，而威布尔分布可以对递增、递减故障率建模，因此，可以通过威布尔分布计算故障率函数：

$$\lambda(t)=\frac{\beta}{\alpha}\left(\frac{t}{\alpha}\right)^{\beta-1},\ \alpha>0,\ \beta>0,\ t\geqslant0 \tag{4-8}$$

式（4-8）中 α 和 β 分别表示分布函数的尺度参数和形状参数。

则每台风电机组的概率密度函数 $f(t)$ 可以表示为：

$$f(t)=\frac{\beta}{\alpha}\left(\frac{t}{\alpha}\right)^{\beta-1}e^{-\left(\frac{t}{\alpha}\right)^{\beta}} \tag{4-9}$$

那么，$E(W_i)$ 的表示形式如下：

$$E(W_i) = E(T_M) - E(T_i)$$

$$= \int_0^\infty t C_N^M \prod_{p=1}^{M} \Pr\{T_p \le t\} \prod_{q=1}^{N-M} \Pr\{T_q > t\} \, \mathrm{d}t -$$

$$\int_0^\infty t C_N^i \prod_{p=1}^{i} \Pr\{T_p \le t\} \prod_{q=1}^{N-i} \Pr\{T_q > t\} \, \mathrm{d}t$$

$$= \int_0^\infty t C_N^M \left[\int_0^t f(t) \right]^M \left[1 - \int_0^t f(t) \right]^{N-M} \mathrm{d}t - \int_0^\infty t C_N^i \left[\int_0^t f(t) \right]^i \left[1 - \int_0^t f(t) \right]^{N-i} \mathrm{d}t$$

$$(4\text{-}10)$$

将式（4-10）代入式（2-1），节省成本函数 F_{sc} 表示如下：

$$F_{sc}(M) = (M-1)C_{set} - C_d \sum_{i=1}^{M-1} \left\{ \int_0^\infty t C_N^M \left[\int_0^t f(t) \right]^M \left[1 - \int_0^t f(t) \right]^{N-M} \mathrm{d}t - \right.$$

$$\left. \int_0^\infty t C_N^i \left[\int_0^t f(t) \right]^i \left[1 - \int_0^t f(t) \right]^{N-i} \mathrm{d}t \right\}$$

$$(4\text{-}11)$$

4.2　变故障率下数值实验

通过随机选取参数取值对固定故障率和变故障率下的 GM 优化模型的正确性和有效性进行求解验证，并结合 Matlab 等工具分析各参数对目标函数的影响。

在变故障率 GM 模型下，假设风电场规模 $N = 20$，随机选取参数取值如下：$C_{set} = 80000$、$C_c = 1000$、$C_d = 10000$，费用单位为元/年。

4.2.1　变故障率下成组维修优化模型验证

与固定故障率下 GM 优化模型的验证类似，基于所给参数组，本书分析了变故障率下风电场 GM 模型的正确性和有效性，并通过灵敏性分析结果讨论了最优策略性能对各参数的灵敏性。

4.2.2　变故障率下策略对比

从图 4-3 及其扩大子图可以看出，当 $\alpha = 30$、$\beta = 2$ 且故障机组台数增加时，传统维修策略和 GM 策略下的维修成本及节省成本曲线的走势与固定故障率下情景相同，产生这种趋势变化的原因在前文已有解释，此处不再赘述。在本组参数下，变故障率下 GM 时最优的故障机组台数为 $M^* = 5$，最大节省成本值为 $\max F_{sc} = 152797.987801$。

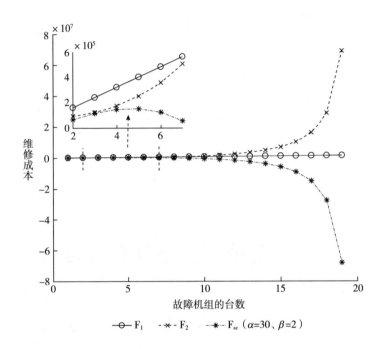

图 4-3 不同维修策略下的维修成本

4.2.3 变故障率下灵敏度分析

在变故障率下，故障机组的到达与到达率 $\lambda(t)$ 密切相关，而 $\lambda(t)$ 通过两参数 α、β 来反映。因此，有必要分析两参数 α、β 变化时对维修策略性能的影响。

首先，当 $\alpha = 30$ 时，我们分析不同 β 值下目标函数 F_{sc} 的变化趋势，如图 4-4 所示，其中最优解 M^* 的变化情况如图 4-4 及表 4-1 所示。

在威布尔分布中，β 表示形状参数，其取值影响故障率函数 $\lambda(t)$ 的增减变化趋势。若 $\beta < 1$，意味着设备处于老练期，此时的设备故障多是由制造缺陷、拙

劣工艺等导致的，那么 $\lambda(t)$ 随着时间的推移逐渐下降，此种情况不在本章研究范围内，因此这里取 $\beta>1$。此时，故障率函数 $\lambda(t)$ 是递增的，这导致风电机组运行时间缩短，故障机组以更快的速度到达，进而总停机等待时间也随之减少，再加上 C_d 远小于 C_{set}，为了达到总停机损失和总节省维修准备成本的平衡点，GM 的故障机组台数越多必然使得 $\max F_{sc}$ 和 M^* 均会增加，这与图 4-4 和表 4-1 所示的结果一致。

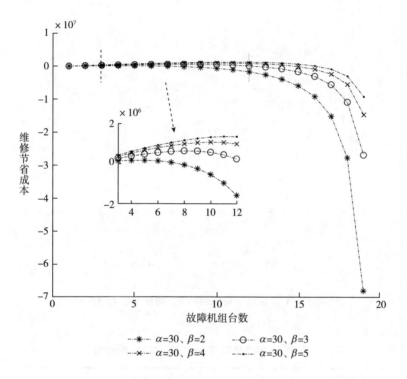

图 4-4 不同 β 值下目标函数 F_{sc} 的变化趋势 （$\alpha=30$）

表 4-1 β 变化时对 $\max F_{sc}$ 和 M^* 的影响

$\alpha=30$、$C_{set}=80000$、$C_c=1000$、$C_d=10000$	$\max F_{sc}$	M^*
$\beta=2$	152797.987801	5
$\beta=3$	626989.179514	8
$\beta=4$	1065168.235490	10
$\beta=5$	1344039.448245	11

其次，当 $\beta=2$ 时，对应不同 α 值时目标函数 F_{sc} 及其最优解 M^* 的变化趋势，如图 4-5 和表 4-2 所示。

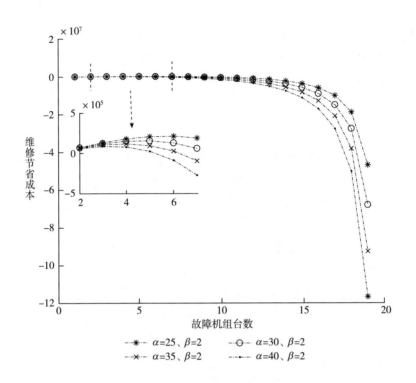

图 4-5　不同 α 值下目标函数 F_{sc} 的变化趋势（$\beta=2$）

表 4-2　α 变化时对 max F_{sc} 和 M^* 的影响

$\beta=2$、$C_{set}=50000$、$C_c=1000$、$C_d=10000$	max F_{sc}	M^*
$\alpha=25$	209482.729762	6
$\alpha=30$	152797.987801	5
$\alpha=35$	114502.816614	4
$\alpha=40$	84320.605539	3

在威布尔分布中，α 表示尺度参数，在一定程度上表征风电机组的平均随机寿命，其取值的增加意味着风电机组的平均随机寿命的延长，这使得每台风电机组的平均运行时间增加，继而故障机组的停机等待时间增加，在停机损失和维修

准备成本的权衡中，$\max F_{sc}$ 和 M^* 必然都会减少，如图 4-5 和表 4-2 所示。

显然，威布尔分布参数 α 和 β 的调整会影响风电场中风电机组故障发生的可能性，进而影响 $\max F_{sc}$ 和 M^*，这与模型最初的假设一致。

GM 策略的主要目的是节省 C_{set}，那么 C_{set} 的变化必然会影响目标函数 F_{sc} 的趋势，在 C_d 远小于 C_{set} 且总停机损失没有超过 C_{set} 的前提下，故障机组台数越多越节省维修成本。因此，若 C_{set} 增大，则 M^* 必然会增加，如图 4-6 和表 4-3 所示。

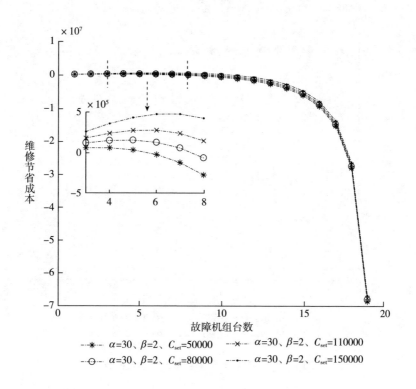

图 4-6　C_{set} 变化时对目标函数 F_{sc} 的影响

表 4-3　C_{set} 变化时对 $\max F_{sc}$ 和 M^* 的影响

$\alpha = 30$、$\beta = 2$、$C_c = 1000$、$C_d = 10000$	$\max F_{sc}$	M^*
$C_{set} = 5000$	57797.987801	4
$C_{set} = 10000$	152797.987801	5

$\alpha = 30$、$\beta = 2$、$C_c = 1000$、$C_d = 10000$	max F_{sc}	M^*
$C_{set} = 15000$	275655. 130658	6
$C_{set} = 20000$	477303. 482307	7

由式（4-11）可知，节省成本函数 F_{sc} 仅和 C_{set} 及 C_d 相关，则故障性维修费用 C_c 变化不会影响 max F_{sc} 和 M^*，如图 4-7 和表 4-4 所示。

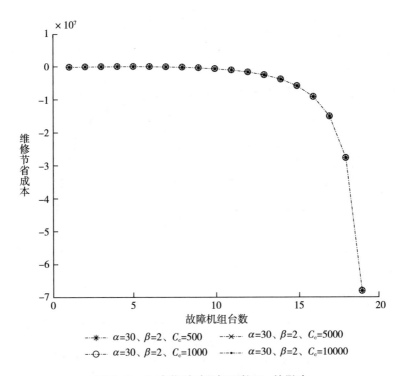

图 4-7　C_c 变化时对目标函数 F_{sc} 的影响

表 4-4　C_c 变化时对 max F_{sc} 和 M^* 的影响

$\alpha = 30$、$\beta = 2$、$C_{set} = 80000$、$C_d = 10000$	max F_{sc}	M^*
$C_c = 500$	152797. 987801	5
$C_c = 1000$	152797. 987801	5
$C_c = 5000$	152797. 987801	5
$C_c = 10000$	152797. 987801	5

C_d 的增加意味着单台故障机组到达后的单位时间的等待成本增加，此种情况下，可以节省成本必然减少，相应地，最优 GM 时故障机组台数 M^* 也会减少，如图 4-8 和表 4-5 所示。

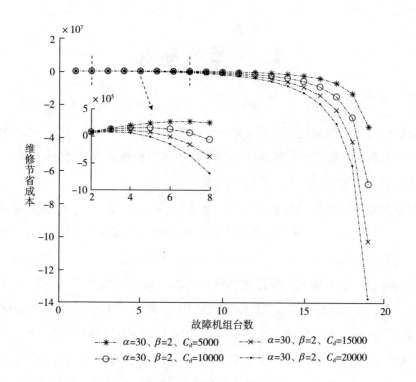

图 4-8　C_d 变化时对目标函数 F_{sc} 的影响

表 4-5　C_d 变化时 max F_{sc} 和 M^* 的影响

$\alpha=30$、$\beta=2$、$C_{set}=80000$、$C_c=1000$	max F_{sc}	M^*
$C_d=5000$	268651.741153	7
$C_d=10000$	152797.987801	5
$C_d=15000$	101696.981702	4
$C_d=20000$	74860.681485	3

以上实验结果表明，威布尔分布参数 α 和 β 维修准备成本 C_{set} 以及单位时间停机损失成本 C_d 的调整均会影响目标函数最优解。其中，C_{set} 和 C_d 对维修策略

性能的影响较为显著，而故障后维修成本 C_c 的调整则不会影响目标函数最优解的变化。这和固定故障率下优化模型的灵敏性分析结果一致，由此验证了模型的正确性。

4.3 案例研究

为验证所提出的最优 GM 策略对不同规模风电场的适用性和可行性，笔者通过案例研究分析不同规模的风电场（风电场中风电机组总数 N 不同），在变故障率 GM 模型下最优解 $\max F_{sc}$ 和 M^* 的变化。

根据文献[154] 所提供的相关资料，本章以位于荷兰海岸线 43 千米处 480 兆瓦海上风电场中 80 台额定功率为 6 兆瓦的风电机组为研究对象。不同于陆上风电场，直升机和船只对于海上机组的维修必不可少，它们被用来运输维修工具或者大中型设备，数据显示大型起重船单次的出海费用高达 1000 万元。对该风电场而言，C_{set} 的均值及单次故障后维修的费用 C_c 如表 4-6 所示。由 SCADA 系统数据可知，此种规格的风电机组单台年发电量约为 10575000 千瓦·时，电价按照 0.4420 元/千瓦·时计算，在不考虑其他因素影响的条件下，可预估单台风电机组一年的停机损失。定义每台风电机组的退化通过威布尔分布来描述，其中根据风电机组运行年限确定 $\alpha(years)$ 和 β 的值，如表 4-6 所示。

表 4-6 风电机组参数取值

参数	α (years)	β	C_{set}	C_c	C_d
取值	30	2	15000000	200000	4674150

根据以上数据，可知风电机组的故障率函数 $\lambda(t)$ 及概率密度函数 $f(t)$ 分别为：

$$\lambda(t) = \frac{t}{450}$$

$$f(t) = \frac{t}{450} \times \exp\left(\frac{t^2}{900}\right) \tag{4-12}$$

相应地，第 i 台故障机组的平均等待时间 $E(W_i)$ 如式（4-13）所示。

$$E(W_i) = \int_0^\infty t C_N^M \left[\int_0^t \frac{t}{450} \times \exp\left(\frac{t^2}{900}\right)\right]^M \left[1 - \frac{t}{450} \times \exp\left(\frac{t^2}{900}\right)\right]^{N-M} \mathrm{d}t -$$

$$\int_0^\infty t C_N^i \left[\frac{t}{450} \times \exp\left(\frac{t^2}{900}\right)\right]^i \left[1 - \frac{t}{450} \times \exp\left(\frac{t^2}{900}\right)\right]^{N-i} \mathrm{d}t \tag{4-13}$$

由式（4-12）和式（4-13）可知，风电机组的故障率函数具有动态性，随着时间的推移而变化，同时每台故障机组的平均等待时间 $E(W_i)$ 与风电机组运行时间及整个风电场的故障机组台数有关，这和初始构建模型的目的相符。

本章基于排队论所建立的最优 GM 策略，通过权衡 C_{set} 和 C_{d} 寻找 GM 时最优的故障机组台数 M^*，当风电场规模 N 发生变化时，每台故障机组到达后平均等待时间的改变导致停机损失发生了变化，$\max F_{\mathrm{sc}}$ 和 M^* 也一定会发生变化，如图 4-9 所示。

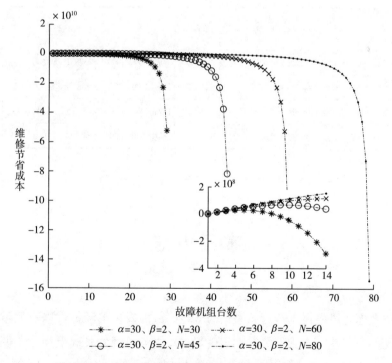

图4-9　不同规模下风电场维修成本的变化趋势

随着风电场规模 N 的扩大，不仅 $\max F_{sc}$ 及 M^* 在不断增加（见表 4-7 第 3 列和第 4 列），而且与传统维修策略相比，维修成本的节省量也越来越大（见表 4-7 第 5 列），此结果验证了最优 GM 决策模型的经济优越性。值得注意的是，节省量在风电场规模 $N \leqslant 50$ 内增加较快，超过 $N = 50$ 之后则变得缓慢，这是由于随着风电场规模的变大，GM 固然节省了 C_{set}，然而较大的 M^* 产生了不容忽视的维修时间，且影响越来越大。为了说明维修时间对 GM 策略的影响，每台风电机组的维修时间 t_m 相同，且在 $t_m = 1$ 的情况下，笔者重新进行了实验。由于维修时间主要影响故障机组的停机等待损失，考虑维修时间之后，故障机组的停机损失成本加大，最大节省成本 $\max F_{sc}$、故障机组最优台数 M_t^* 及成本节省量也会相应降低，且风电场规模越大，维修时间的影响越明显，这可以通过表 4-7（后 4 列）所示的优化结果说明。因此，对于较大规模的海上风电场应该考虑维修时间的影响。

表 4-7 N 变化时对 $\max F_{sc}$ 和最优成组维修故障机组台数 M^* 的影响

风电机组总数 N	F_1	$\max F_{sc}$	M^*	节省量	F_1^t	$\max F_{sc}^t$	M_t^*	节省量
$N = 30$	76000000. 00000	29912631. 780094	5	39.36% ↓	60800000. 00000	9159831. 780094	4	15.07% ↓
$N = 45$	136800000. 00000	69402389. 267727	9	50.73% ↓	106400000. 00000	29788134. 786930	7	28.00% ↓
$N = 60$	228000000. 00000	119859175. 637086	15	52.57% ↓	182400000. 00000	56830620. 202303	12	31.16% ↓
$N = 80$	349600000. 00000	199593638. 914619	23	57.09% ↓	288800000. 00000	100492208. 941116	19	34.80% ↓

本章小结

本章考虑到风电机组运行状态的时效性、故障发生的随机性以及故障发生后等待时间的时变性，在固定故障率风电场 GM 决策模型的基础上构建了变故障率下最优 GM 台数 M^* 和故障机组平均等待时间 $E(W_i)$ 的决策模型，同样通过分析成组维修模式下节约的总维修准备成本和总停机损失之间的关系，优化得到最佳的风电机组成组维修台数。此外，通过数值实验和灵敏性分析证明了 GM 模型的经济优势，以及改变维修准备成本 C_{set} 和停机损失 C_d 的大小对优化结果 $\max F_{sc}$ 和 M^* 有明显影响，说明它们之间确实存在权衡关系，对其进行维修建模是有必要的。

案例研究结果显示，本章所提出的变故障率模式下最优 GM 决策模型在风电场规模 $N \leqslant 50$ 时效果较为显著。若考虑维修时间，该模型可以推广到任何规模的风电场上，这为后续风电场系统的 GM 决策提供了理论依据。

第 5 章

故障率函数更新模型下风电机组定期预防维修决策

风电机组在实际运维过程中一旦发生故障，便会面临高昂的更换成本[14]，维修人员往往选择对其进行非完美维修，这就导致系统的可靠性水平在维修前后出现差异，而准确评估系统（设备）可靠性水平是制定合理维修策略的前提。同时，风电机组的性能随着役龄的增加和单次非完美维修效果的不同，时刻在发生变化，那么在维修策略的制定中，若不及时更新维修策略中度量其性能的指标，势必会造成风电机组的过修或者欠修。此外，为了使基于可靠度的维修决策与风电场实际运维相一致，达到提高风电场整体经济效益的目的。本章在已有非完美维修效果模型研究的基础上[80]，基于广义更新过程思想，提出了风电机组的故障率函数更新模型用来衡量机组维修前后性能的变化，进而在考虑维修准备成本和保证风电场基本可用度的前提下建立了风电机组的定周期预防维修决策模型。通过遗传算法求得模型最优解，并将结果与传统完美维修策略和不考虑小修次数对维修准备成本影响的维修策略相对比，同时对其进行灵敏性分析，验证了模型的有效性、经济性和可行性。

5.1　风电机组维修特性

风电系统通常坐落在偏僻地区或者近海区域，受到恶劣环境的影响及状态检测技术发展的限制[97]，CBM 策略在风电场中的应用还不够完善和成熟，衡量风电机组性能最直观的指标依然是可靠性，而可靠性水平的评估源于 TBM，不仅与故障率函数密切相关，且随着风电机组服务役龄的增加和维修效果的不同而变化。诚然，通过更新维修后风电机组的故障率函数及时更新相应的维修策略可以达到以有限的维修资源最大化风电机组的可用度，提高风电场运维经济性的目的。而故障率函数的更新和非完美维修效果密切相关[72]，对于非完美维修效果的表达，应用较为成熟和广泛的方法是广义更新过程（Generalized Renewal

Processes，GRP）下的虚拟役龄模型（Virtual Age Model，VAM）[68]。VAM 又称为 Kijima 模型，该模型下的非完美维修效果通过系统的虚拟役龄和维修次数等反映[74]，但是对于风电机组，由于其结构的复杂性及运行环境的恶劣性，对其虚拟役龄的表达并不容易，同时故障强度的更新不仅受到维修次数的影响，还和非完美维修效果密切相关，单纯地通过参数评估和维修次数来确定风电机组的虚龄因子及故障强度的更新不仅造成了评估结果与实际存在的偏差，而且降低了非完美维修模型下维修策略在实践中的实用性。鉴于此，本章根据风电机组的维修特性，分析机组故障率函数与虚拟役龄之间的关系，建立故障率函数更新模型来表征非完美维修前后风电机组性能的变化。

5.1.1 风电机组故障率函数的定义及其函数间关系

故障率函数又称为失效率函数或者危险率函数，一般建立在部件（系统）的使用寿命基础上，指的是系统（部件）在持续工作到 t 时刻后，在 $t\sim t+\Delta t$ 内发生失效的概率，此概率是时间的函数，一般用 $h(t)$ 表示。故障率函数 $h(t)$ 是由使用寿命分布函数 $F(t)$ 或者寿命概率密度函数 $f(t)$ 唯一确定的，且部件（设备）的故障率函数 $h(t)$、寿命分布函数 $F(t)$ 及可靠度函数 $R(t)$ 之间具有相互唯一的确定关系，如表 5-1 所示。

表 5-1 函数关系

指标	可靠度函数 $R(t)$	故障累计分布函数 $F(t)$	故障概率密度函数 $f(t)$
$R(t)$	1	$F(t)=1-R(t)$	$f(t)=-R'(t)$
$F(t)$	$R(t)=1-F(t)$	1	$f(t)=F'(t)$
$f(t)$	$R(t)=\int_t^\infty f(x)\,\mathrm{d}x$	$F(t)=\int_0^t f(x)\,\mathrm{d}x$	1
$h(t)$	$R(t)=\exp\left[-\int_0^t h(x)\,\mathrm{d}x\right]$	$F(t)=1-\exp\left[-\int_0^t h(x)\,\mathrm{d}x\right]$	$f(t)=h(t)\times\exp\left[-\int_0^t h(x)\,\mathrm{d}x\right]$

显然，对于任意一个定义在 ［0，∞］ 上的可积函数，若满足
$$\begin{cases} h(t)\geqslant 0 \\ \int_0^\infty h(t)\,\mathrm{d}t=1 \end{cases}$$
都可以作为部件（设备）的故障率函数，这是故障率函数 $h(t)$

的必要条件。该性质同样适用于风电机组的故障率函数。

5.1.2 风电机组的常见故障

风电机组主要由叶轮、齿轮箱、发电机、变桨系统、偏航系统、制动系统、液压系统和变流器等结构组成，常见故障也往往发生在这些结构组件上，如表 5-2 所示。

表 5-2 风电机组的常见故障

常见故障	具体表现形式
叶片故障	叶片断裂、偏移、弯曲及疲劳失效
变流器故障	变流器过电压、过热、欠电压、过电流、误动作、与预期效果误差大
发电机故障	过热、振动过大、轴承过热、转子断条及绝缘损害、转子/定子线圈短路
变桨轴承故障	轴承欠润滑造成磨损、螺栓松动导致轴承移位、安装不当导致轴承变形
偏航系统故障	位置故障、传感器故障、左（右）偏航反馈丢失、偏航速度丢失（过载）

5.1.3 风电机组的基本维修方式

维修后，根据风电机组性能的恢复程度可将风电机组的维修方式分为如下三种：①最小维修或者基本维修，维修后风电机组的性能"恢复如旧"，即 AGAO（As Bad As Old）；②完全维修或者更换，维修后风电机组的性能"恢复如新"，即 AGAN（As Good As New）；③非完美维修或者不完全维修，维修后风电机组的性能介于 AGAO 和 AGAN 之间。

5.1.4 风电机组的初始故障率函数

根据故障率函数的定义，假设在风电机组第 1 次被维修前，其初始故障率函数 $h(t)$ 是时间的连续函数，一般通过幂律过程（Power Law Processes，PLP）和线性对数过程（Log-Linear Processes，LLP）表示：

$$\begin{cases} \text{PLP}: h(t)=\alpha\beta t^{\beta-1}, & \alpha>0, \ \beta>0 \\ \text{LLP}: h(t)=\exp(\alpha+\beta t), & \alpha\in\mathbb{R}, \ \beta\in\mathbb{R} \end{cases} \tag{5-1}$$

由于风电机组的疲劳磨损主要表现为自身的老化，所以初始故障率函数
$h(t)$ 是单调递增的，对于 PLP 有 $\beta>1$，对于 LLP 有 $\beta>0$。根据某风电场中 SCA-
DA 系统中获取的历史故障数据拟合出风电机组各组成单元的寿命分布及参数，
如表 5-3 所示。

表 5-3　风电机组各组成单元的寿命分布及参数

部件	分布	均值	标准差	尺度参数	形状参数
叶轮	正态分布	42000	663	—	—
齿轮箱	对数正态分布	11	1.2	—	—
发电机	威布尔分布	—	—	76000	1.2
变桨系统	极大值分布	65000	370	—	—
偏航系统	正态分布	84534	506	—	—
制动系统	指数分布	120000	—	—	—
液压系统	威布尔分布	—	—	66000	1.3
电气系统	威布尔分布	—	—	35000	—
变流器	指数分布	45000	—	—	—

由表 5-3 可知，风电机组各组成单元的寿命分布主要有正态分布、指数分布
和威布尔分布，而正态分布和指数分布可以看作特殊的威布尔分布，且威布尔分
布是 PLP 和可靠性分析中最常用的概率分布之一，不仅可以描述设备的寿命分
布和疲劳失效，还可以对设备的递增故障率建模。因此，通过威布尔分布构建风
电机组的故障率函数是合理的。

$$h(t)=\frac{\beta}{\alpha}\left(\frac{t}{\alpha}\right)^{\beta-1}, \ \alpha>0, \ \beta>0, \ t\geq 0 \qquad (5-2)$$

式中，α 和 β 分别表示分布函数的尺度参数和形状参数。当 $\beta=1$ 时，威布尔
分布函数则为指数分布，当 $3\leq\beta\leq 4$ 时，威布尔分布则近似正态分布。

则风电机组相应的概率密度函数 $f(t)$ 为：

$$f(t)=\frac{\beta}{\alpha}\left(\frac{t}{\alpha}\right)^{\beta-1}e^{-\left(\frac{t}{\alpha}\right)^{\beta}} \qquad (5-3)$$

5.2　系统定义

为了方便后期风电场整体维修决策的建模研究，笔者将风电场中每台风电机组视为一个整体，作为一个可修系统进行研究，使得风电机组的经济性与其可靠性水平密切相关。

5.2.1　系统描述

在定周期预防维修决策中，关键的决策变量是相邻两次 PM 的时间间隔和PM 次数，如何通过选取合适的决策变量使得维修决策最优是本策略要解决的关键问题。

5.2.2　系统假设

将每台风电机组视为一个整体，那么整个风电场即为一个由多部件组成的复杂系统，为了简化系统，更好地描述维修决策，笔者给出以下假设：

（1）每台风电机组的设计寿命为 20~30 年，与较短的维修周期相比，将这视为风电机组在无限长的时间段内运行，相应的维修措施也在无限长的时间内进行。

（2）在无限长的时间内对风电机组实施等周期的预防性维修，若在预防维修期内风电机组发生故障，则进行小修，小修不改变风电机组的故障率。

（3）由于风电机组的可靠性水平会随着服务役龄的增加而降低，即随着时间的推移，风电机组的故障率会增加，那么风电机组系统可以描述为一个退化系统。

（4）为了凸显故障率函数对系统的影响，不考虑风电场中风速、风期等客观环境对风电机组运行的影响。

（5）服务役龄、非完美维修费用及维修次数等是改变风电机组可靠性的关键因素，引入虚龄因子和故障率加速因子分别来描述每次预防性维修后风电机组的虚拟役龄及故障率的变化。

（6）将风电机组视为一个整体系统（这里的整体也可以是风电机组的某关键部件），构建的故障率函数更新模型可以反映风电机组整体（关键部件）的退化情况。

（7）风电机组只要在维修状况下均有停机损失，正常状态下没有发电量的损失，且单次最小维修费用和预防性更换费用均为常数。

5.3 维修策略描述

风电机组在 $t=0$ 时以全新状态投入运行，每隔时间 τ 对其实施一次 PM，每次 PM 之后，系统的状态恢复非新，在风电机组的无限运行时间内共进行了（$K-1$）次 PM，在第 K 次 PM 时进行系统的预防性更换，更换后，系统的状态恢复如新。若系统在 PM 周期内发生了故障，则对其进行小修，且小修前后系统的故障率不会发生变化，具体维修策略如下：

（1）经过第一个预防性维修周期，对风电机组进行第一次 PM，此次 PM 的费用和维修时间分别为 c_{pm}^1 和 t_{pm}^1。若在第一个 PM 周期 τ 内风电机组发生故障，则对其进行小修，小修不改变风电机组的故障率，且小修的费用和时间固定，分别表示为 C_{mm} 和 t_{mm}。

（2）同理，经过第 $k(k=1,2,\cdots,K-1)$ 个预防性维修周期 $k\tau$ 对风电机组进行第 k 次 PM，此次的 PM 费用和时间分别为 c_{pm}^k 和 t_{pm}^k。若在第 k 个预防性维修周期 τ 内风电机组发生故障，同样对其进行小修，小修的费用和时间同样分别表示为 C_{mm} 和 t_{mm}。

（3）经过（$K-1$）个预防性维修周期，在第 K 次 PM 时，若风电机组在满足基本运行有效度的前提下整体费用率最低，则对风电机组进行预防性更换，之后风电机组的性能恢复如新，更换的成本和时间为固定常数 C_m 和 t_m。

（4）在其余情况下，不对风电机组作任何处理。风电机组单位时间的停机损失表示为 C_d，每次维修均会导致风电机组停机，同时需要维修准备成本 C_{set}。

对于定周期预防维修决策的建模首先要考虑风电场中风电机组运维的经济性，将风电机组在一个维修期内的费用率最小作为优化目标；其次在保证经济性的前提下，风电机组在维修期内的有效运行时间不能低于风电场保证发电量要求的基本有效度 A_0。这里令 C_{total} 表示一次维修期内的总费用，τ 表示 PM 维修周期，K 表示 PM 的次数，A 表示风电机组在一次维修期内的有效度，则优化模型可以表示为：

$$CR(K,\ \tau) = \min \frac{C_{total}}{T_{total}}$$

s. t. $A \geqslant A_0$ (5-4)

显然，优化定周期预防性维修决策模型的关键是确定一个维修期内的总费用和维修期长度，并在维修时间的基础上表示出风电机组的可用度。在一个维修期内，风电机组的总维修费用与故障次数及维修时间相关，故障次数又取决于风电机组的可靠性水平，而可靠性水平通过风电机组的故障率或者累计故障率反映。因此，必须从风电机组故障率函数的角度分析。

5.4　风电机组故障率函数更新模型的构建

在工程维修的各种方式中，完全维修（更换）能够使设备的状态恢复如新，是最理想的维修方式，但是在实际工程操作中，尤其像风电机组这样的大型设备，更换带来的费用远大于一般维修，同时还要面临备品备件的问题以及较长停机带来的损失，一般情况下不会采取此种维修方式。由于风电机组每一次维修都需要动用大型机械（起重机或者塔吊），所以最小维修（基本维修）的维修效果十分不明显，此种维修方式同样不可取。根据风电机组运行的实际情况，在每次被维修后，风电机组的状态不可能恢复全新，但是会有很大程度的改善。非完美维修的维修效果介于最小维修和完全维修之间，因此能够更好地描述风电机组的维修。

非完美维修对于设备（系统）性能的改善一般通过故障率函数的更新来描

述，故障率函数的更新来源于两个方面：虚龄的改变和故障率函数整体趋势的改变。前者通过（设备）系统役龄的变化表征非完美维修效果，即单次非完美维修后，（设备）系统的性能得到较大改善；后者通过连续两次故障平均间隔时间的缩短来表征（设备）系统故障率的加速，描述了随着维修次数的增加，（设备）系统往往以更快的速度接近下次故障。本章同样从这两个方面分析风电机组的维修特性，构建其故障率函数更新模型。

5.4.1 虚龄因子和有效役龄的确定

从风电机组故障率函数 $h(t)$ 的定义到模型的构建可知，风电机组的平均使用寿命 T 是影响故障率函数 $h(t)$ 的主导因素，每次非完美维修都可以使得风电机组的状态得到较大改善，同时使风电机组的使用寿命有所延长，更本质的描述是风电机组的役龄（役龄指的是设备投入生产后已经正常运行的时间）有所回退，带来了风电机组平均使用寿命 T 的增加。这里定义"虚龄因子" η，即风电机组役龄的回退程度[155] 来描述单次非完美维修对风电机组性能的改善。显然，η 受到维修次数、非完美维修费用等的影响，如式（5-5）所示[156]：

$$\eta_k\left(a\times\frac{c_{\mathrm{pm}}^k}{C_{\mathrm{rm}}}\right)^{b\times k} 1\leqslant a\leqslant\frac{C_{\mathrm{rm}}}{c_{\mathrm{pm}}^k},\ 0<b<1,\ k=1,\ 2,\ \cdots,\ K-1 \tag{5-5}$$

式中，a 表示风电机组非完美维修费用的调整参数，b 表示风电机组非完美维修次数的调整参数，依次对非完美维修费用和维修次数进行修正。K 表示有效约束下的维修次数，c_{pm}^k 和 C_{rm} 分别为第 k 次非完美维修的费用及一次故障更换费用。其中，a 和 b 的值由专家根据风电场 SCADA 系统提供的故障数据对风电机组的运行状态进行评估得到，且随着 c_{pm}^k 值的增大，η 也变大，说明在其他条件一定的情况下，投入维修的费用越高，风电机组被维修后恢复的程度越高。但是随着维修次数 k 的增加，η 却越来越小，这是由于风电机组是退化系统，随着运行时间的增加，风电机组退化的速度增加，维修后恢复的程度自然会降低。

基于系统虚拟役龄的建模主要有两类：一类模型认为系统的此次维修只影响系统上一个 PM 周期内的系统役龄，称为模型 I；另一类模型认为此次维修不仅影响系统在前一个 PM 间隔期内的役龄，还会影响系统之前的役龄，称为模型 II[75]。两类模型从不同的方面进行了分析，但是当虚龄因子定义为非完美维修费用和维修次数的函数时，随着单次非完美维修费用和维修次数的增加，虚龄因子在不停地发生变化，这和模型 I 的思想一致，因此利用模型 I 的思想，在已有模型[21,73,156]的基础上通过虚龄因子描述非完美维修效果对风电机组役龄的影响。

由于对风电机组实施的是定周期预防性维修策略，这里令 τ 表示第（$k-1$）次 PM 和第 k 次 PM 之间的时间间隔（PM 维修周期），T_k^- 和 T_k^+ 分别表示第 k 次非完美预防性维修前后风电机组的虚拟役龄，根据已有模型[157]可知，风电机组在经过第 k 次非完美预防性维修前后虚拟役龄分别表示为：

$$T_k^- = T_{k-1}^+ + \tau = k\tau - (\eta_1\tau + \eta_2\tau +,\ \cdots,\ +\eta_{k-1}\tau) = \left(k - \sum_{j=1}^{k-1} \eta_j\right)\tau$$

$$T_k^+ = T_k^- - \eta_k\tau = \left(k - \sum_{j=1}^{k} \eta_j\right)\tau - \eta_k\tau = \left(k - \sum_{j=1}^{k} \eta_j\right)\tau \tag{5-6}$$

那么，在第 k 个维修期内，即处于维修时刻点 $[t_{k-1}, t_k]$ 的任意时刻 t，考虑到风电机组的役龄具有递增性，有 $t_k = k\tau \leqslant t \leqslant (k+1)\tau = t_{k+1}$，风电机组的虚拟役龄具体表示为：

$$T_k(t) = T_k^+ + t' = T_k^+ + (t - t_k) = \left[k - \sum_{j=1}^{k} \eta_j\right]\tau + (t - k\tau) = t - \sum_{j=1}^{k} \eta_j \times \tau \tag{5-7}$$

通过引入虚龄因子，分析了维修次数、维修费用对风电机组虚拟役龄的影响，确定了风电机组在任意一个维修期内任意时刻的虚拟役龄，结合上文对风电机组在一定时间内故障率函数的假设和推导，容易得出在第 k 次维修期内，虚龄因子对风电机组故障率函数的影响，如式（5-8）所示（在一定时期内，根据风电场 SCADA 系统获得历史故障数据可知，风电机组的初始故障率函数服从威布尔分布）：

$$h(t) = \frac{\beta}{\alpha}\left[\frac{T_k(t)}{\alpha}\right]^{\beta-1} = \frac{\beta}{\alpha}\left(\frac{t - \sum\limits_{j=1}^{k} \eta_j \times \tau}{\alpha}\right)^{\beta-1} \tag{5-8}$$

5.4.2 风电机组故障率加速因子的确定

对于任何设备（系统），在运行一段时间后对其进行非完美维修，都会改善其性能，延长其使用寿命，前文通过虚龄因子分析了维修效果如何影响设备（系统）的使用寿命。但是在工程实践中，设备（系统）在每次维修之后往往以更快的速度达到下一次故障，尤其对于风电机组这样的大型设备，随着维修次数的增加，其故障率增加得更为明显。因此，有必要分析维修次数对风电机组故障率函数的影响，使故障率函数更加接近实际情况。

令 μ（$1<\mu<\infty$）表示风电机组的故障率加速因子[157]。若 $\mu=1$，表示维修之后风电机组的故障率函数的斜率没有发生变化，等同于对风电机组进行的是最小维修（基本维修）；若 $\mu=+\infty$，表示维修之后风电机组的故障率函数的斜率变得无穷大，紧接着就要再次维修，这里不考虑这两种极限的情况。每次非完美维修后，风电机组的故障率函数都会被故障率加速因子修正，修正的倍数随着维修次数的增加而增加。在风电机组经历第 k 次 PM 之后，故障率函数的斜率会增加 μ^{k-1} 倍，表现在故障率函数中为 $h_i(t)=\mu^{k-1}h(t)$。

从上述分析可知，在单次非完美维修之后，风电机组的故障率函数与前一时刻的原故障率函数相比，其斜率都会扩大 μ 倍，即风电机组在每次维修后都会以更快的速度达到下一次故障，这和风电机组的实际运行情况相符。

5.4.3　风电机组故障率函数更新模型

前文从虚龄因子 η 和故障率加速因子 μ 两个方面分析了维修次数、维修费用及役龄对风电机组故障率函数的影响。通过分析可知，风电机组的故障率函数具有时效性和不确定性，因此笔者在后文的非完美维修中通过虚龄因子 η 和故障率加速因子 μ 对故障率函数进行修正，来描述风电机组故障率函数的动态性。

在历史故障数据统计周期内，风电机组在第 k 个 PM 周期内，故障率函数更新模型的一般表达式为：

$$h_k(t)=\mu^{k-1}\times\frac{\beta}{\alpha}\left(\frac{t-\sum_{j=1}^{k}\eta_j\times\tau}{\alpha}\right)^{\beta-1} \tag{5-9}$$

为了更形象地描述虚龄因子和故障率加速因子对风电机组故障率函数的共同作用，以三次 PM 为例，每次维修之后，风电机组故障率函数的变化如图 5-1 所示。

由图 5-1 可以看出，在虚龄因子和故障率加速因子的共同作用下，风电机组在每次维修之后存在役龄回退量，导致故障率函数不从 0 开始，同时随着 PM 次数的增加，故障率函数的斜率逐次增大。

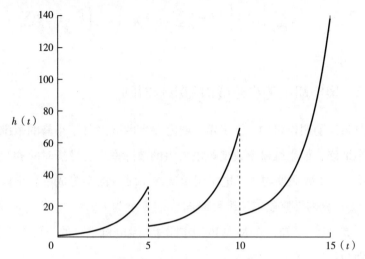

图 5-1　虚龄因子和故障率加速因子对故障率函数上升趋势的影响

5.5　风电机组的维修次数、
维修成本及维修时间

5.5.1　风电机组的小修次数

在任意一个 PM 周期内，风电机组都会随机发生故障，而故障次数影响总维修成本，因此必须通过故障率函数更新模型分析风电机组的小修次数 n_{mm}。根据式（5-6）可知，在任意第 k 个 PM 周期内，风电机组小修的次数 n_{mm}^k 及维修期内总的小修次数 N_{mm} 分别表示为：

$$n_{mm}^k = \int_{T_{k-1}^+}^{T_k^-} h_k(t)\,\mathrm{d}t = \int_{T_{k-1}^+}^{T_k^-} \mu^{k-1} \times \frac{\beta}{\alpha} \left(\frac{t - \sum_{j=1}^{k} \eta_j \times \tau}{\alpha} \right)^{\beta-1} \mathrm{d}t$$

$$= \int_{(k-1-\sum_{j=1}^{k-1}\eta_j)\times\tau}^{(k-\sum_{j=1}^{k-1}\eta_j)\times\tau} \mu^{k-1} \times \frac{\beta}{\alpha} \left(\frac{t - \sum_{j=1}^{k}\eta_j \times \tau}{\alpha} \right)^{\beta-1} \mathrm{d}t$$

$$N_{\mathrm{mm}} = \sum_{k=1}^{k} n_{\mathrm{mm}}^{k} = \frac{\tau^{\beta}}{\alpha^{\beta}} \sum_{k=1}^{k} \left\{ \mu^{k-1} \left[\left(k - 2\sum_{j=1}^{k}\eta_j + \eta_k \right)^{\beta} - \left(k - 1 - 2\sum_{j=1}^{k}\eta_j + \eta_k \right) \right] \right\}$$

$$(5-10)$$

5.5.2 风电机组的小修成市和小修时间

根据对系统的假设可知，在 PM 周期内发生的故障属于小修的范围，因此对其进行最小维修，最小维修不改变风电机组的故障率，且维修时间和维修成本固定。则在第 k 个 PM 周期内，风电机组单次最小维修的维修成本和维修时间分别为 C_{mm} 和 t_{mm}，总的维修成本和维修时间分别表示为 $C_{\mathrm{mm}}^{k} = n_{\mathrm{mm}}^{k} \times C_{\mathrm{mm}}$ 和 $T_{\mathrm{mm}} = n_{\mathrm{mm}}^{k} \times t_{\mathrm{mm}}$。由式（5-11）可知，在 K 次 PM 周期内，风电机组总的小修成本 $C_{\mathrm{mm}}^{\mathrm{total}}$ 和时间 T_{mm} 分别为：

$$C_{\mathrm{mm}}^{\mathrm{total}} = N_{\mathrm{mm}} \times C_{\mathrm{mm}}$$

$$= \frac{\tau^{\beta}}{\alpha^{\beta}} \sum_{k=1}^{K} \left\{ \mu^{k-1} \left[\left(k - 2\sum_{j=1}^{k}\eta_j + \eta_k \right)^{\beta} - \left(k - 1 - 2\sum_{j=1}^{k}\eta_j + \eta_k \right)^{\beta} \right] \right\} \times C_{\mathrm{mm}}$$

$$(5-11)$$

$$T_{\mathrm{mm}} = N_{\mathrm{mm}} \times t_{\mathrm{mm}}$$

$$= \frac{\tau^{\beta}}{\alpha^{\beta}} \sum_{k=1}^{K} \left\{ \mu^{k-1} \left[\left(k - 2\sum_{j=1}^{k}\eta_j + \eta_k \right)^{\beta} - \left(k - 1 - 2\sum_{j=1}^{k}\eta_j + \eta_k \right)^{\beta} \right] \right\} \times t_{\mathrm{mm}}$$

$$(5-12)$$

5.5.3 风电机组的预防性维修成市和维修时间

在等周期 PM 中，虽然每次 PM 后风电机组的性能都会得到改善，且役龄有所回退，但是随着 PM 次数的增加，风电机组疲劳磨损加剧，相应地 PM 成本也会逐渐增加。显然，PM 成本与 PM 次数以及 PM 时间密切相关[158]。已有文献通过 PM 成本和维修次数的线性关系来体现 PM 成本的动态性，但并未反映虚拟役龄和维修时间对 PM 成本的影响，笔者在已有文献研究成果的基础上，认为风电机组的 PM 成本是一个与维修次数和虚拟役龄相关的动态成本。在风电机组的等周期 PM 中，每次 PM 之后，风电机组的役龄回退量为 $T_k^+ - T_k^- = \eta_k \tau$，若上一次 PM 之后，风电机组的役龄回退量较小，那么此次 PM 的成本必然增加，第 k 次 PM 的成本表示如下：

$$c_{pm}^k = c_f + k(1 - \eta_{k-1})\tau c_v \qquad (5\text{-}13)$$

其中，c_f 和 c_v 分别表示 PM 成本中的固定成本和边际成本。

在确定了风电机组每次 PM 的成本之后，那么风电机组在经过（$K-1$）次 PM 之后的总预防性维修成本表示为：

$$
\begin{aligned}
C_{pm} &= \sum_{k=1}^{K-1} c_{pm}^k = \sum_{k=1}^{K-1} \left[c_f + kx(1 - \eta_{k-1}) \times \tau \times c_v \right] \\
&= (K-1) \times c_f + \frac{(K-1)Kc_v}{2} - \sum_{k=1}^{K-1} k \times \tau \times \eta_{k-1}
\end{aligned}
\qquad (5\text{-}14)
$$

任何维修都不是瞬间完成的，每次对风电机组进行 PM 会占用一定的时间，且维修时间长短与 PM 次数和 PM 周期密切相关[157]，在进行第 k 次 PM 的维修时间 t_{pm}^k 和维修次数 k 及 PM 周期 τ 之间的关系为 $t_{pm}^k \delta \times k \times \tau$（其中 δ 为预防维修时间的调整参数），那么经过（$k-1$）次 PM 后，总的预防性维修时间 T_{pm} 为：

$$T_{pm} = \sum_{k=1}^{K-1} t_{pm}^k = \sum_{k=1}^{K-1} \delta \times k \times \tau = \frac{\delta \tau (K-1)K}{2} \qquad (5\text{-}15)$$

5.5.4　风电机组的停机损失和停机时间

每次维修都需要风电机组停机，这必然会产生发电量的损失，根据电监会发布的《风电场弃风电量计算办法（试行）》，目前计算风电机组损失发电量的方法主要有三种：标准功率曲线法、样板机法及拟合功率曲线法。在已知风电机组单位时间停机损失 C_d 的情况下，影响停机损失的直接因素是停机时间。通过以上分析可知，在一个维修期内，经过（$K-1$）次 PM，风电机组的停机时间 T_d 包括总的预防性维修时间 T_{pm}、总的小修时间 T_{mm} 及预防性更换时间 T_m 三部分，即 $T_d = T_{pm} + T_{mm} + t_m$，相应的总停机损失表示为 $C_d^{total} = (T_{pm} + t_{rm} + T_{mm}) \times C_d$。

5.5.5　风电机组的维修准备成市

任何一次维修均需要维修准备成本 C_{set}，因此，在一个维修期内，WT 的维修准备成本只和 WT 的维修次数相关，维修次数由小修次数、PM 次数及预防性更换次数组成，表示如下：

$$C_{set}^{total} = \left[N_{mm} + (K - 1) + 1 \right] \times C_{set}$$

$$= \frac{\tau^\beta}{\alpha^\beta} \sum_{k=1}^{K} \left\{ \mu^{k-1} \left[\left(k - 2\sum_{j=1}^{k} \eta_j + \eta_k \right)^\beta - \left(k - 1 - 2\sum_{j=1}^{k} \eta_j + \eta_k \right)^\beta \right] + K \right\} \times C_{set}$$

$$(5-16)$$

5.5.6 风电机组的总维修成市和总维修时间

根据上述分析，在定周期动态非完美预防性维修决策下，风电机组在无限时间域内运行的总维修成本 C_{total} 和总维修时间 T_{total} 可以表示如下：

$$C_{total} = C_{pm} + C_{mm}^{total} + C_{rm} + C_{d}^{total} + C_{set}^{total} \tag{5-17}$$

$$T_{total} = T_{pm} + t_{rm} + K\tau \tag{5-18}$$

5.5.7 风电机组的有效度

对风电场实施定周期动态非完美预防性维修决策，不仅要提高风电场运维的经济性，更应保证风电场的发电量满足基本要求，针对风电场中一台风电机组，降低其维修成本的前提是保证基本发电量，这里通过有效度 A 来表述。对于风电机组而言，有效度 A 指的是风电机组经过长期运行，单位时间内的平均正常运行时间，表示如下：

$$A = \frac{K\tau - T_{mm}}{(K\tau + T_{pm} + t_{rm})} \tag{5-19}$$

5.5.8 定周期预防性维修决策模型的求解

综上所述，在无限时间域内，风电机组的定周期动态非完美预防性维修决策的优化模型具体表示如下：

$$\min CR(K, \tau) = \frac{C_{total}}{T_{total}} = \frac{C_{pm} + C_{mm}^{total} + C_{rm} + C_{d}^{total} + C_{set}^{total}}{T_{pm} + t_{rm} + K\tau}$$

$$s.t.\ A = \frac{K\tau - T_{mm}}{(K\tau + T_{pm} + t_{rm})} \geq A_0 \tag{5-20}$$

式中，A 表示维修期内风电机组的有效度，而 $A_。$ 表示保证风电场基本供电量的单台风电机组的基本有效度。显然，定周期动态非完美预防性维修决策模型是关于 K 和 τ 两决策变量的有约束的优化模型。在已知 WT 初始故障率函数参数 α 和 β，以及 C_{mm}、c_{pm}^{k}、C_{rm}、c_{d}、t_{mm}、t_{pm}、t_{rm} 等各项费用和时间值的前提下，根据专家经验确定费用调整参数 a 和 PM 次数调整参数 b 的取值，分析 k 和 τ 对费用率目标值的影响，如图 5-2 所示。从图中可以看出，随着 K 和 τ 的增加，费用率整体呈现先降后升的趋势，模型存在最优解。

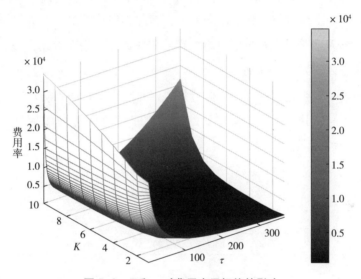

图 5-2　K 和 τ 对费用率目标值的影响

由于遗传算法（Genetic Algorithm，GA）对于任意非线性约束条件下的任意目标函数在任意的离散、连续或者混合的搜索空间中均可搜索全局最优解[159]，因此笔者选择 GA 对上述模型进行求解。

5.6　数值实验

为了验证所构建的定周期预防性维修决策模型的有效性和经济性，将该模型应用到风电场中某台风电机组的维修管理中。

根据文献[98,160] 提供的 1.5 兆瓦的风电机组各部件的威布尔分布参数及相对应的维修费用，取风电机组的初始威布尔分布参数为 $\alpha = 2400$、$\beta = 3$，同时风电机组由于维修导致的单位时间停机损失 C_d、最小维修成本 C_{mm}、单次维修准备成本 C_{set}、预防性更换成本 C_m，以及每次 PM 的固定费用 c_f、边际成本 c_v 等的取值如表 5-4 中第 2~7 列所示。此外，a 和 b 分别表示维修费用和维修次数的调整参数，其取值的大小决定了二者的波动程度，前者取值越大，意味着在同等条件下的维修效果越好，后者则相反。而 μ 和 δ 则分别从维修前后故障率函数整体趋势的变化和单次预防性维修时间的波动两个方面对非完美维修模型进行调整，依据文献中[160] 涉及的 1.5 兆瓦风电机组的维修相关数据，经专家经验评估可得对应调整参数的取值，如表 5-4 后 4 列所示。除此之外，由于对风电机组进行最小维修的任务一般是检查其相应部件的运行状态，时间较短，而预防性更换受到备件和环境等的限制，其过程则相对较长，相对应的时间分别为 $t_{mm} = 1$ 天和 $t_{rm} = 20$ 天（费用单位均为元）。

表 5-4　风电机组的各项参数取值

参数	C_{rm}	C_d	C_{set}	C_{mm}	c_f	c_v	a	b	μ	δ
取值	220000	10000	35000	6500	35000	1000	1.9	0.005	2.5	0.008

根据《风力发电机组质量保证期验收技术规范》（CNCA/CTS 0004-2014）的要求，对于一个风电场来说，风电机组的平均可用率不能低于 95%，单台风电机组的可用率不能低于 90%。则风电机组的基本有效度 $A_0 = 90\%$。

5.6.1　决策变量对目标值的影响

在以上参数已知的前提下，分析两决策变量 K 和 τ 对费用率目标值的影响（见图 5-3 左图）。不难发现，在 $K = 8$ 的前提下，随着 τ 的逐渐增大，PM 周期增大，系统发生小修的次数增加。由于每次维修均需要维修准备成本 C_{set}，因此带来了维修成本的快速增加，费用率自然下降。当 τ 取到一定值时，系统费用率降到最低，随后随着 τ 的增加而增加。而当 PM 周期 $\tau = 180$ 一定时，在前期，随

着维修次数 K 的增加，风电机组故障率增长趋势变缓，在 PM 周期内发生小修的次数降低，费用率必然下降。但是，当风电机组经过多次维修之后，由于虚龄因子和故障率加速因子的存在，随着系统役龄和非完美维修次数的增加，故障率加速上升，且随着 PM 周期和维修次数的增加，风电机组有效度呈现先升后降的趋势（见图 5-3 右图），在同样 PM 周期下，风电机组小修的次数明显增加，造成费用率的极速增加，如图 5-3 左图所示。

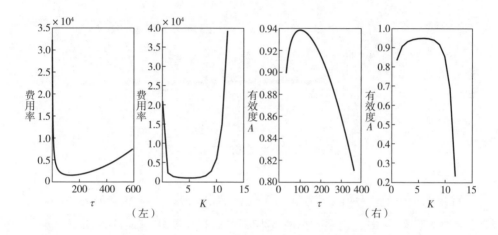

图 5-3　K 和 τ 对费用率目标值和有效度 A 的影响

5.6.2　经济性分析

由图 5-2 和图 5-3 可知，在维修次数和 PM 周期的双重变化下，存在最优解，使风电机组的平均费用率最小。利用 GA 寻找最优解，其中种群大小设置为50，最大遗传代数为 100，通过轮盘赌的方式进行选择，相应的算子概率参数为0.8，交叉类型为两点交叉，每次交叉的概率为 0.8，同时算术变异的概率为0.2。利用以上 GA 参数进行优化，单次优化完成时间为 9.429 秒，从 20 次 GA优化中取最好的解作为近似最优解，即 $K=4$、$\tau=122$、$CR(K,\ \tau)=580.903635$。图 5-4 显示了 GA 一次优化的进化过程。由图 5-4 可知，在定周期动态非完美预防性维修决策模型下，所构建的目标函数整体收敛，存在最小值，这验证了模型的正确性。

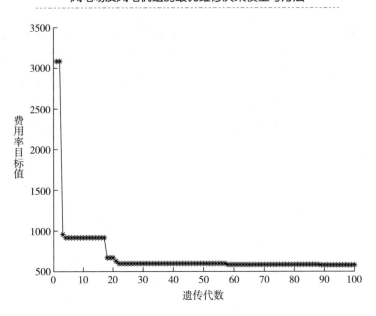

图 5-4　GA 一次优化的进化过程示例

此风电场中某一台风电机组的 GA 优化结果表明，当 PM 周期为 $\tau = 122$ 天，PM 次数达到 K＝4 时，需要预防性更换，此时风电机组整体的费用率最小，为 $CR(K, \tau) = 580.903635$，如图 5-5 中黑色条形柱所示，在同样条件下，当故障率函数不随维修次数等进行更新，即不考虑维修次数和维修费用等对故障率函数的影响时，定周期 PM 策略的优化结果为 $K' = 6$、$\tau' = 150$、$CR'(K, \tau) = 952.751402$，见图 5-5 中深灰色条形柱。可见，在不考虑故障率函数更新的条件下，随着系统役龄的增加，认为系统故障率一直缓慢增长，PM 周期较长导致系统欠维修，而过多的 PM 次数又带来了维修费用的增加，费用率也相应增加。此外，当不考虑小修次数对维修准备成本 C_{set} 的影响时，定周期的 PM 策略的优化结果为 $K'' = 4$、$\tau'' = 313$、$CR''(K, \tau) = 492.194867$，如图 5-5 中浅灰色条形柱所示。显然，此种维修策略下的费用率相对较低，维修周期也相应地延长，这是由于风电机组维修特性的影响使得小修下的 c_{set} 在整体维修成本中占有重要比重，不考虑小修中的 C_{set} 导致维修成本的降低，此时系统通过延长维修周期降低了整体费用率。虽然不考虑小修中的影响时降低了风电机组整体的费用率，但是却与风电场运行情况相背离。因此，通过图 5-5 显示的对比优化结果可知，考虑故障率更新下的定周期动态非完美预防性维修策略，能有效提高风电场的经济性，同时保证维修策略更符合风电场实际运维状况。

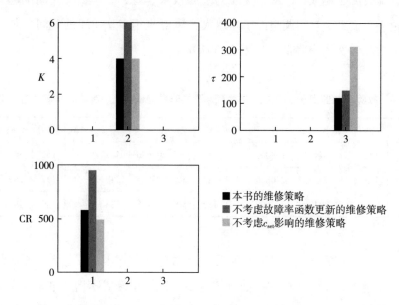

图 5-5　不同维修策略下优化结果对比

5.6.3　灵敏度分析

策略模型的可行性取决于其对参数的灵敏性，由于定周期预防性维修决策模型是在故障率函数更新模型的基础上构建的，因此有必要分析故障率更新模型中所有参数对最优维修策略的影响。这里将模型中各参数分别扩大和缩小 10%，分析其对定周期动态非完美预防性维修决策的影响，每次只改变一个参数，其余参数取值不变，优化结果见表 5-5 至表 5-7。

表 5-5　各调整参数对最优维修策略的影响

a	K	τ	$CR(K, \tau)$	b	K	τ	$CR(K, \tau)$	δ	K	τ	$CR(K, \tau)$
1.71	4	100	584.854987	0.0045	4	183	574.972257	0.0072	4	166	568.846064
1.9	4	122	580.903635	0.005	4	122	580.903635	0.008	4	122	580.903635
2.09	4	230	578.109196	0.0055	4	80	584.885357	0.0088	4	94	591.907962

维修费用调整参数 a 和维修次数调整参数 b 的增加对虚龄因子的影响相反，在其他条件不变的情况下，前者越大，虚龄因子越大，后者则相反。在同样维修次数下，虚龄因子越大，意味着 PM 的维修效果越好，相应的 PM 周期越大，费用率也越小。而 PM 时间调整因子 δ 越大，风电机组单次 PM 的时间越长，导致维修损失增加，费用率降低，如表5-6所示。

表 5-6　故障率加速因子 μ、更换成本 C_{rm} 及维修准备成本 c_{set} 对最优维修策略的影响

μ	K	τ	$CR(K, \tau)$	C_{rm}	K	τ	$CR(K, \tau)$	C_{set}	K	τ	$CR(K, \tau)$
2.25	4	172	577.674340	198000	4	141	562.207680	31500	4	152	567.441552
2.5	4	122	580.903635	220000	4	122	580.903635	35000	4	122	580.903635
2.75	4	118	584.793290	242000	4	186	596.588155	38500	4	159	588.309887

由表5-6可以看出，在相同时间段内，故障率加速因子 μ 越大，系统故障率函数的斜率越大，系统小修的次数也就越多，致使小修成本增加带来了 PM 周期和费用率的增加。而更换费用 C_{rm} 和维修准备成本 c_{set} 越大，意味着维修费用越高，费用率自然增加，系统通过延长 PM 周期 τ，达到降低维修成本的目的，从而控制费用率 $CR(K, \tau)$ 维持较小程度地增长。

在该模型中，各项费用参数取值的增加均会导致维修费用的增加，这和费用率的定义是一致的，如表5-7所示。对以上参数的灵敏度分析验证了定周期动态非完美预防性维修决策模型的可行性。

表 5-7　费用相关参数对最优维修策略的影响

c_f	K	τ	$CR(K, \tau)$	C_{mm}	K	τ	$CR(K, \tau)$	C_d	K	τ	$CR(K, \tau)$
31500	4	110	574.876997	5850	4	109	579.897518	9000	4	243	554.083471
35000	4	122	580.903635	6500	4	122	580.903635	10000	4	122	580.903635
38500	4	123	582.894775	7150	4	80	587.113775	11000	4	121	603.550342

本章小结

受风电场运维恶劣环境及风电机组结构复杂性的限制，基于 TBM 的非完美维修策略在风电机组的维护维修规划中得到了广泛应用。由于表征非完美维修效果的风电机组虚龄因子和故障强度更新因子的不可直观性，导致决策结果与实际情况存在偏差，再加上风电机组系统的维修特殊性，在定周期的预防维修决策中必须考虑风电机组的有效度和维修准备成本。

为了解决以上问题，本章基于非完美预防性维修方式，分析了风电机组的虚龄因子和故障率加速因子对故障率函数的影响，构建了与非完美预防性效果相关的故障率函数的更新模型，并以此模型为基础，在保证风电机组基本可用度的前提下，提出了定周期预防性维修决策模型。笔者利用遗传算法，确定全局最优解，并通过实例验证和灵敏性分析，验证了该模型的正确性、经济性和可行性。

在风电场的实际运维中，任何维修均需要维修准备成本 C_{set}，由于风电场所处环境的恶劣性，致使单次维修的维修准备成本较大，且每次维修后，风电机组不可能恢复至全新状态。因此，故障率更新模型下的定周期预防性维修策略更加符合实际情况，对风电场整体经济效益的提高具有重要意义。

第 6 章

大型可修系统非完美维修效果建模

　　根据第 1 章分析可知，实际工程中风电机组和数控机床等均属于工业设备中的大型复杂系统[5,69]，在维护维修过程中，单次更换成本较高，加之受库存备件约束和运维环境限制等，维修活动存在不可及或非完美等情况。准确衡量大型可修系统维修前后的性能变化水平，是制定科学合理的维修策略的重要前提条件。为此，国内外学者提出了利用运行时间和虚拟役龄评估系统（设备）性能水平的解决方案，然而这些方案在实施过程中较少关注系统（设备）的虚龄受到运维条件和维修设备不可直观性的限制，这容易导致可靠性评估结果与实际情况存在偏差，进而削弱维修策略的实用性。

　　本章在第 5 章建立的故障率函数更新模型的基础上进一步分析大型可修系统的维修特性，研究适用于大型可修系统维修特性的非完美维修效果评估方法，建立了相应的非完美维修效果模型，为后续维护维修规划方案的制定奠定基础。首先，在 Kijima 模型[73] 的基础上利用服务役龄、维修费用及维修次数等直观变量构建了通用的大型可修系统故障率函数更新模型以衡量系统的非完美效果；其次，通过灵敏性分析证明了此故障率函数更新模型（非完美维修效果模型）的有效性和可行性；最后，案例分析结果进一步验证了非完美维修效果模型的正确性。

6.1　大型可修系统非完美维修效果模型的建立

　　在大型可修系统的实际工程操作中，维修通常需要动用大型机械（起重机或者塔吊）来辅助完成，且更换成本远大于一般维修成本，同时还面临备品备件缺少或运输困难等问题，以及较长停机带来的损失，此种特性使得完美维修和小修对于该系统并不适用。因此，非完美维修成为最切合实际的维修方式。

　　此外，受到恶劣环境的影响及状态检测技术发展的限制[56]，CBM 策略在某些大型工业系统中的应用还不足够完善和成熟，衡量风电机组性能最直观的指标依然是可靠性，而可靠性水平的评估源于 TBM，其不仅与故障率函数密切相关，还随着风电机组服务役龄及维修效果的不同而变化[80]。若能利用影响系统虚龄的直观变量分析出非完美维修前后系统故障率函数的变化，就可以解决已有非完美维修模型中因虚龄不直观导致的评估结果偏离实际情况的问题。因此，下面将从虚龄因子和故障强度更新因子两个方面入手，去探讨影响非完美维修效果的关键因素。

6.1.1　大型可修系统虚龄因子的确定

虚龄实质是维修后系统真实役龄的反映[161]，非完美维修使大型可修系统役龄出现回退，故障率函数 $h(t)$ 也会发生变化，这里定义虚龄因子 η，即大型可修系统役龄的回退程度[161,162]来描述单次非完美维修对虚龄的影响。显然，η 受到维修次数、非完美维修费用等的影响，如式（6-1）所示[156]：

$$\eta_k = \left(a \times \frac{C_{pm}^k}{C_{rm}} \right)^{b \times k} 1 \leqslant a \leqslant \frac{C_{rm}}{C_{pm}^k},\ 0 < b < 1,\ k = 1,\ 2,\ \cdots,\ K-1 \qquad (6\text{-}1)$$

在式（6-1）中，a 和 b 分别表示大型可修系统非完美维修费用和次数的调整参数，其值可以由专家根据大型可修系统的运行状态评估得到；K 表示有效约束下的维修次数；C_{pm}^k 和 C_{rm} 分别为第 k 次非完美维修成本及单次故障更换成本。

在其他条件一定的情况下，投入维修的费用越高，大型可修系统被维修后恢复的程度越高，因此，随着 C_{pm}^k 值的增大，η 也变大。但是对于退化系统，其退化速度随着运行时间的延长而加剧，维修后恢复的程度自然会降低，于是便有了随着 k 值的增加，η 却越来越小的现象，如图 6-1 所示。a 的变化会影响单次维修成本率的大小，而 b 则是对维修次数的调整，以风电机组中的关键部件齿轮箱为例，通过图 6-2 说明它们对 η 的影响。

当然，式（6-1）也可以通过融合其他因子及它们之间的关系提高虚龄因子评估的准确性，这在未来是一个值得研究的问题。

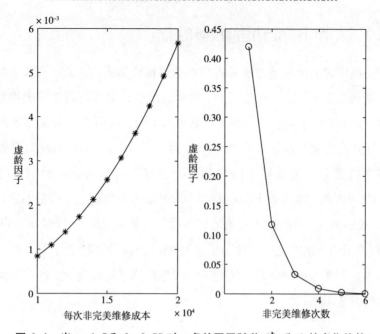

图 6-1　当 $a=1.5$ 和 $b=0.55$ 时，虚龄因子随着 C_{pm}^k 和 k 的变化趋势

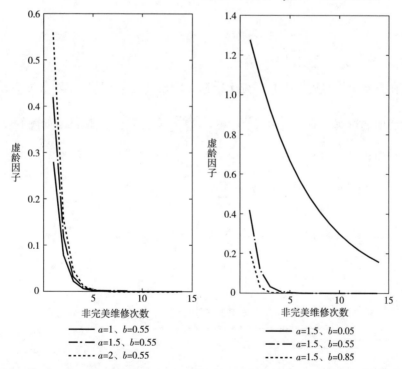

图 6-2　当 $C_{rm}=152000$ 和 $C_{pm}^k=15000$ 时，虚龄因子随 a 和 b 增加的变化趋势

6.1.2　大型可修系统虚拟役龄的确定

基于上面所定义的虚龄因子 η 推导系统虚拟役龄的表达式。假设系统在 $t=0$ 时刻以全新状态投入生产，经过时间 t 发生故障后，对其进行非完美维修，维修之后役龄回退到时刻 t 的前一时刻 t'，显然有 $t'<t$，此时大型可修系统的虚拟役龄为 t'，且系统故障率应该表示为 $h(t')$ 而不是 $h(t)$。考虑系统自身退化的情况，一般在数次非完美维修之后对其进行更换，这与 Kijima 模型 I 的思想一致[21,73,75,156]。因此，本章在 Kijima 模型 I 的基础上，探讨系统虚龄的表达式。

令 X_k 表示第（$k-1$）次非完美维修和第 k 次非完美维修之间的时间间隔，V_k^- 和 V_k^+ 分别表示第 k 次非完美维修前后系统的虚拟役龄，T_k 表示第 k 次非完美维修的时刻点。不考虑维修时间的情况下，大型可修系统经过第 k 次非完美维修前后的虚拟役龄表示为：

$$V_k^- = V_{k-1}^+ + X_{k-1} = \sum_{i=1}^{k-1} (1-\eta_i)X_i + X_{k-1} \tag{6-2}$$

和

$$V_k^+ = V_k^- - \eta_k X_k = \sum_{i=1}^{k} (1-\eta_i)X_i \tag{6-3}$$

而在第 k 个维修周期内，即处于维修时间段 $[T_{k-1}, T_k]$ 的任意时刻 t，受系统役龄递增的影响，有 $T_{k-1} = \sum_{i=1}^{k-1} X_i \leq t \leq \sum_{i=1}^{k} X_i = T_k$，虚拟役龄如图 6-3 所示，具体表示为：

$$V_k(t) = V_{k-1}^+ + t' = V_{k-1}^+ + \left(t - \sum_{i=1}^{k-1} X_i\right)$$

$$= \sum_{i=1}^{k-1} (1-\eta_i)X_i + \left(t - \sum_{i=1}^{k-1} X_i\right) = t - \sum_{i=1}^{k-1} \eta_i X_i \tag{6-4}$$

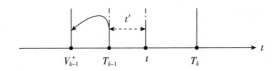

图 6-3　大型可修系统在第 k 个维修期内的虚拟役龄

由此可以确定系统在任意一个维修期内任意时刻 t 的虚拟役龄，那么在第 k 次维修周期内，虚龄因子对大型可修系统故障率函数的影响如下：

$$h(t) = \frac{\beta}{\alpha}\left[\frac{V_k(t)}{\alpha}\right]^{\beta-1} = \frac{\beta}{\alpha}\left(\frac{t - \sum_{i=1}^{k-1}\eta_i X_i}{\alpha}\right)^{\beta-1} \qquad (6-5)$$

由式（6-5）可以看出，由于虚龄因子的存在使故障率函数在每次维修之后不再从 0 开始变化，而是上移一部分，继而新的故障率函数覆盖之前的故障率函数。以三次非完美维修为例，故障率函数的变化如图 6-4 所示。

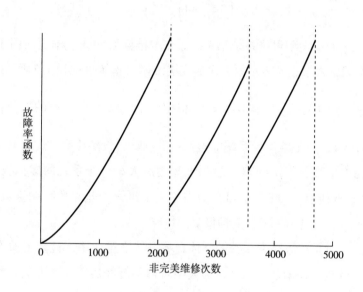

图 6-4 虚龄因子对故障率函数的影响

由此可知，用新的故障率函数来评估大型可修系统的运行状态，能够使大型可修系统性能的评估具有时效性。

6.1.3 大型可修系统故障率更新因子的确定

通过由直观变量反映的虚龄因子可以描述系统维修前后虚拟役龄的变化，但是在工程实践中，随着非完美维修次数的增加，设备（系统）两次相邻故障之间平均运行时间缩短，而故障强度明显增加[157,163,164]。通过对故障率函数模型的假设和参数求解过程可知，设备（系统）故障率的变化由役龄引起，且随着时间的推移，纵然维修后设备役龄有所回退，但是整体趋势在不断增加，进而使设备性能呈现下降趋势。因此，从系统虚龄和维修次数的角度分析故障强度的变化，更加符合工程设备的实际状况。这里令 μ 表示大型可修系统故障率更新因子，表征大型可修系统每次被非完美维修之后故障率函数整体趋势的变化，表示如下：

$$\mu_k = k \times c^{(-s_k)}, \quad 0 < c < 1$$

$$\text{where } s_k = \frac{V_k^- - V_k^+}{V_k^-} = 1 - \frac{V_k^+}{V_k^-}, \quad \left(0 < \frac{V_k^+}{V_k^-} < 1\right) \tag{6-6}$$

式中，μ_k 表示大型可修系统第 k 次非完美维修后的故障率更新因子；c 表示故障率斜率调整因子；s_k 表示第 k 次非完美维修后系统虚拟役龄的回退率，在虚拟役龄 $0 < \frac{V_k^+}{V_k^-} < 1$ 的限制下，有 $0 < s_k < 1$。根据以上定义可知，μ_k 的取值范围为 $1 < \mu_k < \infty$，若 $\mu = 1$，表示维修后系统的虚拟役龄和日历役龄相等，此时有 $V_k^+/V_k^- = 1$、$s_k = 0$，等同于小修；若 $\mu = +\infty$，表示维修之后大型可修系统的虚拟役龄回退到最新状态 0，此时有 $V_k^+ = 0$，$s_k = 1$，相当于完全维修，此时故障率函数与初始故障率函数相同。这里不考虑这两种极限的情况。

显然，μ_k 对系统故障率函数的整体趋势具有修正作用，且修正的倍数随着 k 的增加及 s_k 的减少而增加。那么，在大型可修系统经历第 k 次非完美维修之后，修正后的故障率函数可以表示为 $h_k(t) = \mu_k h(t)$。

从上述分析可知，μ_k 对故障率函数的修正作用使系统在每次维修后以更快的速度接近下一次故障，如图 6-5 所示，这和系统的实际运行情况相符。

6.1.4 大型可修系统故障率函数更新模型

通过分析可知，系统的故障率函数具有更新性和不确定性。在维修决策中，通常利用威布尔分布描述系统的故障特性，因此下文以此分布作为系统的初始故

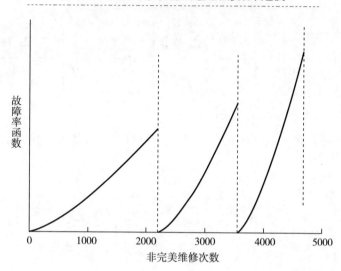

图 6-5　故障率更新因子对故障率函数的影响

障率函数，并在以后的维修中通过虚龄因子 η 和故障率更新因子 μ 对其进行修正，以此来描述大型可修系统故障率函数的动态性，具体分析如下：

在第一个非完美维修期内，系统以全新状态投入运行，为初始故障率函数 $h_1(t) = h(t)$。

第一次非完美维修之后系统的整体性能得到了改善和提高，在第二个非完美维修周期内，其故障率函数会受到第一次非完美维修效果的影响，产生新的故障率函数：

$$h_2(t) = \mu_1 \times \frac{\beta}{\alpha} \left[\frac{(V_1^+ + (t - X_1))}{\alpha} \right]^{\beta-1} = \mu_1 \times \frac{\beta}{\alpha} \left[\frac{(t - \eta_1 X_1)}{\alpha} \right]^{\beta-1} \tag{6-7}$$

同理，在第三个非完美维修期内，系统在任意点的故障率函数表示为：

$$h_3(t) = \mu_2 \times \frac{\beta}{\alpha} \left\{ \frac{[V_2^+ + (t - X_1 - X_2)]}{\alpha} \right\}^{\beta-1} = \mu_2 \times \frac{\beta}{\alpha} \left[\frac{\left(t - \sum_{i=1}^{2} \eta_i \times X_i \right)}{\alpha} \right]^{\beta-1}$$

$$\tag{6-8}$$

以此类推，在历史故障数据统计周期内，大型可修系统在第 k 个非完美维修期内，故障率函数更新模型表示为：

$$h_k(t) = \mu_{k-1} \times \frac{\beta}{\alpha} \left[\frac{V_{k-1}^+ + \left(t - \sum_{i=1}^{k-1} X_i \right)}{\alpha} \right]^{\beta-1} = \mu_{k-1} \times \frac{\beta}{\alpha} \left(\frac{t - \sum_{i=1}^{k-1} \eta_i \times X_i}{\alpha} \right)^{\beta-1}$$

$$(6-9)$$

将式（6-6）代入式（6-9），可得大型可修系统故障率函数更新模型的具体表达式为：

$$h_k(t) = \left[(k-1) \times c^{-\left(1 - \frac{\sum_{i=1}^{k-1}(1-\eta_i)X_i}{\sum_{i=1}^{k-2}(1-\eta_i)X_i + X_{k-2}} \right)} \right] \times \frac{\beta}{\alpha} \left(\frac{t - \sum_{i=1}^{k-1} \eta_i \times X_i}{\alpha} \right)^{\beta-1} \quad (6-10)$$

图 6-6 描述了在三次非完美维修下，大型可修系统故障率函数受到 η 和 μ 修正的变化趋势。可以看出，在虚龄因子和故障率更新因子的共同作用下，系统在非完美维修后产生了役龄回退，导致故障率函数不从 0 开始，同时随着非完美维修次数的增加，故障率函数的斜率逐次增大。

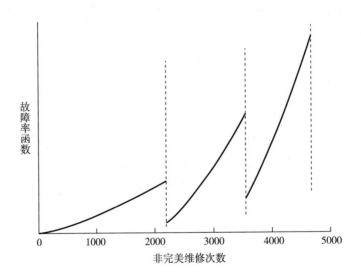

图 6-6　故障率函数的修正

6.2 故障率函数更新模型验证

为了验证所构建模型的正确性、有效性及可行性，笔者首先将该模型应用到风电机组的维修管理中；其次根据风电机组的实际运行数据对模型中的各参数进行灵敏度分析；最后将该模型应用到维修策略中，以证明模型的经济性效果。

风电机组系统主要由齿轮箱、主轴承、发电机和叶片四个部件组成，根据文献[98,160]给出的 1.5 兆瓦的风电机组各部件的威布尔分布参数及板桶效应，取故障率最高的齿轮箱来反映大型可修系统整体的运行状态，即风电机组的初始故障率函数 $h(t)$ 的参数为 $\alpha = 2400$、$\beta = 3$。

6.2.1 正确性分析

在故障率函数更新模型中，非完美维修的费用和维修次数相关，第 k 次非完美维修费用表示为 $C_{pm}^k = c_f + c_v(k-1)$，式中，$c_f$ 表示单次非完美维修的固定费用，c_v 表示相应的边际费用。由风电场 SCADA 系统获得的某台 1.5 兆瓦的风电机组系统的故障数据，经专家经验评估获得模型中涉及参数的取值，如表 6-1 所示（费用单位均为美元，时间单位均为天）。

表 6-1 大型可修系统各项参数取值

参数	C_{rm}	c_f	c_v	X	K	c	a	b
取值	152000	35000	1000	90	7	0.5	2.5	0.005

这里为了简化模型，假设对风电机组实施的是定周期非完美预防性维修，周期间隔 X 为固定值，那么故障率函数更新模型可以表示为：

$$h_k(t) = \frac{1}{800}\left\{(k-1)\times 0.5^{-\left[1-\frac{(k-1)-\sum_{i=1}^{k-1}\left(\frac{170+5i}{304}\right)^{0.005i}}{(k-1)-\sum_{i=1}^{k-2}\left(\frac{170+5i}{304}\right)^{0.005i}}\right]}\right\}\times\left[\frac{t-X\sum_{i=1}^{k-1}\left(\frac{170+5i}{304}\right)^{0.005i}}{2400}\right]^2$$

$$(6-11)$$

对系统实施 6 次非完美预防性维修，故障率函数的变化如图 6-7 所示。可以看出，在故障率更新因子 μ 和虚龄因子 η 的影响下，不断更新的故障率函数与初始故障率函数（如图 6-7 中虚线所示）相比，变化趋势整体下移，同时依然保持上升趋势。这是因为维修使风电机组的性能提高且是由故障率下降引起的；随着维修次数的增加，故障率函数的增长趋势不断加速，起始点在不断升高。在役龄不断增加的走势下，系统本身疲劳磨损加剧，本质上整体性能一直在下降，如图 6-8 所示。

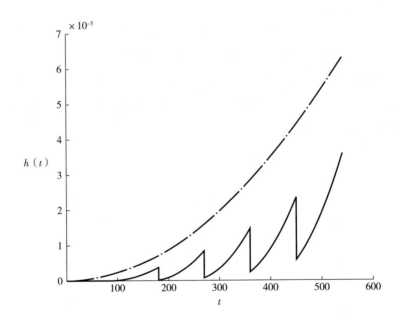

图 6-7　6 次维修次数下风电机组故障率函数的变化

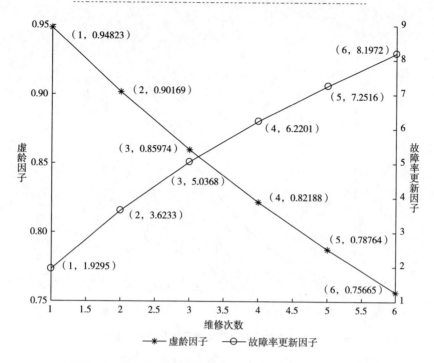

图6-8　6次维修次数下机组虚龄因子和故障率更新因子的变化

6.2.2　灵敏性分析

为了分析模型中所涉及参数对实验结果的灵敏性，笔者对参数进行了灵敏性分析，且在灵敏性分析中，只改变选中参数的取值，其他参数取值不变，同表6-1。

在其他条件不变的情况下，单纯增加非完美维修次数，故障率函数只会在原有维修基础上继续更新，但是不断延长的服务役龄使得系统性能衰退，故障率函数加速，且维修后虚龄回退量降低，从而故障率函数上移幅度增加，如图6-9所示。

连续两次维修之间的间隔越小，意味着大型可修系统性能保持得越稳定，整体可靠性越高，故障率也会越低。相反，若连续两次维修之间的间隔时间越长，大型可修系统在运维过程中发生的疲劳磨损由于没有得到及时修复，导致性能退化得越严重，整体故障率下降，可靠性降低，如图6-10所示。值得提出的是，维修周期的缩短势必带来维修成本的增加，在实际维修决策中必须综合考虑。

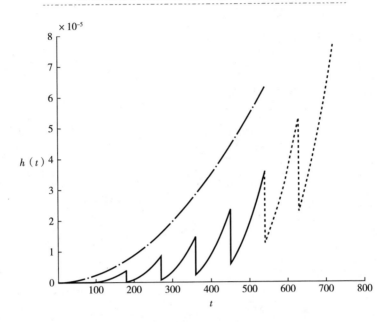

图 6-9　维修次数 k 对大型可修系统故障率函数的影响

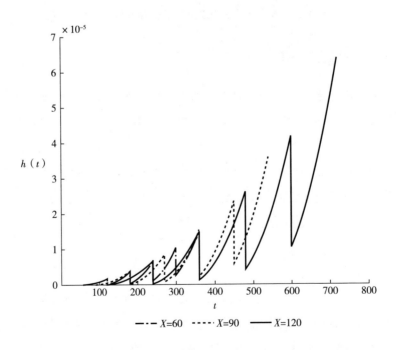

图 6-10　故障间隔 X 对大型可修系统故障率函数的影响

6.2.3　维修费用等对模型的影响

由式（6-1）可知，维修费用对维修效果的影响主要体现在虚龄因子 η 的变化上。当其他条件一定时，非完美维修费用 C_{pm}^k 与 η 成正比，固定成本 c_f、边际成本 c_v 和维修费用调整因子 a 中任何一项增加，均会导致虚龄因子 η 变大，使得大型可修系统的虚龄回退量增加，维修后故障率函数的上移部分减小，其中边际成本 c_v 作为浮动成本，相对固定成本和更换费用取值较小，变化不明显，如图 6-11、图 6-12 和图 6-13 子图所示，而更换费用 C_{rm} 在式（6-1）中以分母形式出现，其对故障率函数的影响与 C_{pm}^k 相反，如图 6-14 所示。

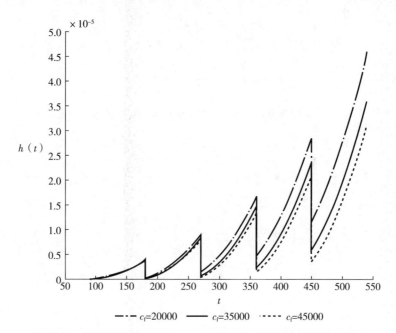

图 **6-11**　维修费用固定成本 c_f 对大型可修系统故障率函数的影响

维修次数调整因子 b 越大，相当于对大型可修系统实施的维修次数越多，相应地，η 便会越小，维修后大型可修系统的性能恢复越差，故障率整体上移幅度增加，如图 6-15 所示。而故障率斜率调整因子 c 作为故障率函数的更新因子 μ 的底数，在 ［0，1］ 范围内，其取值越大，故障率更新因子 μ 的值反而越小，那么维修后，大型可修系统故障率函数增长速度变缓，如图 6-16 所示。

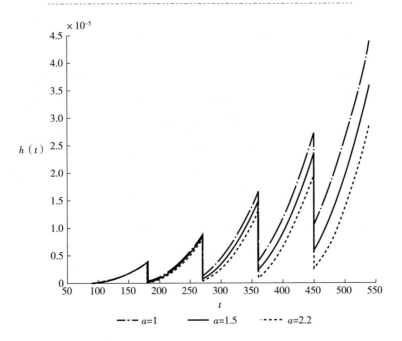

图 6-12　维修费用调整因子 *a* 对大型可修系统故障率函数的影响

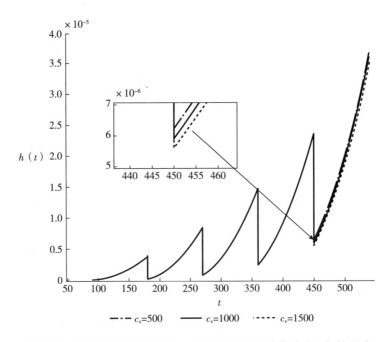

图 6-13　维修费用的边际成本 c_v 对大型可修系统故障率函数的影响

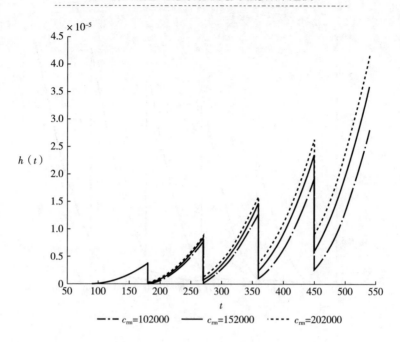

图 6-14　大型可修系统更换成本 C_{rm} 对大型可修系统故障率函数的影响

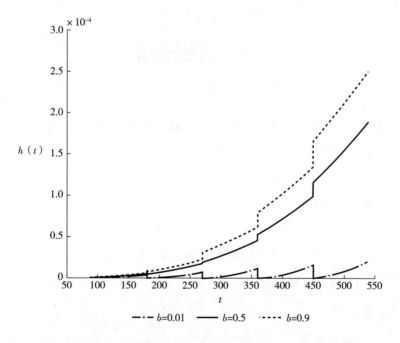

图 6-15　维修次数调整因子 b 对大型可修系统故障率函数的影响

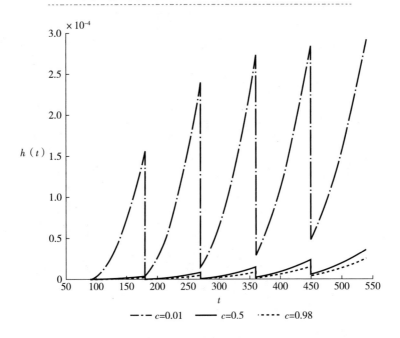

图 6-16 故障率斜率调整因子 c 对大型可修系统故障率函数的影响

6.3 案例分析

为了说明所提出的故障率函数更新模型的有效性和实用性，将此模型应用到一个规格为 LW13-500 的变电站的高压断路器的定周期的预防性非完美维修策略中。在此案例中所使用的数据包括多个 LW13-500 高压断路器的故障数据（见表 6-2）和维修操作者所提供的单个 LNB-500 高压断路器的维修成本参数（见表 6-3）[157]。

表 6-2 多个 LW13-500 高压断路器的采样数据

Number	1st	2nd	3rd	4th	5th	6th	7th	8th	9th	10th	11th	12th
A1	834	768	747	931	922	804	979	721	840	923	690	720
A2	822	772	956	634	528	803	778	874	638	723	790	765
A3	915	679	764	853	734	927	899	765	848	689	838	778

Number	1st	2nd	3rd	4th	5th	6th	7th	8th	9th	10th	11th	12th
A4	856	838	755	728	836	631	865	946	903	745	898	829
A5	702	762	863	745	952	712	872	711	840	923	690	912
A6	769	783	842	872	947	854	902	813	858	742	844	851
A7	862	765	749	823	790	831	874	825	851	852	796	952

注：A1 到 A7 指的是七个高压断路器，1st 至 12th 是相应故障事件的顺序。

表 6-3 单个 LW13-500 高压断路器的维修成本参数

Parameters	C_{rm}	c_f	c_v	K	c	a	b
Values	100000	6000	3000	9/13	0.5	1.5	0.05

根据表 6-2 所提供的故障数据，利用最大似然估计法可以得到威布尔分布的形状和尺度参数取值 $\alpha = 1452.48$ 及 $\beta = 2.406$，并以此作为初始故障率函数[157]。那么，经过 k 次非完美维修活动后在时间 t 处的故障率函数 $h_k(t)$ 可以表示为：

$$h_k(t) = \frac{2406}{1452480} \left\{ (k-1) \times 0.5^{-\left[1 - \frac{(k-1) - \sum_{i=1}^{k-1}\left(\frac{9+9i}{200}\right)^{0.05i}}{(k-1) - \sum_{i=1}^{k-2}\left(\frac{9+9i}{200}\right)^{0.05i}} \right]} \right\} \times$$

$$\left[\frac{100t - 100 \times X \times \sum_{i=1}^{k-1}\left(\frac{9+9i}{200}\right)^{0.005i}}{145248} \right]^{1.406} \qquad (6\text{-}12)$$

其中，X 表示由相关研究[157] 所提供的 13 次非完美维修事件的连续两次故障之间平均间隔的矩阵，其值是根据 Tanwar 等[80] 所提出的定周期非完美预防性维修策略，假设役龄的回退因子 $\lambda(0 < \lambda < T)$ 和故障率加速因子 $\sigma(1 < \sigma < \infty)$ 都服从均匀分布，即 $\lambda \sim U(0, T)$ 和 $\sigma \sim U(1, \xi)$，其中 T 表示一个规格为 LW13-500 的高压断路器的平均寿命，ξ 表示变量 σ 的取值范围，在保证系统可靠性的前提下计算得到的，如图 6-17 所示。可以看出，随着维修次数的增加，连续故障之间的间隔呈现出下降趋势。这不仅证明了系统的平均运行时间随着非完美维修次数的增加而缩短，而且验证了本章所提出模型的合理性。

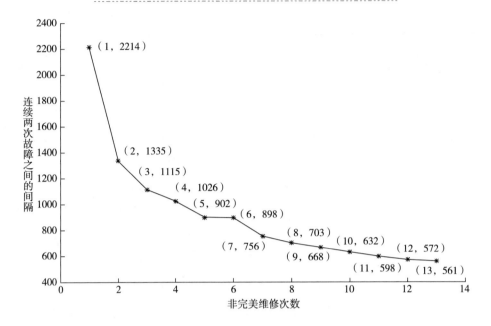

图 6-17　两次连续故障之间的间隔

　　将该模型与文献[157]中的模型进行比较，图 6-18 显示了本章所提模型与初始故障率函数的更新趋势；图 6-19、图 6-20 分别显示了在 13 次和 9 次非完美维修操作下本章所提模型、文献[157]中的故障率函数及初始故障率函数的变化。可以看出，在早期阶段，本章及文献[157]中所提出的故障率函数的更新趋势是一样的，但是随着维修次数的增加，文献[157]中的故障率函数开始急剧增加（如图 6-19、图 6-20 中浅灰色曲线所示）。这是因为在此模型中回退因子和故障率加速因子只依赖于预先设定的阈值，如 T 和 ξ，导致故障率函数曲线指数增长。而本章所提出的更新模型中虚龄因子 η 和故障率强度更新因子 μ 是动态的，其值随着维修次数的增加而变化，如图 6-21 所示，可以看出，η 曲线在 $k=8$ 时刻达到最小值，即 $\eta=0.696598$，同时 μ 值随着非完美维修次数的增加而增加。虽然 η 值在 $k=8$ 后再次增加，然而 η 增加所带来的经济效益无法弥补因 μ 增加所造成的较大损失。因此，本章提出的故障率函数总体趋势（如图 6-19、图 6-20 中黑色粗实线所示）缓慢上升，且在 $k=8$ 之后超过初始故障率函数。

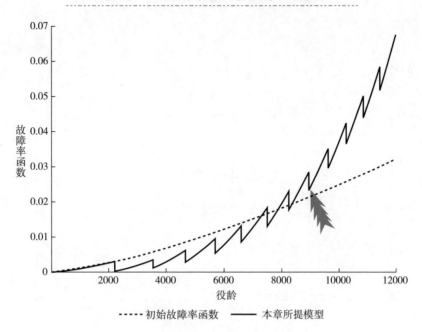

初始故障率函数 ────── 本章所提模型

图6-18 故障率更新模型和初始故障率函数的趋势

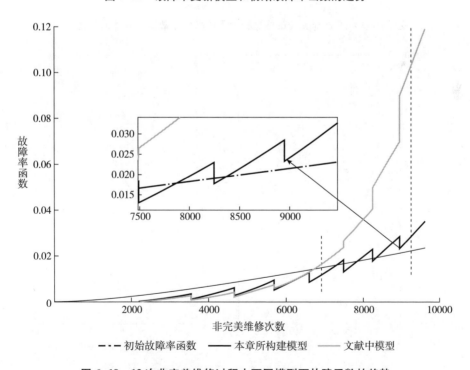

初始故障率函数 ────── 本章所构建模型 ────── 文献中模型

图6-19 13次非完美维修过程中不同模型下故障函数的趋势

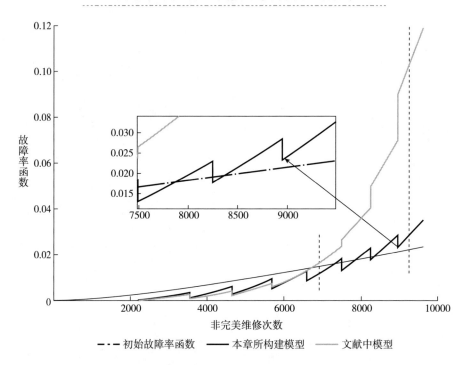

图 6-20 9 次非完美维修过程中不同模型下故障率函数的趋势

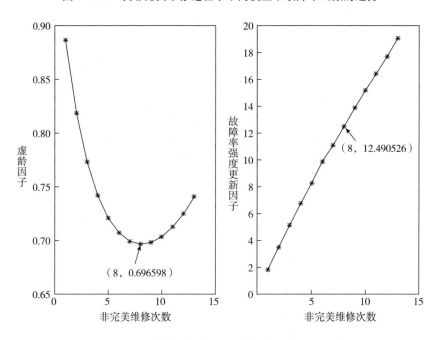

图 6-21 虚龄因子和故障率强度更新因子的变化

本章小结

  本章在第 5 章建立的机组故障率函数更新模型的基础上提出了一种新的适用于大型可修系统的通用非完美维修效果模型，解决了现有非完美维修效果模型评估结果与实际情况之间的差异性问题。在分析了所有可能影响大型可修系统性能水平因素的基础上构建了基于虚龄因子和故障强度更新因子的故障率函数更新模型。与已有非完美维修模型不同的是，采用维修成本和维修次数等可测直观变量构建非完美维修效果模型，可有效避免由参数引起的评估差异。这与第 5 章提出的故障率函数更新模型的关键区别在于通过虚龄因子的回退率和非完美维修次数来确定故障强度更新因子，使非完美维修效果模型能够更加贴切地说明可修系统的下一次故障往往随着非完美维修次数和服务年限的增加而更快发生这一现象。此外，基于虚拟役龄和故障强度更新因子更新故障率函数，实现了可修系统在非完美维修后的实际运行状态估计。通过数值实验结果、灵敏度分析和案例研究可以得出，任何可修复的系统与其他不完善的维护相比，建立大型可修系统非完美维修效果模型可以更准确地反映系统的性能水平。利用该模型，决策者可以方便地对可修系统进行维修决策。同时，基于此非完美维修效果模型，可以为大型工业系统设计复杂合理的维护维修规划方案。

第 7 章

风电机组最优动态非完美预防维修决策

在第 5 章提出的风电机组的定周期预防性维修决策模型和第 6 章建立的大型可修系统非完美维修效果模型的基础上，本章进一步研究风电场中风电机组的最优动态非完美预防维修决策建模和优化，旨在进一步验证此故障率函数更新模型的有效性，同时寻找到提高风电场经济效益的最优维修策略。

7.1　系统描述

7.1.1　系统定义

在动态非完美预防维修决策中，对机组实施的是非完美预防维修（Imperfect Preventive Maintenance，IPM）。笔者将机组整体视为研究对象，不区分其关键部件，并且机组经济性与其可靠性水平密切相关。

7.1.2　系统假设

为了简化系统，更好地描述维修决策，笔者给出以下假设：

（1）每台风电机组的设计寿命为 20~30 年[165]，与较短的维修周期相比，视为风电机组在无限长的时间段内运行。

（2）对风电机组实施等周期的 IPM，若在 IPM 周期内风电机组发生故障，则进行小修，小修不改变风电机组的故障率。

（3）由于风电机组的可靠性水平会随着服务役龄的增加而降低，那么风电机组系统可以描述为一个退化系统。

（4）为了凸显故障率函数对系统的影响，不考虑风电场中位置、风速、风期等客观环境对风电机组运行的影响。

（5）将风电机组视为一个整体系统（也可以通过风电机组的某个关键部件

反映其整体性能的变化），构建的故障率函数更新模型可以反映风电机组整体（关键部件）的退化情况。

（6）只要维修就有停机损失产生，正常状态下无发电量的损失。

7.1.3　维修策略

风电机组在 $t=0$ 时刻以全新状态投入运行，每隔周期 T 对其实施一次 IPM，每次 IPM 之后，系统的性能恢复介于"完全更新"和"完全如旧"之间，在风电机组的无限运行时间内共进行了 $(K-1)$ 次 PM，在第 K 次 PM 时进行系统的预防性更换，更换后，系统的性能恢复如新。若系统在 IPM 周期内发生了故障，则对其进行小修，且小修前后系统的故障率不会发生变化，具体维修策略如下：

（1）经过第一个预防性维修周期，对风电机组进行第一次 IPM，此次 IPM 的费用和维修时间分别表示为 C_{pm}^1 和 t_{pm}^1。若在第一个 IPM 周期 T 内风电机组发生故障，则对其进行小修，小修不改变风电机组的故障率，且定义小修的费用和时间为常数，分别表示为 C_{mm} 和 t_{mm}。

（2）同理，在第 $k(k=1,2,\cdots,K-1)$ 个 IPM 周期 kT 对风电机组进行第 k 次 IPM，此次的 IPM 费用和时间分别为 C_{pm}^k 和 t_{pm}^k。若在第 k 个 IPM 周期 T 内风电机组发生故障，小修的费用和时间同样分别表示为 C_{mm} 和 t_{mm}。

（3）经过 $(K-1)$ 个 IPM 周期，在第 K 次 IPM 时，若风电机组在满足基本运行有效度的前提下整体费用率最低，则对风电机组进行预防性更换，之后风电机组的性能恢复如新，更换成本和时间为固定常数，分别用 C_{rm} 和 t_{rm} 表示。

（4）在其余情况下，不对风电机组作任何处理。

风电机组单位时间的停机损失表示为 C_d，每次维修均会导致风电机组停机，并产生停机损失，除小修外，IPM 和预防性更换均需要维修准备成本 C_{set}。

7.1.4　费用率模型

对于动态非完美预防维修模型的构建，首先要考虑风电机组在维修期内的有效运行时间不能低于风电场保证发电量要求的基本有效度 A_0；其次在保证基本有效度的前提下，提高风电机组运维的经济性，将风电机组在一个维修期内的费用率最小化作为优化目标。这里令 C_{total} 表示一次维修期内的总费用，A 表示风电机组在一次维修期内的有效度，则动态非完美预防维修的优化模型可以表示为：

$$CR(K, T) = \min \frac{C_{\text{total}}}{T_{\text{total}}}$$

$$\text{s. t. } A \geqslant A_0 \tag{7-1}$$

显然，优化预防性动态非完美维修模型的关键是确定一个维修期内的总费用和维修期长度，并在维修时间的基础上表示出风电机组的有效度。在一个维修期内，风电机组的总维修费用、总维修时间与 IPM 次数、IPM 时间及小修次数相关，而小修次数又取决于风电机组的可靠性水平，而可靠性水平通过故障率函数更新模型反映。因此，必须从风电机组故障率函数的角度分别计算以上各项结果。

7.2 风电机组的维修次数、维修成本及维修时间

7.2.1 风电机组的小修次数

在任意第 k 个 IPM 周期内，风电机组的小修次数 n_{mm}^k 及维修期内总小修次数 N_{mm} 分别表示为：

$$n_{\text{mm}}^k = \int_{V_{k-1}^+}^{V_k^-} h_k(t)\,\mathrm{d}t = \int_{V_{k-1}^+}^{V_k^-} \mu_{k-1} \times \frac{\beta}{\alpha}\left(\frac{t - \sum_{j=1}^{k} \eta_j \times T}{\alpha}\right)^{\beta-1} \mathrm{d}t$$

$$= \int_{\left(k-1-\sum_{j=1}^{k-1}\eta_j\right)\times T}^{\left(k-\sum_{j=1}^{k-1}\eta_j\right)\times T} \left\{ (k-1) \times c^{-\left[1-\frac{\left(k-\sum_{j=1}^{k}\eta_j\right)T}{\left(k-1-\sum_{j=1}^{k-1}\eta_j\right)T}\right]} \right\} \frac{\beta}{\alpha}\left(\frac{t - \sum_{j=1}^{k}\eta_j \times T}{\alpha}\right)^{\beta-1} \mathrm{d}t$$

$$\tag{7-2}$$

$$N_{\mathrm{mm}} = \sum_{k=1}^{K} n_{\mathrm{mm}}^{k}$$

$$= \frac{T^{\beta}}{\alpha^{\beta}} \sum_{k=1}^{K} \left\{ \left[(k-1) \times c^{-\left(1 - \frac{(k-\sum_{j=1}^{k}\eta_{j})T}{(k-\sum_{j=1}^{k-1}\eta_{j})T}\right)} \right] \right.$$

$$\left. \left[\left(k - 2\sum_{j=1}^{k}\eta_{j} + \eta_{k} \right)^{\beta} - \left(k - 1 - 2\sum_{j=1}^{k}\eta_{j} + \eta_{k} \right)^{\beta} \right] \right\} \qquad (7-3)$$

7.2.2　风电机组的小修成本和小修时间

根据系统假设可知，在 IPM 周期内发生的故障属于小修的范围，小修不改变风电机组的故障率，且维修时间和维修成本固定。在第 k 个 IPM 周期内，总的小修维修成本和维修时间分别表示为 $C_{\mathrm{mm}}^{\mathrm{total}} = n_{\mathrm{mm}}^{k} \times C_{\mathrm{mm}}$ 和 $T_{\mathrm{mm}} = n_{\mathrm{mm}}^{k} \times t_{\mathrm{mm}}$。由式（7-3）可知，在 K 次 PM 周期内，风电机组总的小修成本 $C_{\mathrm{mm}}^{\mathrm{total}}$ 和时间 T_{mm} 分别为：

$$C_{\mathrm{mm}}^{\mathrm{total}} = N_{\mathrm{mm}} \times C_{\mathrm{mm}}$$

$$= \frac{T^{\beta}}{\alpha^{\beta}} \sum_{k=1}^{K} \left\{ \left[(k-1) \times c^{-\left(1 - \frac{(k-\sum_{j=1}^{k}\eta_{j})T}{(k-\sum_{j=1}^{k-1}\eta_{j})T}\right)} \right] \right.$$

$$\left. \left[\left(k - 2\sum_{j=1}^{k}\eta_{j} + \eta_{k} \right)^{\beta} - \left(k - 1 - 2\sum_{j=1}^{k}\eta_{j} + \eta_{k} \right)^{\beta} \right] \right\} \times C_{\mathrm{mm}} \qquad (7-4)$$

$$T_{\mathrm{mm}} = N_{\mathrm{mm}} \times t_{\mathrm{mm}}$$

$$= \frac{T^{\beta}}{\alpha^{\beta}} \sum_{k=1}^{K} \left\{ \left[(k-1) \times c^{-\left(1 - \frac{(k-\sum_{j=1}^{k}\eta_{j})T}{(k-\sum_{j=1}^{k-1}\eta_{j})T}\right)} \right] \right.$$

$$\left. \left[\left(k - 2\sum_{j=1}^{k} \eta_j + \eta_k \right)^{\beta} - \left(k - 1 - 2\sum_{j=1}^{k} \eta_j + \eta_k \right)^{\beta} \right] \right\} \times t_{mm} \qquad (7-5)$$

7.2.3　风电机组的预防性非完美维修成市和维修时间

在等周期 IPM 中，经过每次 IPM，风电机组的性能都会得到改善，且役龄会有所回退，同时随着 IPM 次数的增加，风电机组自身疲劳磨损加剧，IPM 成本也会逐渐增加。因此，IPM 成本与 IPM 次数以及 IPM 时间密切相关[158,166]。已有文献通过 IPM 成本和维修次数的线性关系来体现 IPM 成本的动态性，然而并未考虑虚拟役龄和维修时间对 IPM 成本的影响。在风电机组的等周期 IPM 中，假设每次 IPM 之后风电机组的役龄回退率为 s_k，若上次 IPM 后 s_k 较小，那么此次 IPM 的成本必然增加。综合以上分析，将第 k 次 IPM 的成本表示如下：

$$C_{pm}^{k} = C_f + (k-1)C_v \exp(1-s_{k-1}) \qquad (7-6)$$

其中，C_f 和 C_v 分别表示 IPM 成本中的固定成本和边际成本。

由此，风电机组在经过 $(K-1)$ 次 IPM 后的总预防维修成本可表示为：

$$C_{pm}^{total} = \sum_{k=1}^{K-1} C_{pm}^{k} = \sum_{k=1}^{K-1} (C_f + C_v) = (K-1) \times C_f + C_v \sum_{k=1}^{K-1} \left[(k-1) \times \exp(1-s_{k-1}) \right]$$

$$(7-7)$$

任何维修都不是瞬间完成的，每次对风电机组进行 IPM 会占用一定的时间。同理，第 k 次 IPM 的维修时间 t_{pm}^{k} 与维修次数 k 及上一次 IPM 后风电机组的 s_k 之间的关系为：

$$t_{pm}^{k} = t_f + (k-1)t_v \exp(1-s_{k-1}) \qquad (7-8)$$

式中，t_f 和 t_v 依次为 IPM 中的固定时间和边际时间。那么经过 $(K-1)$ 次 IPM，总的 IPM 时间 T_{pm} 为：

$$T_{pm} = \sum_{k=1}^{K-1} t_{pm}^{k} = \sum_{k=1}^{K-1} \left[t_f + (k-1) \times t_v \times \exp(1-s_{k-1}) \right]$$

$$= (K-1)t_f + t_v \sum_{k=1}^{K-1} \left[(k-1) \times \exp(1-s_{k-1}) \right] \qquad (7-9)$$

7.2.4　风电机组的停机时间和停机损失

与5.5.4节类似，每次维修都需要风电机组停机，必然会产生发电量的损失。在已知风电机组单位时间停机损失 C_d 的情况下，影响停机损失的直接因素是停机时间。通过以上分析可知，在一个维修期内，经过（$K-1$）次 IPM，风电机组的总停机时间 T_d 包括总预防维修时间 T_{pm}、总小修时间 T_{mm} 以及预防性更换时间 t_{rm} 三部分，即 $T_d = T_{pm} + T_{mm} + t_{rm}$。相应地，停机损失可表示为 $C_d^{total} = (T_{pm} + t_{rm} + T_{mm}) \times C_d$。

7.2.5　风电机组的维修准备成市

在风电机组的维修过程中，除小修外，任何一次维修均需要维修准备成本 C_{set}。因此，在一个维修期内，总维修准备成本只和风电机组的总维修次数相关，表示为 $C_{set}^{total} = K \times C_{set}$。

7.2.6　风电机组总维修成市和总维修时间的建立

根据以上分析，风电机组在无限时间域内运行的总维修成本 C_{total} 和总维修时间 T_{total} 可以表示如下：

$$C_{total} = C_{pm}^{total} + C_{mm}^{total} + C_{rm} + C_d^{total} + C_{set}^{total} \tag{7-10}$$

$$T_{total} = T_{pm} + t_{rm} + KT \tag{7-11}$$

7.2.7　风电机组的有效度

对机组实施动态非完美预防维修，降低其维修成本的前提是保证基本发电量，这里通过有效度 A 来表述。对于风电机组而言，有效度 A 指的是风电机组经过长期运行，单位时间内的平均正常运行时间，通过有效运行时间 $T_{available}$ 和总时间 T_{Total} 的比值表示如下：

$$A = \frac{T_{available}}{T_{Total}} = \frac{KT - T_{mm}}{(KT + T_{pm} + t_{rm})} \tag{7-12}$$

7.2.8　目标模型

综上所述，在无限时间域内，风电机组的预防性动态非完美维修的优化模型具体表示如下：

$$\min\ CR(K,\ T)=\frac{C_{\text{total}}}{T_{\text{total}}}=\frac{C_{\text{pm}}^{\text{total}}+C_{\text{mm}}^{\text{total}}+C_{\text{rm}}+C_{\text{d}}^{\text{total}}+C_{\text{set}}^{\text{total}}}{T_{\text{pm}}+t_{\text{rm}}+KT}$$

$$\text{s.t.}\ A \geq A_0 \tag{7-13}$$

式中，A_0 表示保证风电场基本供电量的单台风电机组的基本有效度。

7.3　模型最优解分析

式（7-13）是一个关于 K 和 T 两决策变量的有约束的优化模型。下文在已知风电机组初始故障率函数参数 α 和 β，以及 C_{mm}、C_{pm}^{k}、C_{rm}、C_{d}、t_{mm}、t_{pm}、t_{rm} 等各项费用和时间参数值的前提下，根据专家经验评估确定 IPM 的费用调整参数 a、IPM 次数调整参数 b 及故障率函数斜率更新因子 c 的取值，并以此分析 K 和 T 对费用率目标值的影响。

图 7-1 显示了不同 T 值下，费用率目标值的变化趋势。从横向来看，当 T 一定时，随着 K 的增加，风电机组的小修次数、IPM 费用和时间均增加。由于每次小修均需要小修成本 C_{mm} 和小修时间 t_{mm}^{k}，由此带来了维修成本和维修时间的增加。在前期，由于风电机组故障率增长趋势较缓，维修费用对费用率的影响不明显，在维修时间不断增加的趋势下，费用率不断降低，在达到最低点之后，受到风电机组虚龄因子和故障率更新因子的影响，维修费用对费用率的增加影响越来越突出，并在最低点之后超过了维修时间对费用率的降低影响，此时费用率开始迅速增加。从纵向来看，在 K 一定时，T 越大，意味着 IPM 次数越少，从而风电机组发生小修的次数相对较少，同时小修成本相对于预防性更换成本和维修准备成本较小，对费用率的增加影响远小于小修时间对费用率的降低影响，从而导致费用率下降。但是 T 越大，费用率达到最低点后反弹的速度越快，这是由于 IPM周期越大，小修次数越多，小修费用对费用率的增加影响越明显，导致费用率增加得越快。

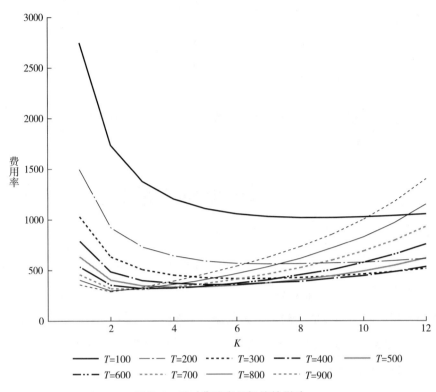

图 7-1 T 对费用率目标值的影响

在风电机组运行前期，若在第一个 IPM 周期内（$K=1$）便对风电机组进行预防性更换，此时在风电机组的一个预防性更换周期内，只发生了一次预防性更换费用 C_{rm}，且费用率的大小取决于更换费用和小修次数的大小。由于在一个预防性维修周期内不存在故障率函数的更新，风电机组小修的次数和 IPM 周期 T 正相关，即 IPM 周期 T 越长，风电机组小修次数越多，从而小修成本和小修时间不断增加，而小修费用远小于预防性更换费用，其对费用率的增加影响小于小修时间对费用率的降低影响，导致费用率随着 T 的增加而不断降低，如图 7-2 中 $K=1$ 所示的曲线。此后，随着预防性维修次数 K 的增加，受到维修次数和维修费用的影响，故障率函数不断更新，在一定的前提下，风电机组的小修次数随着 K 的增加而增加，从而费用率不断降低，并在 K 取某一特定值时达到最低。而当 K 值一定时，随着 T 的增加，费用率不断下降，并在 T 取某一特定值时，维修费用对费用率的增加影响超过维修时间对费用率的降低影响，此时费用率开始上升，如图 7-2 所示。

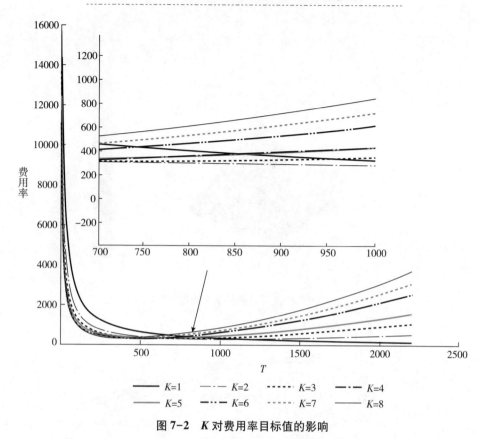

图 7-2　*K* 对费用率目标值的影响

　　通过以上分析可知，随着预防性维修周期 *T* 和预防性维修次数 *k* 的变化，费用率呈现先降后升的趋势，模型存在最优解，如图 7-3 所示。

　　而风电机组有效度主要取决于风电机组正常运行时间和总时间的比值，当预防性维修次数 *K* 一定时，由于风电机组小修时间远小于 IPM 周期，随着 IPM 周期的增大，风电机组正常运行时间在不断增加，那么风电机组的有效度必然增加，如图 7-4 中所有曲线的纵向趋势所示。而当 *T* 一定时，随着维修次数 *K* 的增加，由于系统役龄和非完美维修次数的增加，风电机组故障率不断增加，从而导致小修次数的增加，继而维修时间增加，使得风电机组有效度降低，且 *T* 越大，风电机组有效度降低得越快，如图 7-4 所示。同理，当预防性维修次数 *K* 取不同值时，随着 *T* 的增加，风电机组有效度的变化如图 7-5 所示。通过图 7-4、图 7-5 可知，风电机组的有效度在两决策变量影响下的变化趋势和费用率变化趋势相反，同样存在最优解。

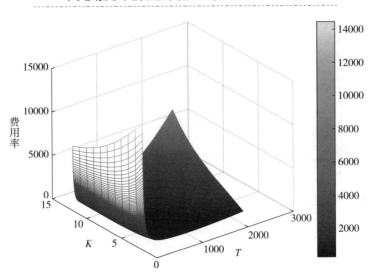

图 7-3 *K* 和 *T* 对费用率目标值的影响

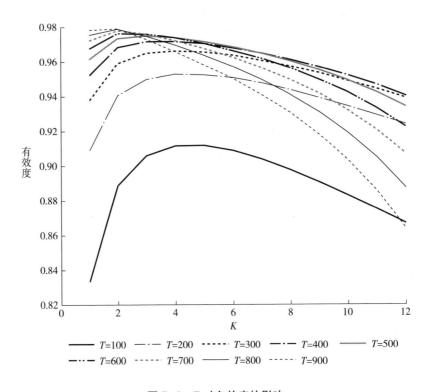

图 7-4 *T* 对有效度的影响

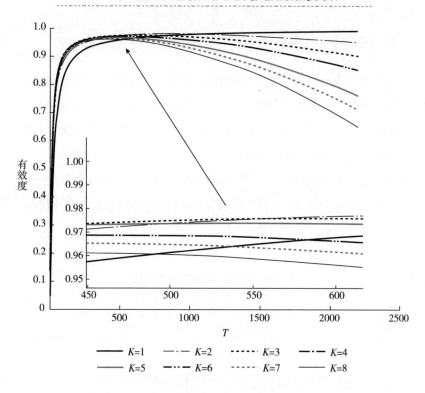

图 7-5　*K* 对有效度的影响

　　由于遗传算法对任意非线性约束条件下的任意目标函数在任意的离散、连续或者混合的搜索空间中均可搜索全局最优解[159]，因此下文选择遗传算法对上述模型进行求解。

7.4　应用研究

　　为了验证动态非完美预防维修模型的有效性和经济性，将该模型应用到机组的维修决策管理中进行分析和讨论。

7.4.1 模型参数取值

风电机组系统主要由齿轮箱、主轴承、发电机和叶片四个部件组成，根据文献[98,162] 所提供的 1.5 兆瓦的风电机组各部件的威布尔分布参数及相对应的维修费用，这里取故障率最高的齿轮箱来反映风电机组整体的运行状态，相应地，初始威布尔分布参数为 $\alpha = 2400$、$\beta = 3$。同时，结合利用某风电场的 SCADA 系统获得的大型故障数据以及专家经验可得某台 1.5 兆瓦机组的相应参数取值，如表 7-1 所示（费用单位均为元），其中，单次小修和预防性更换的平均时间分别为 $t_{mm} = 1$ 和 $t_{rm} = 20$（时间单位为天）。

表 7-1 风电机组各项参数取值

参数	C_{rm}	C_d	C_{set}	C_{mm}	C_f	C_v	t_f	t_v	a	b	c
取值	252000	2134	35000	8500	15000	2000	5	1	2.9	0.061	0.01

根据《风力发电机组质量保证期验收技术规范》（CNCA/CTS 0004-2014） 的要求，对于一个风电场来说，风电机组的平均可用率不能低于95%，单台风电机组的可用率不能低于90%，则风电机组的基本有效度为 $A_0 = 90\%$。

7.4.2 模型中虚龄因子和故障强度更新因子的变化

动态非完美预防维修模型的动态性主要体现在单次 IPM 前后风电机组故障率函数的更新上。由风电机组故障率函数更新模型可知，虚龄因子 η 和故障强度更新因子 μ 是影响故障率函数变化的两个重要变量，因此有必要分析 IPM 次数对虚龄因子和故障强度更新因子的影响。

由 η 的定义可知，η 描述了单次 IPM 后风电机组虚拟役龄的回退程度，其取值越大，相应的虚龄回退率 s_k 也越大，表示此次 IPM 后风电机组的虚拟役龄越小，显然 IPM 维修效果越好。对于风电机组而言，随着 IPM 次数的增加，其役龄也在不断增加，由系统役龄增加导致的疲劳磨损逐渐累积，风电机组性能逐渐衰退的趋势不可避免。即随着 IPM 次数的增加，η 和 s_k 在不断降低，如图 7-6 所示，这与风电机组性能衰退的趋势一致。

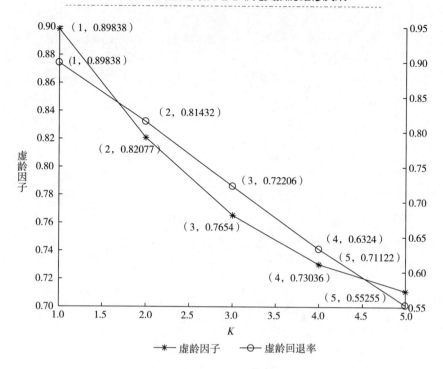

图7-6 虚龄因子和虚龄回退率随 IPM 次数的变化

而 μ 表征了风电机组故障率整体趋势的变化，其取值的大小决定了单次 IPM 后风电机组故障率函数斜率的增加程度。在更新模型中，μ 由 IPM 次数及上次 IPM 维修效果决定，IPM 次数的增加使得 μ 呈指数形式上升，而上次 IPM 的维修效果通过 s_k 表达，如 $c^{(-s_k)}$ 所示。由图 7-7 可知，s_k 随着 IPM 次数的增加呈现下降趋势，那么 $c^{(-s_k)}$ 也必然下降（见图 7-7 中星号标志曲线），这在一定程度上减缓了故障率函数斜率的指数增长趋势。在 IPM 次数和上次维修效果的共同作用下，故障强度更新因子的整体走势如图 7-7 中圆圈标志曲线所示。在 $K=4$ 之后，风电机组的故障强度更新因子 μ 出现了下降趋势，这是由于在 $K=4$ 处，对风电机组进行了预防性更换，风电机组性能恢复如新，故障率更新因子自然下降，在 IPM 次数的影响下，此时的故障率必然为零，这与后面算例分析中所得结果相符。

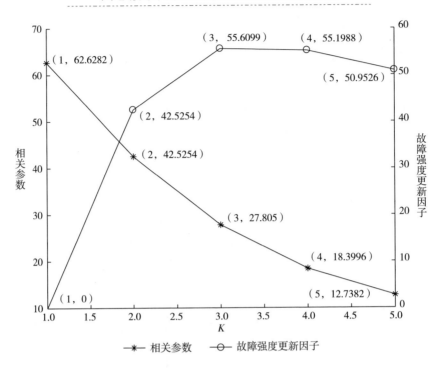

图 7-7 故障强度更新因子及其相关参数随 IPM 次数的变化

7.4.3 经济性分析

综合以上分析可知，在 K 和 T 的双重影响下，模型的费用率目标值及有效度存在最优解。我们可以利用 GA 寻找最优解，设置 GA 的优化参数：种群大小为50，最大遗传代数为 100，代沟为 0.8，交叉概率为 0.8，变异概率为 0.2，图 7-8显示了 GA 一次优化的进化过程。可以看出，在预防性动态非完美维修模型下，所构建的目标函数整体收敛，存在最小值。当 $T = 370$ 且 $K = 4$ 时，需要对机组进行预防性更换，此时风电机组整体的费用率最小，为 $CR(K, T) = 327.0900710$，有效度为 $A = 0.9680$。而在同样条件下，不考虑 IPM 次数和 IPM 费用等对故障率函数更新 TPIPMD 模型下的优化结果为 $K' = 6$、$T' = 250$、$CR'(K, T) = 452.751402$。显然，在不考虑故障率函数更新条件下，随着系统役龄的增加，传统定周期维修策略认为风电机组故障率一直缓慢增长，IPM 周期较短导致系统过维修，而过多的 IPM 次数又带来了维修费用的增加，费用率相应增加，对比优化结果表明，考虑故障率更新下的预防性动态非完美维修模型，能有效提高风电场的经济性。

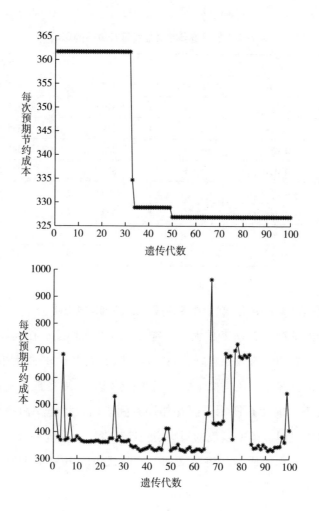

图 7-8　GA 一次优化的示例进化过程

7.4.4　灵敏性分析

策略模型的可行性取决于其对涉及参数的灵敏性，由于动态非完美预防维修模型的构建基于故障率函数的更新，有必要分析故障率更新模型中所有参数对最优维修策略的影响。这里将模型中各参数在表 7-1 所示取值的基础上分别扩大和缩小10%，分析其对最优维修策略的影响，每次只改变一个参数，其余参数不变，优化结果如表7-2至表7-4所示。

表7-2　各调整参数对最优维修策略的影响

参数	取值	K	T	$CR(K, T)$
	2.61	4	397	313.5099207
a	2.90	4	370	327.0900710
	3.19	3	367	335.8990528
	0.0549	3	336	342.9744228
b	0.0610	4	370	327.0900710
	0.0671	4	400	312.0320563
	0.009	4	377	333.0608000
c	0.010	4	370	327.0900710
	0.011	4	357	324.1286015

维修费用调整参数 a 和次数调整参数 b 的增加对虚龄因子 η 的影响相反，在其他条件不变的情况下，前者越大，η 越大，后者则相反。在同样维修次数下，η 越大，表示 IPM 的维修效果越好，同时也意味着此次 IPM 的费用投入越高，在其他参数不变的情况下，风电机组的费用率自然上升，b 对最优维修策略的影响则相反，如表7-2前7行所示。而在相同时间段内，故障率斜率调整因子 c 越大，意味着风电机组故障率函数的斜率增长趋势变缓，系统小修次数的增加速度也相应减慢，但是小修成本却持续增加，风电机组的 IPM 周期减少，费用率降低，如表7-2后3行所示。

表7-3　IPM 固定维修时间 t_f、更换成本 C_{rm} 及维修准备成本 C_{set} 对最优维修策略的影响

参数	取值	K	T	$CR(K, T)$
	4.5	4	336	327.3049659
t_f	5.0	4	370	327.090071
	5.5	4	389	296.2971448

参数	取值	K	T	$CR(K, T)$
C_{rm}	226800	3	402	320. 2848810
	252000	4	370	327. 0900710
	277200	4	348	329. 7555557
C_{set}	31500	4	376	322. 6745425
	35000	4	370	327. 0900710
	38500	4	326	331. 9514589

由表 7-3 可以看出，IPM 的固定时间 t_f 越大，风电机组单次 IPM 的时间越长，由于维修导致的维修损失对费用率的增加影响小于维修时间对费用率的降低影响，从而导致风电机组的费用率随着 IPM 固定时间 t_f 的增加而降低，IPM 周期 T 随着 IPM 固定时间 t_f 的增加而增加，如表 7-3 前 3 行所示。在该模型中，任何维修费用参数的增加均会导致风电机组维修总成本的增加，在维修时间不变的情况下，风电机组的费用率必然上升。不同的是，预防性更换成本 C_{rm}、维修准备成本 C_{set} 及小修费用 C_{mm} 的增加不会导致 IPM 费用的增加，为了降低小修次数增加对维修总成本的增加影响，通过缩短 IPM 周期 T 来降低风电机组小修次数的发生，从而控制费用率的增长速度，如表 7-3 后 6 行及表 7-4 后 3 行所示。而对于因 IPM 中的固定成本 C_f 和单位时间停机损失 C_d 的增加导致的维修总成本的增加，可以通过延长 IPM 周期 T 来增加风电机组的有效工作时间，从而达到降低费用率增长速度的目的，如表 7-4 前 7 行所示。

表 7-4 IPM 固定成本 C_f、单位时间停机损失 C_d 及小修费用 C_{mm} 对最优维修策略的影响

参数	取值	K	T	$CR(K, T)$
C_f	13500	4	353	314. 3646170
	15000	4	370	327. 0900710
	16500	3	391	334. 2946930
C_d	1920. 6	3	345	287. 4638753
	2134	4	370	327. 0900710
	2347. 4	4	438	331. 1955456

参数	取值	K	T	$CR(K, T)$
C_{mm}	7650	4	390	319.7715125
	8500	4	370	327.0900710
	9350	4	237	335.304485

对以上参数的灵敏度分析验证了动态非完美预防维修模型的可行性。

本章小结

首先,本章在分析维修前后可能影响可修设备性能水平的各种因素的基础上,建立了故障率更新模型。与文献中给出的非完美维修模型的一个关键区别是,通过维护成本和非完美维修次数等直观变量描述系统的虚龄因子和故障强度更新因子,避免了非直观变量下参数评估造成的差异。故障率函数更新模型的数值实验、灵敏度分析和实例分析的结果表明,此模型能够为决策者准确评估系统被非完美维修后的可靠性水平提供理论依据。

其次,基于所构建的故障率函数更新模型,在保证风电机组基本有效度的前提下,本章提出了机组的预防性动态非完美维修模型,并通过虚龄因子、虚龄回退率等描述了 IPM 费用及时间的动态性。

最后,利用风电场真实数据进行算例分析,并将最优结果与传统定周期非完美 IPM 决策模型的结果进行对比,证明了该模型的经济性和有效性,而模型的最优解分析和灵敏性分析,验证了该模型的正确性和可行性。

第 8 章

考虑非完美维修效果的风电场动态成组维修决策

由第 1 章的分析和第 2 章的研究结果可知，GM 能够共享维修准备成本，从而大幅度降低风电场的经济效益。为此，国内外学者针对风电场或者风电机组提出了各种 GM 方法。然而，这些方法在设计过程中忽略了非完美维修对机组性能的影响，且很少考虑策略的动态性，进而降低了 GM 应用于风电场的实践性。

针对上述问题，在第 2 章风电场最优 GM 框架和第 3 章机组非完美维修更新模型的基础上，本章提出了一种动态 GM 决策方法，可根据风电场的运维特性，最大限度地降低维修成本。首先，本章分析了所提方法中优化目标之间的权衡关系和实际意义；其次，分析了维修前后机组性能的变化，进一步给出了描述机组性能变化的表达式；最后，对所提模型进行了实验验证。

8.1　系统描述

同第 2 章相似，本章将风电场视为一个多设备并联系统，只考虑机组之间的强经济相关性。

8.1.1　系统假设

为了方便策略描述，给出以下假设：

（1）在同一个风电场中，风电机组的地理位置相对集中，自然客观条件对风电机组的差异性影响较小，认为同一风电场中所有风电机组在相同的环境下运行。

（2）将单台机组看作一个整体系统（设备），相应的故障率函数 $h(t)$ 可以反映其整体性能退化。

8.1.2 动态成组维修策略描述

在风电场任意 GM 间隔期内，当且仅当系统中故障机组台数累计达到 M 台，才立即组织非完美 GM，且只要风电机组处于非正常运行状态（故障后等待或者正在被 GM）均会产生停机损失，定义单台风电机组单位时间停机损失为 C_d，单台机组的故障后维修费用为 C_c 以及单次维修准备成本是 C_{set}。

8.1.3 最优维修决策模型

由第 2 章风电场 GM 分析结果可知，GM 时故障机组台数越多，节省的总 C_{set} 越多，产生的总停机损失也越多，二者在不断权衡中必然存在最佳的 GM 故障机组台数 M，使得二者的成本值相等，如图 8-1 所示，此时对风电场进行 GM 是经济的。

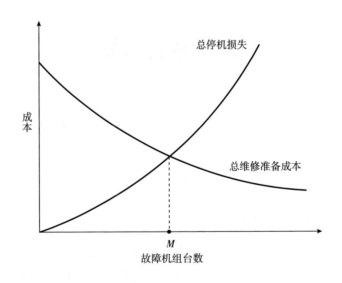

图 8-1　总维修准备成本和总停机损失曲线

将 M 台故障机组 GM 总费用与传统维修策略下 M 台故障机组总维修费用的差值最大作为衡量和比较模型优劣的标准，以此建立目标函数，这一点与第 2 章模型的建立思想一致。具体分析如下：

（1）在传统维修策略下，在任意第 k_{gm} 个 GM 间隔期内，只要系统中有一台故障机组到达，便立即实施维修，此时维修费用包括 C_{set}、C_c 及因维修时间导致的停机损失。这里用 t_{cm} 表示单台故障机组固定维修时间，累计 M 台故障机组总维修费用表示为 $F_1(M)$，即：

$$F_1(M) = M(C_{set} + C_c + C_d \times t_{cm}) \tag{8-1}$$

（2）在 GM 模型下，当在第 k_{gm} 个 GM 间隔期内实施维修时，系统中 M 台故障机组的停机损失由①GM 前等待停机损失 $\sum_{i=1}^{M-1} E(W_i^{k_{gm}}) \times C_d$ 和②维修时间产生的停机损失 $T_{k_{gm}}^{\Sigma} \times C_d$ 两部分组成。此处 $T_{k_{gm}}^{\Sigma}$ 表示在第 k_{gm} 个 GM 间隔期内对 M 台故障机组 GM 需要的总维修时间，$E(W_i^{k_{gm}})$ 表示第 i 台故障机组维修前的平均等待时间。令 $F_2(M)$ 表示 M 台故障机组进行 GM 的总费用，有：

$$F_2(M) = C_{set} + MC_c + \left[T_{k_{gm}}^{\Sigma} + \sum_{i=1}^{M-1} E(W_i^{k_{gm}}) \right] C_d \tag{8-2}$$

（3）比较以上两种模型下的维修费用，在第 k_{gm} 个 GM 间隔期内，M 台故障机组进行 GM 时的节省成本函数 $F_{sc}(M)$ 可表示为：

$$
\begin{aligned}
F_{sc}(M) &= F_1(M) - F_2(M) \\
&= M(C_{set} + C_c + C_d \times t_{cm}) - \left\{ (C_{set} + MC_c) + \left[T_{k_{gm}}^{\Sigma} + \sum_{i=1}^{M-1} E(W_i^{k_{gm}}) \right] C_d \right\} \\
&= (M-1)C_{set} - \left[T_{k_{gm}}^{\Sigma} + \sum_{i=1}^{M-1} E(W_i^{k_{gm}}) - t_{cm} \right] C_d
\end{aligned} \tag{8-3}
$$

（4）若 M 满足：

$$M^* = \mathrm{argmax} F_{sc}(M) \tag{8-4}$$

则 M^* 为 GM 时最优故障机组台数。

显然，求解目标函数的关键是确定第 k_{gm} 个 GM 间隔期内第 i 台故障机组的平均等待时间 $E(W_i^{k_{gm}})$ 和总维修时间 $T_{k_{gm}}^{\Sigma}$，而 $E(W_i^{k_{gm}})$ 和 $T_{k_{gm}}^{\Sigma}$ 均与故障机组 i 的到达时刻密切相关，而故障机组 i 的到达时刻取决于在第 k_{gm} 个 GM 间隔期内表征风电机组性能的故障率函数 $h(t)$。根据第 3 章构建的大型可修系统故障率函数更新模型可知，机组的故障率函数在维修次数和维修费用的影响下不断更新，因此，有必要分析第 k_{gm} 个 GM 间隔期内机组故障率函数的更新情况，并在此基础上计算动态 GM 策略中故障机组的总停机时间和维修时间。

8.2 风电机组的故障率函数和平均维修时间

对于风电场中的任意一台风电机组 i，在任意一个 GM 间隔期内，可能的情况有三种：正常运行、发生停机性故障等待被维修以及正在被维修。若风电机组发生停机性故障，由于对风电机组实施的是故障后 GM，则在一个 GM 间隔期内只可能被维修一次，且其等待时间长短取决于风电机组 i 发生故障的时刻以及第 m 台故障机组的到达时刻。因此，对于风电机组 i 而言，其被非完美维修的次数一定不大于其历经的 GM 间隔期数，同时其是否发生停机性故障取决于其在 GM 间隔期内的故障率函数。显然，确定任意 GM 间隔期内故障机组 i 的到达时刻的关键是确定故障机组 i 在此 GM 间隔期内的故障率函数。

8.2.1 风电机组的故障率函数

为了方便描述，我们定义第 k_{gm} 个 GM 间隔期的起始时刻为 $t_{k_{gm}-1}$，结束时刻为 $t_{k_{gm}}$，第一台故障机组的到达时刻表示为 $T_1^{k_{gm}}$，第 M 台故障机组的到达时刻表示为 $T_M^{k_{gm}}$，显然 GM 开始时刻为 $T_M^{k_{gm}}$，维修区间为 $\left[T_M^{k_{gm}},\ t_{k_{gm}}\right]$，一个完整的 GM 间隔期由故障机组到达过程和成组维修过程两部分组成，如图 8-2 所示。

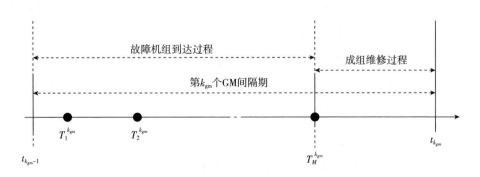

图 8-2 第 k_{gm} 个 GM 间隔期的定义

由于故障机组 i 的等待时间由其自身到达时刻 $T_i^{k_{gm}}$ 及第 M 台故障机组的到达时刻 $T_M^{k_{gm}}$ 共同决定，而故障机组 i 的平均到达时刻由第 k_{gm} 个 GM 间隔期内的故障率函数决定，而第 k_{gm} 个 GM 间隔期内的故障率函数与起始时刻 $t_{k_{gm}-1}$ 处的故障率密切相关。因此，为了确定风电机组 i 的到达过程，必须分析其在第 k_{gm} 个 GM 间隔期开始时刻故障率函数的变化。而在该间隔期起始时刻，风电机组 i 的故障率函数受到其历经的 GM 间隔期数以及被非完美维修次数等的影响。为了方便描述，这里定义在第 k_{gm} 个 GM 间隔期内风电机组 i 的故障率函数表示为 $\overline{H_{k_{gm}}(t)}$，如图 8-3 所示。

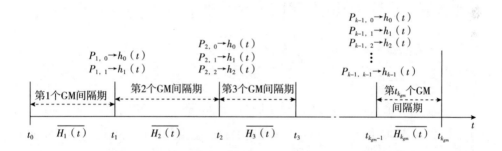

图 8-3 各个 GM 间隔期内风电机组 i 故障率函数的变化

在任意的 GM 间隔期 k_{gm} 内，风电机组 i 历经的被维修次数 $n_i^{k_{gm}}$ 满足 $n_i^{k_{gm}} \leqslant k_{gm}-1$，相应的故障率函数变化如图 8-3 所示，具体分析如下：

（1）风电机组 i 在时刻 $t_0=0$ 全新投入运行，在第一个 GM 间隔期内起始时刻 t_0 之前，风电机组 i 被维修的次数 n_i^1 一定为 0，即 $n_i^1=0$，此时风电机组 i 在第一个 GM 间隔期内的故障率函数 $\overline{H_1(t)}$ 依然为初始故障率函数 $h_0(t)$，即 $\overline{H_1(t)}=h_0(t)$。

（2）在第二个 GM 间隔期开始之前，即 t_1 时刻之前，风电机组 i 被维修的次数为 $n_i^2 \leqslant 1$，此 GM 间隔期内，风电机组 i 故障率函数 $\overline{H_2(t)}$ 分两种情况进行考虑：

1）若 $n_i^2=0$，意味着在 t_1 时刻之前，风电机组 i 未发生故障，因而未被维修。而风电机组 i 在 t_1 时刻之前未被维修的概率等价于其在第一个 GM 间隔期结

束时刻 t_1 之前未发生故障的概率，表示为 $P_{1,0}$，此种情况下，风电机组 i 的故障率函数依然为初始故障率函数 $h_0(t)$。

2）若 $n_i^2 = 1$，意味着在第二个 GM 间隔期开始前，即 t_1 时刻之前，风电机组 i 被维修过一次，即在 t_1 时刻之前发生故障，其概率为 $P_{1,1}$，此种情况下，风电机组 i 的故障率函数更新为初始故障率函数 $h_1(t)$。

综合以上两种情况，在第二个 GM 间隔期内，第 i 台风电机组的故障率函数 $\overline{H_2(t)}$ 表示如下：

$$\overline{H_2(t)} = P_{1,0} \times h_0(t) + P_{1,1} \times h_1(t)$$

$$\text{where } P_{1,0} = 1 - F_0^i(t_1) = \exp\left[-\int_0^{t_1} h_0(t')dt'\right];$$

$$P_{1,1} = F_0^i(t_1) = 1 - \exp\left[-\int_0^{t_1} h_0(t')dt'\right]$$

$$t_1 = T_M^1 + T_1^\Sigma \tag{8-5}$$

显然，第二个 GM 间隔期的开始时刻 t_1 也是第一个 GM 间隔期的结束时刻，且 t_1 时刻的位置取决于前一个 GM 间隔期的长度，由此使得风电机组的 GM 间隔期具有动态性。

（3）在第三个 GM 间隔期开始之前，即 t_2 时刻之前，风电机组 i 经历的非完美维修次数为 $n_i^3 \leqslant 2$，当 $n_i^3 = 1$ 时，意味着在第三个 GM 间隔期起始时刻 t_2 之前，风电机组 i 被维修过一次，而该维修可能发生在第一个 GM 间隔期内，也可能发生在第二个 GM 间隔期内。因此，将风电机组 i 的故障率函数分四种情况进行讨论，如图 8-4 所示，分析如下：

1）若 $n_i^3 = 0$，意味着在 t_2 时刻之前，风电机组 i 未被维修过。风电机组 i 在 t_2 时刻之前未发生故障的概率表示为 $P_{2,0}$，此种情况下，风电机组 i 在第三个 GM 间隔期内的故障率函数 $\overline{H_3(t)}$ 依然为初始故障率函数 $h_0(t)$，如图 8-4（a）所示。

2）若 $n_i^3 = 1$，意味着在第三个 GM 间隔期开始之前，风电机组 i 被维修过一次。风电机组 i 在 t_2 时刻之前被维修过一次的概率表示为 $P_{2,1}$。而风电机组 i 发生一次故障的情况有以下两种可能：

①若风电机组 i 是在第一个 GM 间隔期内发生故障被维修，则在第二个 GM

间隔期内一定不会发生故障，此时风电机组 i 的故障率函数变化如图 8-4（b）所示。

②若风电机组 i 在第一个 GM 间隔期内未被维修过，则在第二个 GM 间隔期内一定会发生故障被维修，此时风电机组 i 的故障率函数变化如图 8-4（c）所示。

3）若 $n_i^3 = 2$，意味着在第三个 GM 间隔期 t_2 时刻之前，风电机组 i 被维修过两次。风电机组 i 在 t_2 时刻之前被维修过两次的概率表示为 $P_{2,2}$。此种情况下，风电机组 i 的故障率函数 $\overline{H_3(t)}$ 更新为 $h_2(t)$，如图 8-4（d）所示。

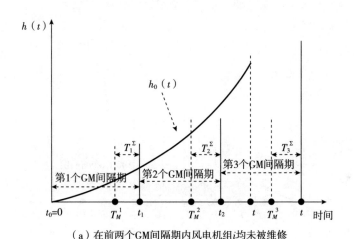

（a）在前两个GM间隔期内风电机组 i 均未被维修

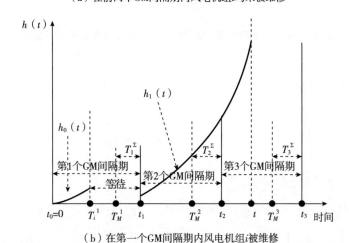

（b）在第一个GM间隔期内风电机组 i 被维修

图 8-4　第 3 次 GM 间隔期内第 i 台风电机组故障率函数的四种可能情况

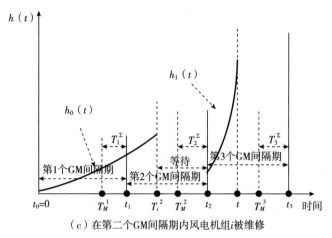

（c）在第二个GM间隔期内风电机组 i 被维修

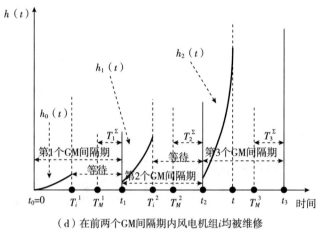

（d）在前两个GM间隔期内风电机组 i 均被维修

图 8-4　第 3 次 GM 间隔期内第 i 台风电机组故障率函数的四种可能情况（续）

综合以上三种情况，可知风电机组 i 在第三个 GM 间隔期内的故障率函数 $\overline{H_3(t)}$ 表示如下：

$$\overline{H_3(t)} = P_{2,0} \times h_0(t) + P_{2,1} \times h_1(t) + P_{2,2} \times h_2(t)$$

$$\text{where } P_{2,0} = 1 - F_0^i(t_2) = \exp\left[-\int_0^{t_2} h_0(t')\,\mathrm{d}t' \right]$$

$$P_{2,1} = F_0^i(t_1)\{1 - [F_1^i(t_2) - F_1^i(t_1)]\} + [F_0^i(t_2) - F_0^i(t_1)]$$

$$= \left\{ 1 - \exp\left[-\int_0^{t_1} h_0(t')\,\mathrm{d}t' \right] \right\}\left\{ 1 - \exp\left[-\int_0^{t_1} h_1(t')\,\mathrm{d}t' \right] \right\} +$$

$$\exp\left[-\int_0^{t_2} h_1(t')\,\mathrm{d}t'\right] + \left\{\exp\left[-\int_0^{t_1} h_0(t')\,\mathrm{d}t'\right] - \exp\left[-\int_0^{t_2} h_0(t')\,\mathrm{d}t'\right]\right\}$$

$$P_{2,2} = F_0^i(t_1)\left[F_1^i(t_2) - F_1^i(t_1)\right]$$

$$= \left\{1 - \exp\left[-\int_0^{t_1} h_0(t')\,\mathrm{d}t'\right]\right\}\left\{\exp\left[-\int_0^{t_1} h_1(t')\,\mathrm{d}t'\right] - \exp\left[-\int_0^{t_2} h_1(t')\,\mathrm{d}t'\right]\right\}$$

$$t_1 = T_M^1 + T_1^\Sigma; \quad t_2 = T_M^2 + T_2^\Sigma \tag{8-6}$$

（4）以此类推，在第 k_{gm} 个 GM 间隔期开始之前，即 $t_{k_{gm}-1}$ 时刻之前，风电机组 i 经历的非完美维修次数为 $n_i^{k_{gm}} \leq k_{gm}-1$，相应地，第 i 台风电机组在此 GM 间隔期内的故障率函数的更新情况共有（$k_{gm}-1$）种，依次为 $h_0(t)$，$h_1(t)$，…，$h_{k-1}(t)$，且各种更新情况出现的概率依次为 $P_{(k_{gm}-1),0}$，$P_{(k_{gm}-1),1}$，…，$P_{(k_{gm}-1),(k_{gm}-1)}$。那么考虑以上各种情况，可得在第 k_{gm} 个 GM 间隔期内，第 i 台风电机组的故障率函数 $\overline{H_{k_{gm}}(t)}$ 表示为：

$$\overline{H_{k_{gm}}(t)} = \sum_{j=0}^{k_{gm}-1} P_{(k_{gm}-1),j} \times h_j(t) \tag{8-7}$$

8.2.2 故障机组的平均维修时间

每次对故障机组进行 GM 会占用一定的时间，而维修时间的长短直接影响风电机组停机损失的大小。参照第 3 章最优动态非完美预防维修决策中维修时间的分析结果，对风电机组 i 进行第 k 次非完美维修的时间 t_{pm}^k 可表示如下：

$$t_{pm}^k = t_f + (k-1)t_v \exp(1-s_k) \tag{8-8}$$

类似于在第 k_{gm} 个 GM 间隔期内风电机组 i 故障率函数的推导，其单次平均维修时间分析如下：

（1）在第一个 GM 间隔期内，若风电机组 i 发生故障，一定是首次故障且首次被非完美维修，相应的维修时间 $\overline{T_{pm}^1}$ 表示为 t_{pm}^1，即 $\overline{T_{pm}^1} = t_{pm}^1$。

（2）在第二个 GM 间隔期开始时刻 t_1 前，风电机组 i 被维修的次数 $n_i^2 \leq 1$。分两种情况进行讨论：

1）若 $n_i^2 = 0$，表示风电机组 i 在 t_1 时刻之前未发生故障，维修次数必然为 0（其概率表示为 $P_{1,0}$）。此种情况下，风电机组 i 在第二个 GM 间隔期内发生故障被维修的时间为 t_{pm}^1。

2）若 $n_i^2 = 1$，表示风电机组 i 在 t_1 时刻之前发生故障并被维修过（其概率表示为 $P_{1,1}$）。此种情况下，风电机组 i 在第二个 GM 间隔期内发生故障被维修的时间为 t_{pm}^2。

综合以上两种情况，风电机组 i 在第二个 GM 间隔内发生故障并被维修的平均维修时间 $\overline{T_{pm}^2}$ 表示为：

$$\overline{T_{pm}^2} = P_{1,0} \times t_{pm}^1 + P_{1,1} \times t_{pm}^2 \tag{8-9}$$

（3）同理，在第 k_{gm} 个 GM 间隔期开始之前，即 $t_{k_{gm}-1}$ 时刻之前，风电机组 i 单次维修时间的表达式有 $k_{gm}-1$ 种情况，各种情况发生的可能性等价于其发生故障的次数，分别表示为 t_{pm}^1，t_{pm}^2，$\cdots$，t_{pm}^k 和 $P_{(k_{gm}-1),0}$，$P_{(k_{gm}-1),1}$，$\cdots$，$P_{(k_{gm}-1),(k_{gm}-1)}$。根据风电机组 i 故障率函数的推导思想，可得在第 k_{gm} 个 GM 间隔期 $[t_{k_{gm}-1}, t_{k_{gm}}]$ 内，第 i 台风电机组若被维修，其平均维修时间 $\overline{T_{pm}^{k_{gm}}}$ 表示如下：

$$\overline{T_{pm}^{k_{gm}}} = \sum_{j=0}^{k_{gm}-1} P_{(k_{gm}-1),j} \times t_{pm}^{j+1} \tag{8-10}$$

那么，在第 k_{gm} 个 GM 间隔期内，当故障机组台数达到 M 时，对系统实施 GM，此时 M 台故障机组的总维修时间 $T_{k_{gm}}^\Sigma$ 表示为：

$$T_{k_{gm}}^\Sigma = M \times \overline{T_{pm}^{k_{gm}}} \tag{8-11}$$

8.3　故障机组的平均等待时间

我们确定了风电机组 i 在任意 GM 间隔期 k_{gm} 内的故障率函数 $\overline{H_{k_{gm}}(t)}$ 和平均维修时间 $\overline{T_{pm}^{k_{gm}}}$ 之后，便要分析任意故障机组 i 的平均等待时间。由以上分析可知，第 i 台故障机组到达时还需等待（$M-i$）台故障机组到达之后才能开始被维修，其在系统中的等待时间为 $W_i^{k_{gm}}$，如图 8-5 所示。

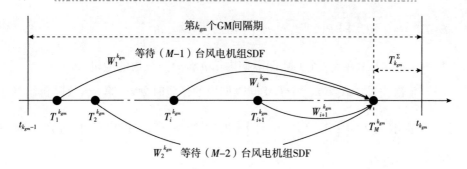

图 8-5　第 k_{gm} 个 GM 间隔期内的故障机组的等待时间

可以看出，在第 k_{gm} 个 GM 间隔期内，第 i 台故障机组的等待时间 $W_i^{k_{gm}}$ 由其到达时刻 $T_i^{k_{gm}}$ 及第 M 台故障机组的到达时刻 $T_M^{k_{gm}}$ 之间的时间间隔决定：

$$W_i^{k_{gm}} = T_M^{k_{gm}} - T_i^{k_{gm}} \tag{8-12}$$

由于机组发生故障是随机的，因此，故障机组的到达时刻也必然具有随机性。为了避免随机性的影响，可以用每台故障机组的平均到达时刻来表示，根据第 2 章 GM 时故障机组平均等待时间的分析思想，具体分析如下：

（1）在第 k_{gm} 个 GM 间隔期内的任意时刻 t，第 1 台故障机组到达［在第 k_{gm} 个 GM 间隔期内风电场中有一台风电机组发生故障，其余（$N-1$）台未发生故障］的概率为 $C_N^1 \Pr\{T_1^{k_{gm}} \leqslant t\} \prod_{q=1}^{N-1} \Pr\{T_q^{k_{gm}} > t\}$。那么，考虑该任意时刻 t 的各种可能性，第 1 台故障机组的平均到达时刻 $E(T_1^{k_{gm}})$ 可以表示为：

$$E(T_1^{k_{gm}}) = \int_0^\infty t C_N^1 \Pr\{T_1^{k_{gm}} \leqslant t\} \prod_{q=1}^{N-1} \Pr\{T_q^{k_{gm}} > t\} \mathrm{d}t \tag{8-13}$$

式中，$T_q^{k_{gm}}$ 表示在第 k_{gm} 个 GM 间隔期内第 q 台故障机组的随机寿命。

（2）在第 k_{gm} 个 GM 间隔期内的任意时刻 t，当第 2 台故障机组到达时，风电场中共有两台风电机组发生了故障，（$N-2$）台风电机组未发生故障，由于各风电机组的退化过程是相互独立的，那么第 2 台故障机组到达的概率可表示为 $C_N^2 \prod_{p=1}^{2} \Pr\{T_p^{k_{gm}} \leqslant t\} \prod_{q=1}^{N-2} \Pr\{T_q^{k_{gm}} > t\}$。同理，该台故障机组的平均到达时刻 $E(T_2^{k_{gm}})$ 可以表示为：

$$E(T_2^{k_{gm}}) = \int_0^\infty t C_N^2 \prod_{p=1}^2 \Pr\{T_p^{k_{gm}} \leq t\} \prod_{q=1}^{N-2} \Pr\{T_q^{k_{gm}} > t\} \, \mathrm{d}t \qquad (8-14)$$

其中，$T_p^{k_{gm}}$ 表示在 k_{gm} 个 GM 间隔期内第 p 台故障机组的随机寿命。

（3）依次类推，在第 k_{gm} 个 GM 间隔期内的任意时刻 t，第 i 台故障机组到达的概率可表示为 $C_N^i \prod_{p=1}^i \Pr\{T_p^{k_{gm}} \leq t\} \prod_{q=1}^{N-i} \Pr\{T_q^{k_{gm}} > t\}$，相应的平均到达时刻 $E(T_i^{k_{gm}})$ 可表示为：

$$E(T_i^{k_{gm}}) = \int_0^\infty t C_N^i \prod_{p=1}^i \Pr\{T_p^{k_{gm}} \leq t\} \prod_{q=1}^{N-i} \Pr\{T_q^{k_{gm}} > t\} \, \mathrm{d}t \qquad (8-15)$$

（4）在第 k_{gm} 个 GM 间隔期内的任意时刻 t，第 M 台故障机组到达，此时风电场中共有 M 台风电机组发生了故障，$(N-M)$ 台风电机组未发生故障，那么第 M 台故障机组到达的概率可表示为 $C_N^M \prod_{p=1}^M \Pr\{T_p^{k_{gm}} \leq t\} \prod_{q=1}^{N-M} \Pr\{T_q^{k_{gm}} > t\}$。此时，第 M 台故障机组的平均达到时刻 $E(T_M^{k_{gm}})$ 可表示为：

$$E(T_M^{k_{gm}}) = \int_0^\infty t C_N^M \prod_{p=1}^M \Pr\{T_p^{k_{gm}} \leq t\} \prod_{q=1}^{N-M} \Pr\{T_q^{k_{gm}} > t\} \, \mathrm{d}t \qquad (8-16)$$

根据以上分析，可计算出第 i 台故障机组在第 k_{gm} 个 *GM* 间隔期内的平均等待时间为：

$$E(W_i^{k_{gm}}) = E(T_M^{k_{gm}}) - E(T_i^{k_{gm}}) \qquad (8-17)$$

将式（8-11）和式（8-17）代入目标函数，可对 GM 故障机组台数进行优化。

8.4 数值实验

为了验证以上理论模型的正确性、可行性、经济有效性，以及对各项参数的灵敏性，以 1.5MW 的风电机组的齿轮箱为分析对象，结合其相对应的各项参数，将该动态 GM 策略与传统维修策略进行对比数值实验，并结合 Matlab 等工具分析各参数对目标函数的影响。

8.4.1　经济性分析

根据文献[98,160]给出的 1.5 兆瓦的风电机组各部件的威布尔分布参数［其中齿轮箱的初始威布尔分布参数为 $\alpha = 30(years)$，$\beta = 2$］及相对应的维修费用，结合从某风电场 SCADA 系统获得的大型故障数据以及专家经验可得模型中各项参数取值，如表 8-1 所示（费用单位均为美元，时间单位为天）。

表 8-1　风电机组各项参数取值

参数	C_{rm}	C_d	C_{set}	C_f	C_v	t_f	t_v	a	b	c	X_1	X_v
取值	43428	10000	80000	1000	200	5	3	2.9	0.061	0.01	26	3

由第 3 章故障率函数更新模型的实验结果可知，随着风电机组服务役龄和维修次数的增加，相邻两次故障之间的平均正常运行时间呈递减趋势。因此，令 X_k 表示第（$k-1$）次和 k 次故障之间的时间间隔，有 $X_k = X_1 - (k-1)X_v$，这里 X_1 表示风电机组首次故障发生时的平均运行时间，X_v 则为相邻两次故障间隔时间的变动值。

假设风电场的规模为 $N = 20$，在 4 个 GM 间隔期内的不同维修策略下，风电场维修费用的趋势如图 8-6 至图 8-9 所示。由图 8-6 至图 8-9 的放大子图可以看出，在任何 GM 间隔期内，随着故障机组台数的增加，传统维修策略下的维修成本 F_1 均直线上升，显然这不是最明智的选择。而在动态非完美 GM 模型下，维修成本 F_2 在前期一直缓慢增加，当故障机组台数达到一定值时开始直线上升。在两种维修策略下，节省成本曲线 F_{sc} 先升后降，必然存在最大值 max F_{sc}，其对应的横坐标值便是最优 GM 时的故障机组台数 M^*，此实验结果与第 2 章 GM 的实验结果相符。

然而，随着 GM 间隔期的增加，受非完美维修效果的影响，故障机组的平均到达时间间隔不断缩短，进而使故障机组的平均等待时间减小，导致停机损失降低，与传统维修策略相比，节省维修成本最大值 max F_{sc} 必然减小，而最优 GM 故障机组台数 M^* 基本不受影响，如表 8-2 所示，由此验证了动态成组非完美维修的正确性。

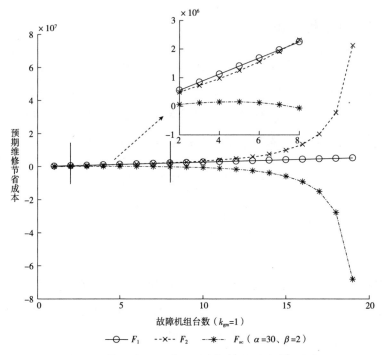

图 8-6　第一个 GM 内不同维修策略下的维修成本

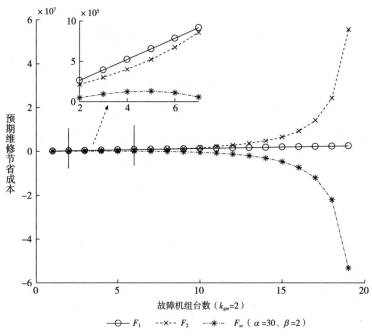

图 8-7　第二个 GM 内不同维修策略下的维修成本

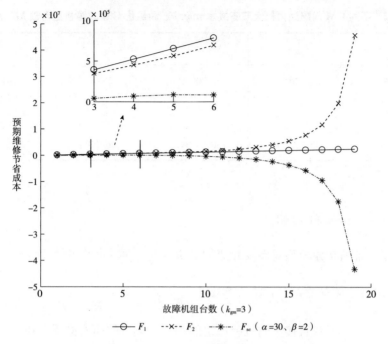

图 8-8　第三个 GM 内不同维修策略下的维修成本

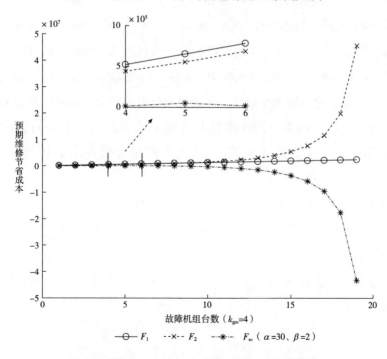

图 8-9　第四个 GM 内不同维修策略下的维修成本

表 8-2   不同 GM 间隔期内最大节省成本 max F_{sc} 和最优 GM 故障机组台数 M^* 的变化

GM 间隔期	$k_{gm}=1$	$k_{gm}=2$	$k_{gm}=3$	$k_{gm}=4$
N	20	20	20	20
M^*	5	5	5	5
max F_{sc}	152797.987	130354.047	88196.478	52388.948

8.4.2 灵敏性分析

为了验证所构建模型对涉及参数的灵敏程度，对其进行灵敏性分析。

8.4.2.1 威布尔分布参数的灵敏性

由于故障率函数直接影响故障机组的到达时刻，故而有必要分析参数 α 和 β 变化时对模型目标函数最优解 M^* 和 max F_{sc} 的影响，这里选取 $k_{gm}=1$ 和 $k_{gm}=2$ 两个 GM 间隔期进行对比分析。当 $\alpha=30$ 时，图 8-10 至图 8-11 及表 8-3 给出了不同 $\beta(\beta>1)$ 值下目标函数 F_{sc} 的趋势和模型最优解 M^* 和 max F_{sc} 的变化情况。可以看出，β 取值越大，模型最优解 M^* 和 max F_{sc} 也越大。这是因为 β 的值较大意味着机组故障率的增加速度越快，导致风电机组的平均运行时间间隔减小，等待时间也随着减小，那么与传统维修策略相比，在单位时间的停机损失 C_d 远小于维修准备成本 C_{set} 的情况下，GM 故障机组台数越多必然使得 max F_{sc} 越大。

值得注意的是，在不同的 GM 间隔期内，β 对 M^* 和 max F_{sc} 的影响程度不同，在第二个 GM 间隔期内，随着 β 取值的变大，模型最优解 M^* 和 max F_{sc} 均增加，但是与第一个 GM 间隔期内 max F_{sc} 相比，第二个 GM 间隔期内的 max F_{sc} 有所降低，且模型最优解 M^* 在 $\beta=4$ 和 $\beta=5$ 时比第一个 GM 间隔期内的最优解 M^* 大，如表 8-3 所示。

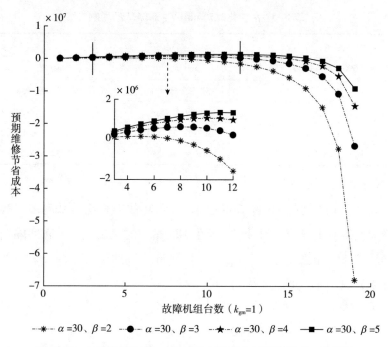

图 8-10 β 变化时对第一个 GM 间隔期内目标函数 F_{sc} 的影响

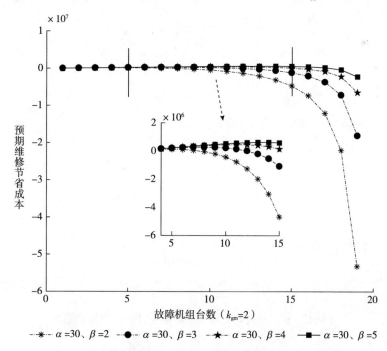

图 8-11 β 变化时对第二个 GM 间隔期内目标函数 F_{sc} 的影响

表 8-3 β 变化时对 $\max F_{sc}$ 和 M^* 的影响

参数	$k_{gm} = 1$		$k_{gm} = 2$	
$\alpha = 30$、$C_{set} = 80000$、$C_f = 1000$、$C_d = 10000$	$\max F_{sc}$	M^*	$\max F_{sc}$	M^*
$\beta = 2$	152797.987801	5	130354.046954	5
$\beta = 3$	626989.179514	8	283651.362123	8
$\beta = 4$	1065168.235490	10	467191.536086	11
$\beta = 5$	1344039.448245	11	631354.619191	14

而在同一个 GM 间隔期内，β 取值越大，GM 故障机组台数越多，故障机组台数的增加使得 GM 开始时刻后移，而由 GM 结束时刻决定的 GM 间隔期的结束时刻也必然后移。如当 $k_{gm} = 1$ 和 $k_{gm} = 2$ 时，GM 间隔期结束时刻 t_1 和 t_2 在不同 β 值下的改变如图 8-12 所示。

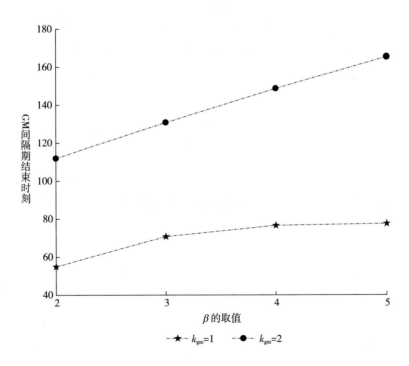

图 8-12 β 变化时对 GM 间隔期结束时刻 t_1 和 t_2 的影响

同理，α 取值的增加意味着风电机组的平均随机寿命增加，在其他条件不变的情况下，每台风电机组的平均运行时间增加，导致先到达的故障机组的等待时间延长，继而停机损失增加，在总的停机损失和维修准备成本的权衡下，模型最优解 M^* 和最大值 $\max F_{sc}$ 必然降低，如表 8-4 及图 8-13 至图 8-15 所显示的一样。

表 8-4　α 变化时对 $\max F_{sc}$ 和 M^* 的影响

参数	$k_{gm}=1$		$k_{gm}=2$	
$\beta=2$、$C_{set}=80000$、$C_f=1000$、$C_d=10000$	$\max F_{sc}$	M^*	$\max F_{sc}$	M^*
$\alpha=25$	209482.729762	6	184797.785228	6
$\alpha=30$	152797.987801	5	152797.987801	5
$\alpha=40$	84320.605539	3	66179.165300	3
$\alpha=45$	64218.266336	3	48616.086730	3

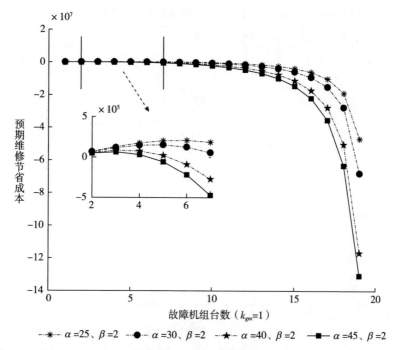

图 8-13　α 变化时对第一个 GM 间隔期内目标函数 F_{sc} 的影响

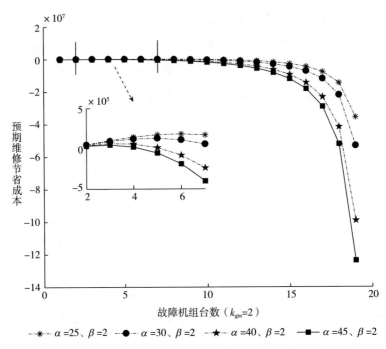

图 8-14 α 变化时对第二个 GM 间隔期内目标函数 F_{sc} 的影响

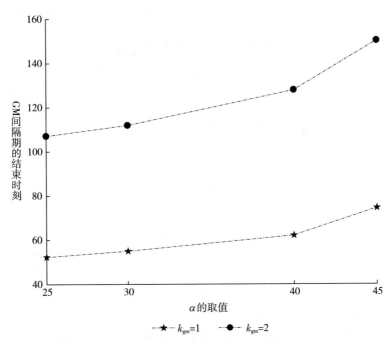

图 8-15 α 变化时对 GM 间隔期结束时刻 t_1 和 t_2 的影响

显然，威布尔分布参数的调整会影响风电场中故障机组到达的概率，进而影响模型最优解。

8.4.2.2 C_{set} 的灵敏性

动态成组非完美维修的目的是通过减少维修次数来节省 C_{set}，那么 C_{set} 的改变必然影响目标函数 F_{sc} 的变化趋势，如图 8-16 至图 8-17 所示。而 M^* 由目标函数 F_{sc} 的最大值确定，必然随着目标函数最大值 $\max F_{sc}$ 的变化而变化。由于 C_d 远小于 C_{set}，在总的停机损失没有超过 C_{set} 的前提下，GM 时故障机组的台数越多越节省维修成本。因此，若 C_{set} 增大，M^* 必然也增加，如表 8-5 所示。而受成组非完美维修的影响，风电机组在第二个 GM 间隔期内平均正常运行时间缩短，故障机组到达得更快，在相同 C_{set} 下，$\max F_{sc}$ 降低，如图 8-18 所示。

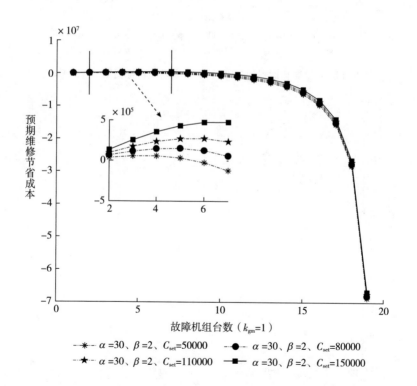

图 8-16 C_{set} 变化时对第一个 GM 间隔期内目标函数 F_{sc} 的影响

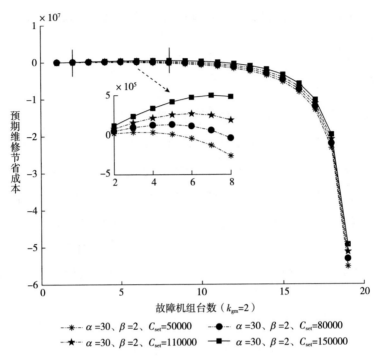

图 8-17 C_{set} 变化时对第二个 GM 内间隔期目标函数 F_{sc} 的影响

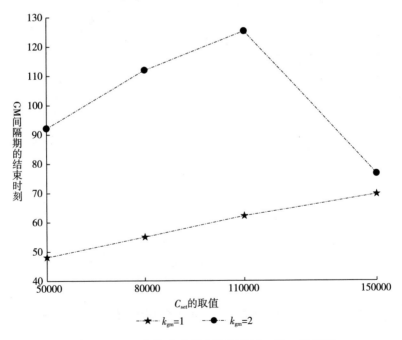

图 8-18 C_{set} 变化时对 GM 结束时刻 t_1 和 t_2 的影响

表 8-5　C_{set} 变化时对 max F_{sc} 和 M^* 的影响

参数	$k_{gm} = 1$		$k_{gm} = 2$	
$\alpha = 30$、$\beta = 2$、$C_f = 1000$、$C_d = 10000$	max F_{sc}	M^*	max F_{sc}	M^*
$C_{set} = 50000$	57797.987801	4	34675.839690	4
$C_{set} = 80000$	152797.987801	5	130354.046954	5
$C_{set} = 110000$	275655.130658	6	267672.415511	6
$C_{set} = 150000$	477303.482307	7	389094.493008	7

8.4.2.3　C_c 的灵敏性

在第一个 GM 间隔期内，故障后维修费用 C_c 的改变不会影响 F_{sc} 的变化趋势，相应地，模型最优解 M^* 和 max F_{sc} 也不会发生变化，见图 8-19 的优化结果和表 8-6 中第 2 列和第 3 列，这一点和第 2 章的静态 GM 结果分析一致。但是在动态成组非完美维修中，维修时间由上一次的维修效果决定，而上一次维修效果取决于 C_c。因此，在第 2 个 GM 间隔期内故障机组的维修时间随着 C_c 的增加而减少，进而导致停机损失的降低，在同样的条件下，目标函数 F_{sc} 的变化趋势上移，max F_{sc} 增加，见图 8-20 的优化结果和表 8-6 中第 4 列。同时，由于第 2 个 GM 间隔期内的维修时间发生了改变，相对应的 GM 间隔期的结束时刻 t_2 定会发生改变，如图 8-21 所示。

表 8-6　C_c 变化时对 max F_{sc} 和 M^* 的影响

参数	$k_{gm} = 1$		$k_{gm} = 2$	
$\alpha = 30$、$\beta = 2$、$C_{set} = 80000$、$C_d = 10000$	max F_{sc}	M^*	max F_{sc}	M^*
$C_c = 500$	152797.987801	5	129866.179833	5
$C_c = 1000$	152797.987801	5	130354.046954	5
$C_c = 5000$	152797.987801	5	131451.476160	5
$C_c = 10000$	152797.987801	5	131907.926426	5

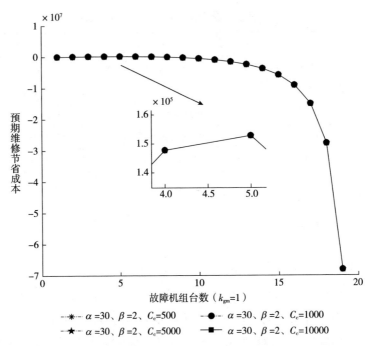

图 8-19 C_c 变化时对第一个 **GM** 间隔期内目标函数 F_{sc} 的影响

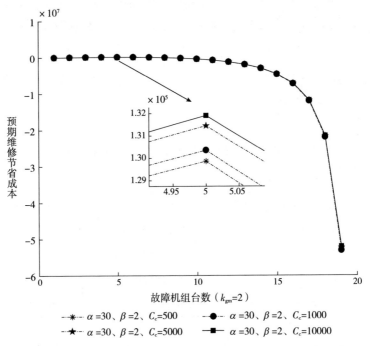

图 8-20 C_c 变化时对第二个 **GM** 间隔期内目标函数 F_{sc} 的影响

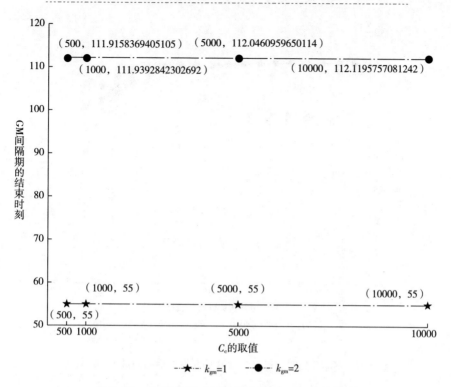

图 8-21 C_c 变化时对 GM 结束时刻 t_1 和 t_2 的影响

8.4.2.4 C_d 的灵敏性

在 GM 中, C_d 增加意味着机组故障后的停机损失增加, 节省成本必然降低, 因此, 在任意 GM 间隔期内, 目标函数 F_{sc} 的变化趋势下降, M^* 和 $\max F_{sc}$ 也会降低, 如表 8-7 及图 8-22 和图 8-23 中放大子图所示。同时, M^* 减少, GM 间隔期的结束时刻也必然提前, 如图 8-24 所示。

表 8-7 C_d 变化时对 $\max F_{sc}$ 和 M^* 的影响

参数	$k_{gm} = 1$		$k_{gm} = 2$	
$\alpha = 30$、$\beta = 2$、$C_{set} = 80000$、$C_f = 1000$	$\max F_{sc}$	M^*	$\max F_{sc}$	M^*
$C_d = 5000$	268651. 741153	7	279547. 246504	7
$C_d = 10000$	152797. 987801	5	130354. 046954	5
$C_d = 15000$	101696. 981702	4	63914. 403507	4
$C_d = 20000$	74860. 681485	3	34870. 052338	3

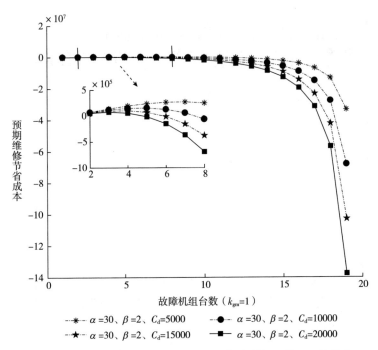

图 8-22 C_d 变化时对第一个 GM 间隔期内目标函数 F_{sc} 的影响

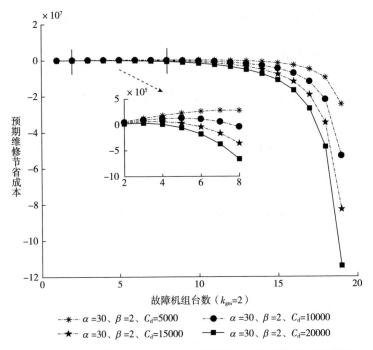

图 8-23 C_d 变化时对第二个 GM 间隔期内目标函数 F_{sc} 的影响

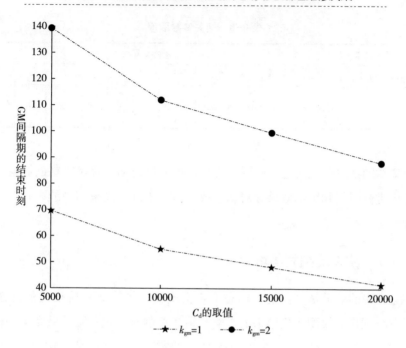

图 8-24　C_d 变化时对 GM 结束时刻 t_1 和 t_2 的影响

8.5　实例分析

以上各参数的灵敏性验证了所提模型的有效性和正确性。一个成熟的维修策略应该对各种情况都是适用的，且随着应用条件的不同，模型的最优解 M^* 和 $\max F_{sc}$ 也是不一样的。为了验证模型的可行性，笔者分析对于不同规模的风电场，最优解 M^* 和 $\max F_{sc}$ 的变化。

本章以第 2 章案例分析部分描述的风电场为研究对象，在表 4-6 的基础上，通过专家评估获得模型中各项参数取值，如表 8-8 所示。

表8-8 相关参数取值

系统	威布尔参数		其他相关参数										
	$\alpha(years)$	β	C_{set}	C_d	C_c	C_v	t_{cm}	t_v	a	b	c	X_1	X_v
风电机组	30	2	15000000	4674150	200000	10000	5	1	2.9	0.061	0.01	26	3

第2章的案例研究讨论了不同风电场规模对静态 GM 最优策略的影响，本章主要分析维修时间和维修效果等对动态成组非完美维修决策结果的影响，并从以下两种情况进行讨论。

8.5.1 动态成组完美维修

一旦 GM 的效果是完美的，动态 GM 实质变成了第2章所描述的静态 GM，不同风电场规模对模型优化结果的影响与第2章静态 GM 实验结果完全一样，这里不再赘述。为了方便与下文非完美 GM 下的实验结果进行对比分析，这里仅给出实验结果（见表8-9）。

表8-9 N 变化时对完美 GM 模型优化结果的影响

N	F_1^p	max F_{sc}^p	M_p^*	节省量	F_1^t	max F_{sc}^t	M_t^*	节省量
$N=30$	76000000.000000	29912631.780094	5	39.36% ↓	60800000.000000	9159831.780094	4	15.07% ↓
$N=45$	136800000.000000	69402389.267727	9	50.73% ↓	106400000.000000	29788134.786930	7	28.00% ↓
$N=60$	228000000.000000	119859175.637086	15	52.57% ↓	182400000.000000	56830620.202303	12	31.16% ↓
$N=80$	349600000.000000	199593638.914619	23	57.09% ↓	288800000.000000	100492208.941116	19	34.80% ↓

8.5.2 动态成组非完美维修

由第3章故障率函数更新模型可知，随着风电机组服务役龄和维修次数的增加，故障率函数呈上升趋势，导致机组连续两次故障之间的平均间隔缩短，同时维修效果的不断下降导致维修时间增加进而加大了故障机组停机成本，在相同 M^* 下，max F_{sc} 必然下降。

图 8-25、图 8-26 和表 8-10 给出了不同风电场规模下目标函数 F_{sc} 的变化趋势和模型优化结果。可以看出，由于在动态成组非完美维修模型中，单台故障机组的固定维修时间 $t_{cm}=5$ 大于动态成组完美维修下的维修时间 $t_{cm}=1$，在第一个 GM 间隔期内，即 $k_{gm}=1$ 时，所有风电机组具有相同的故障率函数，维修时间的增加仅造成传统维修策略下维修成本的增加（见表 8-10 第 2 列），而在同样风电场规模和同样最大节省成本 $\max F_{sc}$ 下，动态成组非完美维修的成本节省量较成组完美维修下有所降低（见表 8-9 最后 1 列和表 8-10 第 5 列），且风电场规模越大，维修时间的影响越明显。但是在第二个 GM 间隔期（$k_{gm}=2$）内，动态成组非完美维修模型下的维修成本不仅受到维修时间的影响，也受到非完美维修效果的影响，导致 $\max F_{sc}$ 降低（见表 8-10 倒数第 3 列）。因此，相同风电场规模下，成本节省百分比必然下降（见表 8-10 最后 1 列）。

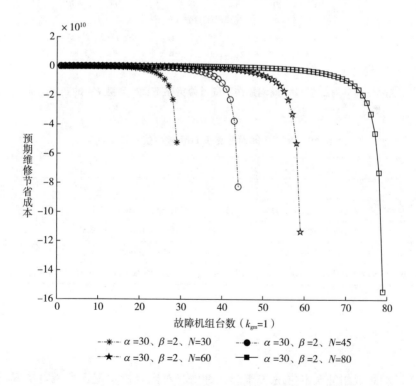

图 8-25　第一个 GM 间隔期内不同维修策略下的目标函数 F_{sc} 变化趋势

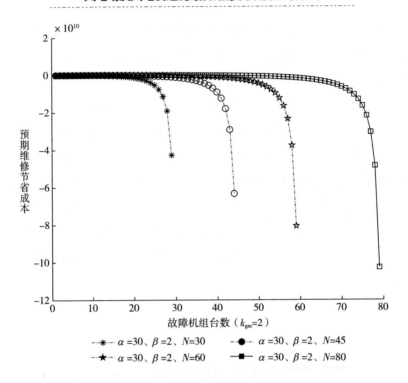

图 8-26　第二个 GM 间隔期内不同维修策略下目标函数 F_{sc} 的变化趋势

表 8-10　N 变化时对非完美 GM 模型优化结果的影响

N	$k_{gm}=1$				$k_{gm}=2$			
	F_1	max F_{sc}	M^*	节省量	F_1	max F_{sc}	M^*	节省量
$N=30$	192853750.000000	29912631.780094	5	15.51%↓	154283000.000000	13520098.685689	4	8.76%↓
$N=45$	347136750.000000	69402389.267727	9	19.99%↓	308566000.000000	35594528.851605	8	11.54%↓
$N=60$	578561250.000000	119859175.637086	15	20.72%↓	539990500.000000	68883154.211689	14	12.76%↓
$N=80$	887127250.000000	199593638.914619	23	22.50%↓	925698000.000000	121450417.751709	24	13.12%↓

8.5.3　结果分析

通过动态成组完美和非完美维修两种情况对比分析发现，当风电场规模较小时，维修时间对 GM 优化结果的影响较小，但是随着风电场规模的增加，维修时间和非完美维修效果对 GM 优化结果的影响越来越显著。因此，对于较大规模的风电场必须考虑维修时间和非完美维修效果的影响。

本章小结

为了使成组维修决策控制方法更贴近风电场的实际运维特性，在第 5 章和第 6 章故障率函数更新模型的基础上，本章提出了考虑非完美维修效果的风电场动态成组维修决策模型，主要研究结论有如下两点：

（1）在第一个成组维修间隔期内，模型各参数的灵敏性及模型的优化结果与第 2 章静态成组维修完全一致。但是随着成组维修间隔期的增加，受非完美维修效果的影响，参数的灵敏性及模型优化结果不断发生改变，其中最为显著的是机组故障后的维修费用。

（2）对于不同规模的风电场而言，维修时间和非完美维修效果对动态成组维修优化结果具有动态性，且风电场规模越大，二者对最优维修策略的影响越明显，而本章所提模型的经济性效果越显著。

第 9 章

考虑状态维修的风电场成组维修决策建模与优化

　　第 1 章至第 4 章的研究结果表明，准确评估系统的性能水平是制定维修策略的关键，同时也验证了从风电场视角研究 GM 对提高风电行业的经济效益具有显著效果。然而，在实际工程中，机组故障通常不是瞬时发生的，从最初的缺陷状态到最后的故障状态需要一个过程，且在故障发生前均有一些状态特征。因此，仅从 TBM 角度分析风电场的 GM 难免产生维修不足或维修过剩。随着信息技术的发展，大部分机组关键部件都已配备了传感器、监测器等装置，CBM[134] 在风电场的应用也越来越广泛。为此，亟须从 CBM 的角度评估机组的性能水平，以保障 GM 策略在风电场合理、有效地实施。虽然国内外学者提出了一些关于机组关键部件 GM 的决策模型，但鲜有从风电场视角分析多设备并联系统状态 GM 的研究。

　　因此，本章在第 5 章、第 6 章和第 8 章 GM 框架的基础上，提出了一种结合 CBM 的风电场 GM 决策建模和优化方法。首先，利用 CBM 策略对单台风电机组进行状态建模；其次，分析了融合 CBM 后风电场的 GM 框架，并进一步推导了机组的稳态概率密度函数；最后，分别通过数值实验和案例分析验证了所提模型的正确性和经济性。

9.1　系统描述

　　本章依然研究由多台存在经济依赖性的相同机组组成的多设备并联风电场系统的 GM 决策建模与优化问题。

9.1.1　单台风电机组状态建模

　　系统的状态与每台风电机组的状态直接相关，由于受到疲劳磨损累计劣化的影响，任意风电机组 $i(i=1, 2, \cdots, N)$ 的劣化过程都可以描述成一个具有如下特征的连续退化过程。

（1）风电机组 i 在 t 时刻的劣化状态 x_i^t 是一个非减随机变量，当 $t=0$ 时，有 $x_i^0=0$，表示风电机组 i 初始运行，状态全新。

（2）随着时间的推移，x_i^t 不断增加，当其超过给定故障维修阈值 D_f，即 $x_i^t \geqslant D_f$ 时，表示第 i 台风电机组发生停机性故障。

（3）风电机组 i 单位时间 Δt 的劣化增量 $\Delta x_i^k = x_i^{k\Delta t} - x_i^{(k-1)\Delta t}$（$k \in N^+$）是非负平稳且独立的随机变量，服从概率密度函数为 $f(x)$ 的分布。显然，t 个单位时间的劣化增量 Δx_i^k 服从概率密度函数为 $f^{(t)}(x)$ 的分布，$f^{(t)}(x)$ 是 $f(x)$ 的 t 次卷积，且 $f(x)$ 是连续函数。

由 N 台机组组成的风电场在 t 时刻的联合状态可以表示为（x_1^t，x_2^t，$\cdots$，x_N^t）

9.1.2　模型假设

由于风电场运维的复杂性，有必要通过简化系统来提高维修措施的可实践性。为此，给出以下假设：

（1）采取周期性检测，检测瞬时完成，每次检测成本 C_{ins} 固定。

（2）为系统中每台风电机组定义了相同的故障维修阈值 D_f，且只要检测时劣化状态超过该阈值，就认为机组发生了停机性故障。

（3）与较长的运行周期相比，较短的维修时间可以忽略不计。

（4）每台风电机组涉及的费用包括故障后维修费用 C_c、单位时间停机损失 C_d 及维修准备成本 C_{set}。

（5）由于机组被视为一个整体来进行研究，机组之间除经济相关性外，随机相关性和结构相关性并不显著，故模型中主要考虑风电机组之间的经济相关性。

9.1.3　状态成组维修策略

基于以上假设，本章提出了多设备并联系统的状态 GM 策略，具体描述如下：

（1）每隔一定检测周期 T，利用状态监测技术获取系统中所有风电机组的劣化状态 x_i。

（2）在每个检测时刻，若风电机组 i 的劣化状态 x_i 达到 $x_i \geqslant D_f$，则表明该风电机组发生了停机性故障，发电量的损失为 100%。令 m 表示系统中故障机组台数，有：

$$m = \sum_{l=0}^{N} n_l \qquad (9-1)$$

其中

$$n_l = \begin{cases} 0 & x_i < D_f \\ 1 & x_i \geqslant D_f \end{cases} \qquad (9-2)$$

（3）若故障机组台数 m 在检测点 KT 处满足 $m \geqslant M$（这里 M 表示对风电场实施成组维修时的最优故障机组台数），立即对故障机组实施成组维修，此时风电场成组维修间隔期为 KT，相应的维修费用为 $C(M, T)$。

（4）除上述情况外，不对风电机组作任何处理。

GM 是瞬时完成的，且维修后机组性能恢复如新。考虑风电机组之间的功能和规格相同，维修准备工作相同，认为 GM 只需要支付一次维修准备成本 C_{set}，且与故障机组数量无关。

9.2　状态成组维修模型

系统在无限时间域内的单位时间成本（费用率或者成本率）是维修优化主要的优化目标之一。在本章所构建的状态 GM 模型中，每一个检测点均为一个维修决策点，根据在此刻风电场中的故障机组台数决定是否实施维修。一旦维修，系统中的故障机组恢复如新，未被维修的风电机组的劣化状态不变，从而系统产生了新联合状态，并在此基础上继续劣化。显然，风电场系统的劣化具有半更新特性，每一个状态 GM 间隔期 KT 为一个半更新周期。令 $E[C(M, T)]$ 和 $E(KT)$ 分别表示一个半更新周期内风电场系统的平均总成本和平均共检测周期数，根据半更新定理，状态 GM 模型的成本率模型可以表示为：

$$CR(M, T) = \min \frac{E[C(M, T)]}{E(KT)} \qquad (9-3)$$

9.2.1　系统状态成组维修概率的确定

在系统状态 GM 中，系统在一个半更新周期内的平均总成本由总维修费用、总停机等待损失以及总检测成本三部分组成，这三者依次与 GM 时的最优故障机组台数 M、每台故障机组的平均等待时间以及周期性检测次数有关，而无论前三者还是后三者，均取决于风电场系统在每个检测点处进行状态 GM 的概率以及在维修间隔期内所有故障机组的总平均等待时间 $E(W)$。因此，下文首先分析系统在每个检测点的维修需求概率和 $E(W)$。

假设第一个检测周期发生的起始时刻为 0，每隔一个固定检测周期 T 对系统中所有风电机组进行状态检测，若在第 K 个检测点 KT 处，系统中故障机组的台数 m_{total}^{KT} 满足 $m_{\text{total}}^{KT} \geq M$，立即实施状态成组维修，此时状态成组维修间隔期为 KT，如图 9-1 所示，图中，m_{kT} 表示在检测点 kT 处系统中新增故障机组台数，$m_{\text{total}}^{kT} = \sum_{j=1}^{k} m_{jT}$ 表示在检测点 kT 处系统中总故障机组台数。

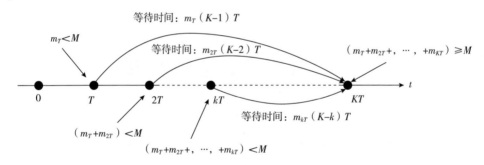

图 9-1　各检测点处故障机组台数及等待时间关系

具体分析如下：

（1）经过第一个检测周期，在检测点 T 处，风电机组 i 的劣化状态为 x_i^T，其发生停机性故障的概率可表示为 $\Pr(x_i^T \geq D_f)$，则没有发生停机性故障的概率为 $\Pr(x_i^T < D_f) = 1 - \Pr(x_i^T \geq D_f)$。由于风电场中所有风电机组劣化过程相互独立且具有相同分布，那么在第一个检测点 T 处有 $m_T(m_T < M)$ 台故障机组到达的概率表示为：

$$g_T(m_T, N) = \prod_{p=1}^{m_T} \left[\Pr(x_p^T \geq D_f) \right] \prod_{q=1}^{N-m_T} \left[\Pr(x_q^T < D_f) \right] \tag{9-4}$$

状态 GM 的维修间隔是 KT，意味着在第 K 个检测点 KT 处对风电场中所有故障机组实施维修，在此之前不作任何处理。因此在第一个检测点 T 处，每台故障机组的等待维修时间为 $(K-1)T$，与较长等待时间相比，在同一检测点处相邻两台故障机组的时间间隔忽略不计，考虑 m_T 所有取值，即 $m_T = 0,1,\cdots,M-1$，则 m_T 台故障机组总平均等待时间 $E(W_T)$ 表示为：

$$E(W_T) = \sum_{m_T=0}^{M-1} \{g_T(m_T,\ N)[m_T(K-1)T]\} \tag{9-5}$$

（2）经过第二个检测周期，在第二个检测点 $2T$ 处，风电机组 i 的劣化状态为 x_i^{2T}，发生停机性故障的概率表示为 $\Pr(x_i^{2T} \geqslant D_f)$，则没有发生停机性故障的概率为 $\Pr(x_i^{2T} < D_f) = 1 - \Pr(x_i^{2T} \geqslant D_f)$。在第一个检测点 T 处已经有 m_T 台故障机组到达，意味着此时系统中正常运行机组台数为 $(N-m_T)$，那么在第二个检测点 $2T$ 处有 $m_{2T}(m_{2T}<M-m_T)$ 台故障机组到达的可能性为：

$$g_{2T}(m_{2T},\ N-m_T) = \prod_{p=1}^{m_{2T}} \left[\Pr(x_p^{2T} \geqslant D_f)\right] \prod_{q=1}^{N-m_T-m_{2T}} \left[\Pr(x_q^{2T} < D_f)\right] \tag{9-6}$$

此时在第二个检测点 $2T$ 处，每台故障机组的等待时间为 $(K-2)T$，考虑 m_{2T} 所有可能取值，即 $m_{2T} = 0,1,\cdots,(M-m_T-1)$，则 m_{2T} 台故障机组的总平均等待时间 $E(W_{2T})$ 表示为：

$$E(W_{2T}) = \sum_{m_T=0}^{M-1} \sum_{m_{2T}=0}^{M-m_T-1} \{g_{2T}(m_{2T},\ N-m_T)[m_{2T}(K-2)T]\} \tag{9-7}$$

（3）同理，在任意检测点 $kT(k=1,2,\cdots,K-1)$ 处，系统中有 m_{kT}［此处 m_{kT} 的取值范围为 $m_{kT}=0,1,2,\cdots,M-m_{total}^{(k-1)T}$］台故障机组到达的可能性表示为：

$$g_{kT}(m_{kT},\ N-m_{total}^{(k-1)T}) = \prod_{p=1}^{m_{kT}} \left[\Pr(x_p^{kT} \geqslant D_f)\right] \prod_{q=1}^{N-m_{total}^{kT}} \left[\Pr(x_q^{kT} < D_f)\right] \tag{9-8}$$

显然，在任意检测点 kT 处，每台故障机组的等待时间为 $(K-k)T$，m_{kT} 台故障机组总平均等待时间 $E(W_{kT})$ 为：

$$E(W_{kT}) = \sum_{m_T=0}^{M-1} \sum_{m_{2T}=0}^{M-1-m_T} \cdots \sum_{m_{(k-1)T}=0}^{M-1-m_{total}^{(k-2)T}} \sum_{m_{kT}=0}^{M-1-m_{total}^{(k-1)T}} \{g_{kT}[m_{kT},\ N-m_{total}^{(k-1)T}][m_{kT}(K-k)T]\}$$
$$\tag{9-9}$$

系统在 KT 处进行状态成组维修，意味着在前 $(K-1)$ 个检测点 $(K-1)T$

处，系统中故障机组总台数 $m_{\text{total}}^{(K-1)T}$ 没有达到最优故障机组台数 M，即 $m_{\text{total}}^{(K-1)T} < M$，而在第 K 个检测点 KT 处，新增了 m_{KT} 台故障机组，此时系统中故障机组总台数 m_{total}^{KT} 满足 $M \leqslant m_{\text{total}}^{KT} < N$，有 $M - m_{\text{total}}^{(K-1)T} \leqslant m_{KT} < [N - m_{\text{total}}^{(K-1)T}]$。显然，系统在 KT 处进行状态 GM 必须满足以下两个条件：

$$\begin{cases} m_{\text{total}}^{(K-1)T} < M \\ M - m_{\text{total}}^{(K-1)T} \leqslant m_{KT} < [N - m_{\text{total}}^{(K-1)T}] \end{cases} \tag{9-10}$$

由于 K 的取值具有随机性，有必要讨论当 K 取不同值（$K=1$，2，$\cdots$，）时，系统在 KT 处进行状态 GM 的概率，具体分析如下：

1）当 $K=1$ 时，说明在第一个检测点 T 处，风电场系统中总故障机组台数 m_{total}^T 满足 $M \leqslant m_{\text{total}}^T < N$，在此处进行状态 GM 的概率表示为：

$$G_T(m_T, N) = \sum_{m_T=M}^{N} \prod_{p=1}^{m_T} [\Pr(x_p^T \geqslant D_f)] \prod_{q=1}^{N-m_T} [\Pr(x_q^T < D_f)] = 1 - \sum_{m_T=0}^{M-1} g_T(m_T, N) \tag{9-11}$$

2）当 $K=2$ 时，意味着在第二个检测点 $2T$ 处，系统中总故障机组台数 m_{total}^{2T} 满足 $M \leqslant m_{\text{total}}^{2T}$，且 $m_T < M$，符合式（9-10）所示的条件。此时进行状态 GM 的概率表示为：

$$\begin{aligned} G_{2T}(m_{2T}, N-m_T) &= \sum_{m_T=0}^{M-1} g_T(m_T, N) \times \left\{ \sum_{m_{2T}=M-m_T}^{N-m_T} \prod_{p=1}^{m_{2T}} [\Pr(x_p^{2T} \geqslant D_f)] \right. \\ & \left. \prod_{q=1}^{N-m_T-m_{2T}} [\Pr(x_q^{2T} < D_f)] \right\} \\ &= \sum_{m_T=0}^{M-1} g_T(m_T, N) \times \left[1 - \sum_{m_{2T}=0}^{M-1-m_T} g_{2T}(m_{2T}, N-m_T) \right] \end{aligned} \tag{9-12}$$

3）当 $K=3$ 时，在第三个检测点 $3T$ 处，总故障机组台数 m_{total}^{3T} 满足 $N > m_{\text{total}}^{3T} \geqslant M$ 和 $m_{\text{total}}^{2T} < M$。此时状态 GM 的概率可以表示为：

$$G_{3T}(m_{3T}, N-m_{\text{total}}^{2T})$$

$$= \prod_{k=1}^{2} \left\{ \sum_{m_T=0}^{M-1} \sum_{m_{2T}=0}^{M-1-m_T} [g_{kT}(m_{kT}, N-m_{\text{total}}^{(k-1)T})] \right\}$$

$$\left\{ \sum_{m_{3T}=M-m_{\text{total}}^{2T}}^{N-m_{\text{total}}^T} \prod_{p=1}^{m_{2T}} \left[\Pr(x_p^{3T} \geqslant D_f) \right] \prod_{q=1}^{N-m_{\text{total}}^{3T}} \left[\Pr(x_q^{3T} < D_f) \right] \right\}$$

$$= \prod_{k=1}^{2} \left\{ \sum_{m_T=0}^{M-1} \sum_{m_{2T}=0}^{M-1-m_T} \left[g_{kT}(m_{kT},\ N-m_{\text{total}}^{(k-1)T}) \right] \right\} \left[1 - \sum_{m_{3T}=0}^{M-1-m_{\text{total}}^{2T}} g_{3T}(m_{3T},\ N-m_{\text{total}}^{2T}) \right]$$

$$(9-13)$$

4）同理，当 K 取任意值 $l(l \in N^+)$ 时，系统中总故障机组台数 m_{total}^{lT} 同时满足 $M \leqslant m_{\text{total}}^{lT} < N$ 和 $m_{\text{total}}^{(l-1)T} < M$ 两个条件，此时进行状态 GM 的概率为：

$$G_{lT}(m_{lT},\ N-m_{\text{total}}^{(l-1)T}) = \prod_{k=1}^{l-1} \left(\left\{ \sum_{m_T=0}^{M-1} \sum_{m_{2T}=0}^{M-1-m_T} \cdots \sum_{m_{(k-1)T}=0}^{M-1-m_{\text{total}}^{(k-2)T}} \sum_{m_{kT}=0}^{M-1-m_{\text{total}}^{(k-1)T}} \left[g_{kT}(m_{kT},\ N-m_{\text{total}}^{(k-1)T}) \right] \right\} \right) \times$$

$$\left\{ \sum_{m_{lT}=M-m_{\text{total}}^{(l-1)T}}^{N-m_{\text{total}}^{(l-1)T}} \prod_{p=1}^{m_{lT}} \left[\Pr(x_p^{lT} \geqslant D_f) \right] \prod_{q=1}^{N-m_{\text{total}}^{lT}} \left[\Pr(x_q^{lT} < D_f) \right] \right\}$$

$$= \prod_{k=1}^{l-1} \left(\left\{ \sum_{m_T=0}^{M-1} \sum_{m_{2T}=0}^{M-1-m_T} \cdots \sum_{m_{(k-1)T}=0}^{M-1-m_{\text{total}}^{(k-2)T}} \sum_{m_{kT}=0}^{M-1-m_{\text{total}}^{(k-1)T}} \left[g_{kT}(m_{kT},\ N-m_{\text{total}}^{(k-1)T}) \right] \right\} \right) \times$$

$$\left[1 - \sum_{m_{lT}=0}^{M-1-m_{\text{total}}^{(l-1)T}} g_{lT}(m_{lT},\ N-m_{\text{total}}^{(l-1)T}) \right]$$

$$(9-14)$$

在每一个检测点处，只要新增的故障机组没有立即被维修均会产生等待时间，因此故障机组产生等待时间的可能性等价于在每一个检测点处系统不进行 GM 的可能性。所以，对每一个检测点处新增故障机组的等待时间进行全概率求和，可以得到系统中所有故障机组的总平均等待时间 $E(W)$：

$$E(W) = \sum_{l=1}^{\infty} \sum_{k=1}^{l-1} E(W_{kT})$$

$$= \sum_{l=1}^{\infty} \sum_{k=1}^{l-1} \left(\sum_{m_T=0}^{M-1} \sum_{m_{2T}=0}^{M-1-m_T} \cdots \sum_{m_{(k-1)T}=0}^{M-1-m_{\text{total}}^{(k-2)T}} \sum_{m_{kT}=0}^{M-1-m_{\text{total}}^{(k-1)T}} \left\{ \left[m_{kT}(l-k)T \right] \times g_{kT} \left[m_{kT},\ N-m_{\text{total}}^{(k-1)T} \right] \right\} \right) \times$$

$$\left\{ 1 - \sum_{m_{lT}=0}^{M-1-m_{\text{total}}^{(l-1)T}} g_{l\tau} \left[m_{lT},\ N-m_{\text{total}}^{(l-1)T} \right] \right\}$$

$$(9-15)$$

同理，由于系统的状态 GM 间隔期 KT 的长度取决于 K 值，而 K 值由系统在第 K 个检测点是否进行维修决定，因此，K 取任意值 $l(l \in N^+)$ 的概率等价于在第 K 个检测点进行成组维修的概率，即 $\Pr(K=l) = G_{lT} \left[m_{lT},\ N-m_{\text{total}}^{(l-1)T} \right]$，遍历 K

所有取值，$E(KT)$ 可以表示为：

$$E(KT) = \sum_{l=1}^{\infty} (lT) \times \Pr(K=l) = \sum_{l=1}^{\infty} \left\{ lT \times G_{lT}\left[m_{lT}, \ N - m_{\text{total}}^{(l-1)T} \right] \right\}$$

$$= \sum_{l=1}^{\infty} \left[lT \times \left(\prod_{k=1}^{l-1} \left\{ \sum_{m_T=0}^{M-1} \sum_{m_{2T}=0}^{M-1-m_T} \cdots \sum_{m_{(k-1)T}=0}^{M-1-m_{\text{total}}^{(k-2)T}} \sum_{m_{kT}=0}^{M-1-m_{\text{total}}^{(k-1)T}} \left[g_{kT}(m_{kT}, \ N - m_{\text{total}}^{(k-1)T}) \right] \right\} \right) \times \right.$$

$$\left. \left\{ 1 - \sum_{m_{lT}=0}^{M-1-m_{\text{total}}^{(l-1)T}} g_{lT}\left[m_{lT}, \ N - m_{\text{total}}^{(l-1)T} \right] \right\} \right] \tag{9-16}$$

9.2.2　成本率模型

当 K 取某一确定值 $l(l \in N^+)$ 时，系统进行状态 GM 的费用可以表示为：

$$C(M, T) = (C_c + C_{\text{set}} + lC_{\text{ins}}) \times G_{lT}\left[m_{lT}, \ N - m_{\text{total}}^{(l-1)T} \right] + C_d E(W) \tag{9-17}$$

遍历 K 所有可能的取值，系统状态 GM 的平均费用 $E[C(M, T)]$ 可以表示为：

$$E[C(M, T)] = \left\{ \sum_{l=1}^{\infty} \left[(C_c + C_{\text{set}} + lC_{\text{ins}}) \times G_{lT}\left(m_{lT}, \ N - m_{\text{total}}^{(l-1)T} \right) \right] \right\} + C_d E(W) \tag{9-18}$$

那么，风电场系统状态 GM 的成本率模型可以表示为：

$$CR(M, T) = \frac{E[C(M, T)]}{E(KT)} = \frac{\left\{ \sum_{l=1}^{\infty} \left[(C_c + C_{\text{set}} + lC_{\text{ins}}) \times G_{lT}(m_{lT}, \ N - m_{\text{total}}^{(l-1)T}) \right] \right\} + C_d E(W)}{\sum_{l=1}^{\infty} (lT) \times \Pr(K=l)}$$

$$= \frac{\begin{aligned}&\left\{ \sum_{l=1}^{\infty} \left[(C_c + C_{\text{set}} + lC_{\text{ins}}) \times G_{lT}\left(m_{lT}, \ N - m_{\text{total}}^{(l-1)T} \right) \right] \right\} + \\ &C_d \left\{ \sum_{l=1}^{\infty} \sum_{k=1}^{l-1} \left[\sum_{m_T=0}^{M-1} \sum_{m_{2T}=0}^{M-1-m_T} \cdots \sum_{m_{(k-1)T}=0}^{M-1-m_{\text{total}}^{(k-2)T}} \sum_{m_{kT}=0}^{M-1-m_{\text{total}}^{(k-1)T}} \left((m_{kT}(l-k)T) \times \right. \right. \right. \\ &\left. \left. \left. g_{kT}(m_{kT}, \ N - m_{\text{total}}^{(k-1)T}) \right) \right] \times \left[1 - \sum_{m_{lT}=0}^{M-1-m_{\text{total}}^{(l-1)T}} g_{lT}(m_{lT}, \ N - m_{\text{total}}^{(l-1)T}) \right] \right\}\end{aligned}}{\sum_{l=1}^{\infty} \left\{ lT \times G_{lT}\left[m_{lT}, \ N - m_{\text{total}}^{(l-1)T} \right] \right\}} \tag{9-19}$$

9.3 风电机组的稳态概率密度函数

由上文分析可知，系统的联合状态与每台风电机组的劣化状态密切相关，而每台风电机组的劣化状态受到上一检测点是否被 GM 的影响。此时，机组的劣化状态不能单纯地通过单位时间的劣化增量来确定。因此，本章通过推导稳态概率密度函数 $\Omega(x_i)$ 来描述机组在状态 GM 策略下的状态演化过程。

9.3.1 风电机组的维修情景分析

风电机组 i 在任意时刻 t 的维修情景有两种：维修和未维修，而风电机组 i 在任意时刻 t 维修的条件不仅取决于自身劣化状态满足 $x_i^t \geq D_f$，而且系统中总故障机组台数在 t 时刻还必须满足 $m \geq M$。相反，风电机组 i 在时刻 t 不维修的情况有以下两种：①风电机组 i 在时刻 t 的劣化状态满足 $x_i^t \geq D_f$，而 t 时刻系统中总故障机组台数没有达到 M，即 $m < M$；②风电机组 i 在时刻 t 的劣化状态不超过 D_f，即 $x_i^t < D_f$。显然，后一种情况下风电机组 i 一定不会被维修，且此种情况和系统中故障机组台数无关。

由此分析在两种维修情况下，风电机组 i 在一个半更新周期 T 内的状态转移（见图 9-2）的全概率特性，即可推导出表征风电机组 i 劣化过程的稳态概率密度函数 $\Omega(x_i)$。

令 $y = (y_1, y_2, \cdots, y_N)$、$y' = (y'_1, y'_2, \cdots, y'_N)$ 和 $x = (x_1, x_2, \cdots, x_N)$ 分别表示系统在一个半更新周期 T 开始时刻维修前后以及结束时刻的劣化状态，其中，y_i、y'_i 和 x_i 代表风电机组 i 在这个检测周期开始时刻维修前后以及结束时刻的劣化状态。

（1）若风电机组 i 在达到劣化状态 x_i 前维修过，那么风电机组 i 自身肯定发生了停机性故障，其概率由故障前的状态 y_i 决定，表示为 $\int_{D_f}^{\infty} \Omega(y_i) dy = 1 - \int_0^{D_f} \Omega(y_i) dy$。而且系统中总故障机组台数 m 满足 $m \geq M$，即系统此刻状态 $x = (x_1, x_2, \cdots, x_N)$

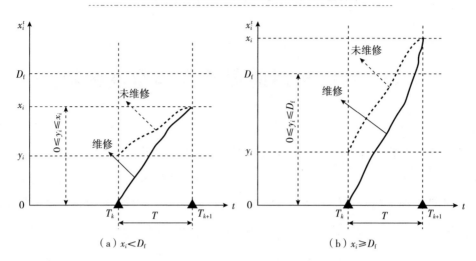

图 9-2　一个半更新周期内风电机组 i 的劣化状态转换

中至少有 M 台风电机组的劣化状态恢复为 0，考虑 m 所有可能性 $m=M$，$M+$ 1，$\cdots$，N，系统 GM 的概率为 $\sum\limits_{m=M}^{N} C_N^m \prod\limits_{p=1}^{m}\left[1-\int_0^{D_f}\Omega(y_p)\mathrm{d}y\right]\prod\limits_{q=1}^{N-m}\left[\int_0^{D_f}\Omega(y_q)\mathrm{d}y\right]$。因此，风电机组 i 被维修的概率可表示为 $\left[1-\int_0^{D_f}\Omega(y_i)\mathrm{d}y\right]\sum\limits_{m=M}^{N} C_N^m \prod\limits_{p=1}^{m-1}\left[1-\int_0^{D_f}\Omega(y_p)\mathrm{d}y\right]$ $\prod\limits_{q=1}^{N-m}\left[\int_0^{D_f}\Omega(y_q)\mathrm{d}y\right]$。此时，T 个单位时间内风电机组 i 的劣化增量为（x_i-0）的概率密度函数为 $f^{(T)}(x_i-0)=f^{(T)}(x_i)$。

（2）若风电机组 i 在达到劣化状态 x_i 之前没有被维修过，则存在两种情况：一是风电机组 i 在达到劣化状态 x_i 之前的劣化状态小于维修阈值，即 $y_i<D_f$，即风电机组 i 没有发生停机性故障，那么风电机组 i 一定不会被维修；二是风电机组 i 在达到劣化状态 x_i 前的劣化状态满足 $y_i \geqslant D_f$，但是系统中总故障机组台数 $m<M$。针对这两种情况对风电机组 i 具体分析如下：

1）在风电机组 i 没有发生停机性故障的前提下，风电机组 i 肯定不会参与系统的 GM。

①当 $x_i<D_f$ 时，有 $0 \leqslant y_i \leqslant x_i$，此时风电机组 i 不发生停机性故障的概率可表示为 $\int_0^{x_i}\Omega(y_i)\mathrm{d}y$，T 个单位时间内风电机组 i 的劣化增量为（x_i-y_i）的概率密度

函数表示为 $f^{(T)}(x_i - y_i)$。

②当 $x_i \geq D_f$ 时，若 $y_i \geq D_f$，则风电机组 i 一定会发生停机性故障，这和前提假设矛盾，因此有 $0 \leq y_i < D_f$ 成立，此时风电机组 i 不发生停机性故障的概率可表示为 $\int_0^{D_f} \Omega(y_i)\mathrm{d}y$，$T$ 个单位时间内风电机组 i 的劣化增量为 $(x_i - y_i)$ 的概率密度函数表示为 $f^{(T)}(x_i - y_i)$。

综合以上两种情况可知，风电机组 i 在一个检测周期开始时没有发生停机性故障的概率为 $\int_0^{\min(x_i,\,D_f)} \Omega(y_i)\mathrm{d}y$，由于风电机组 i 在没有发生停机性故障的前提下一定不会被维修，因此风电机组 i 在此种情况下不被维修的概率等同于其不发生停机性故障的概率，即 $\int_0^{\min(x_i,\,D_f)} \Omega(y_i)\mathrm{d}y$。

2）在风电机组 i 发生停机性故障的前提下没有维修的情况只有 $m < M$。此时风电机组 i 发生停机性故障的概率可表示为 $1 - \int_0^{D_f} \Omega(y_i)\mathrm{d}y$，系统中总故障机组台数为 m 的概率为 $C_N^m \prod_{p=1}^{m}\left[1 - \int_0^{D_f}\Omega(y_p)\mathrm{d}y\right]\prod_{q=1}^{N-m}\left[\int_0^{D_f}\Omega(y_q)\mathrm{d}y\right]$，遍历 m 所有可能取值，不对系统实施 GM 的概率为 $\sum_{m=0}^{M-1}C_N^m\prod_{p=1}^{m}\left[1-\int_0^{D_f}\Omega(y_p)\mathrm{d}y\right]\prod_{q=1}^{N-m-1}\left[\int_0^{D_f}\Omega(y_q)\mathrm{d}y\right]$。由于未被维修，$T$ 个单位时间内风电机组 i 的劣化增量为 $(x_i - y_i)$ 的概率密度函数表示为 $f^{(T)}(x_i - y_i)$。

综合以上各种情况，风电机组 i 稳态概率密度函数 $\Omega(x_i)$ 可表示为：

$$\Omega(x_i) = \left[1 - \int_0^{D_f}\Omega(y_i)\mathrm{d}y\right]\sum_{m=M}^{N}C_N^m\prod_{p=1}^{m-1}\left[1-\int_0^{D_f}\Omega(y_p)\mathrm{d}y\right]\prod_{q=1}^{N-m}\left[\int_0^{D_f}\Omega(y_q)\mathrm{d}y\right]f^{(T)}(x_i) +$$

$$\int_0^{\min(x_i,\,D_f)}\Omega(y_i)f^{(T)}(x_i - y_i)\mathrm{d}y +$$

$$\int_{D_f}^{\infty}\Omega(y_i)\mathrm{d}y\left\{\sum_{m=0}^{M-1}C_N^m\prod_{p=1}^{m}\left[1-\int_0^{D_f}\Omega(y_p)\mathrm{d}y\right]\prod_{q=1}^{N-m-1}\left[\int_0^{D_f}\Omega(y_q)\mathrm{d}y\right]f^{(T)}(x_q - y_q)\right\}$$

$$(9-20)$$

显然，式（9-20）是一个关于 $\Omega(x_i)$ 的隐式积分方程，无法求得其解析解，但可通过离散方式计算其数值近似解。

9.3.2　风电机组的稳态概率密度函数求解

为了简化表示，令 $f^{(T)}(x_i) = z(x)$，对式（9-20）作变量代换，考虑到故障机组的到达是相互独立的，则式（9-20）变换为：

$$\Omega(x) = \left[1 - \int_0^{D_f} \Omega(y)\,\mathrm{d}y\right] \sum_{m=M}^{N} C_N^m \prod_{p=1}^{m-1}\left[1 - \int_0^{D_f}\Omega(y_p)\,\mathrm{d}y\right] \prod_{q=1}^{N-m}\left[\int_0^{D_f}\Omega(y_q)\,\mathrm{d}y\right] z(x) \;+$$

$$\int_0^{\min(x,\,D_f)}\Omega(y)z(x-y)\,\mathrm{d}y \;+$$

$$\left[\int_{D_f}^{\infty}\Omega(y)z(x-y)\,\mathrm{d}y\right]\left\{\sum_{m=0}^{M-1} C_N^m \prod_{p=1}^{m}\left[1 - \int_0^{D_f}\Omega(y_p)\,\mathrm{d}y\right] \prod_{q=1}^{N-m-1}\int_0^{D_f}\Omega(y_q)\,\mathrm{d}y\right\}$$

$$= \left[1 - \int_0^{D_f} \Omega(y)\,\mathrm{d}y\right] \sum_{m=M}^{N} C_N^m \left[1 - \int_0^{D_f}\Omega(y)\,\mathrm{d}y\right]^{m-1}\left[\int_0^{D_f}\Omega(y)\,\mathrm{d}y\right]^{N-m} z(x) \;+$$

$$\int_0^{\min(x,\,D_f)}\Omega(y)z(x-y)\,\mathrm{d}y \;+$$

$$\left[\int_{D_f}^{\infty}\Omega(y)z(x-y)\,\mathrm{d}y\right]\left\{\sum_{m=0}^{M-1} C_N^m \left[1 - \int_0^{D_f}\Omega(y)\,\mathrm{d}y\right]^{m}\left[\int_0^{D_f}\Omega(y)\,\mathrm{d}y\right]^{N-m-1}\right\}$$

$$(9-21)$$

式（9-21）中，$\int_0^{D_f}\Omega(y)\,\mathrm{d}y$ 和 $\left[1 - \int_0^{D_f}\Omega(y)\,\mathrm{d}y\right]$ 均是常量，令

$$C_M(m) = \sum_{m=M}^{N} C_N^m\left[1 - \int_0^{D_f}\Omega(y)\,\mathrm{d}y\right]^{m}\left[\int_0^{D_f}\Omega(y)\,\mathrm{d}y\right]^{N-m}$$

$$C_m(m) = \sum_{m=0}^{M-1} C_N^m\left[1 - \int_0^{D_f}\Omega(y)\,\mathrm{d}y\right]^{m}\left[\int_0^{D_f}\Omega(y)\,\mathrm{d}y\right]^{N-m-1} \qquad (9-22)$$

此时式（9-21）可改写为：

$$\Omega(x) = C_M(m)z(x) + \int_0^{\min(x,\,D_f)}\Omega(y)z(x-y)\,\mathrm{d}y \;+$$

$$\left[\int_{D_f}^{\infty}\Omega(y)z(x-y)\,\mathrm{d}y\right] C_m(m) \qquad (9-23)$$

当 $\min(x, D_f) = D_f$ 时，式（9-23）可化简为：

$$\Omega(x) = C_M(m)z(x) + \int_0^{D_f}\Omega(y)z(x-y)\,\mathrm{d}y + \int_{D_f}^{\infty}\Omega(y)z(x-y)\,\mathrm{d}y\, C_m(m) \quad (9-24)$$

此时，式（9-24）满足第二类 Fredholm 积分方程形式。

当 $\min(x, D_f) = x$ 时，式（9-23）可化简为：

$$\Omega(x) = C_M(m)z(x) + \int_0^x \Omega(y)z(x-y)\mathrm{d}y + \int_{D_f}^{\infty} \Omega(y)z(x-y)\mathrm{d}y C_m(m) \quad (9\text{-}25)$$

此时，式（9-25）满足第二类 Volterra 积分方程形式。

根据第二类 Fredholm 和 Volterra 积分方程形式的求解方法可求得式（9-23）的近似数值解。

首先，如式（9-26）所示，在数值计算时采用 $D_{\max}$ 对积分公式中的 ∞ 进行截尾，令 $i_{\max} = \lfloor D_{\max}/h \rfloor$；其次，利用正交近似数值求解方法作变量代换可得：

$$\int_0^{D_f} \Omega(y)\mathrm{d}y = h\sum_{j=1}^{f}\Omega(jh)\,; \quad \int_0^{\min(x,\,D_f)}\Omega(y)z(x-y)\mathrm{d}y = h\sum_{j=1}^{\min(e,\,f)}\Omega(jh)z(x-jh)$$

$$\int_{D_f}^{\infty}\Omega(y)z(x-y)\mathrm{d}y = h\sum_{j=f}^{i_{\max}}\Omega(jh)z(x-jh) \quad (9\text{-}26)$$

where $e = x/h$, $f = D_f/h$

那么，式（9-21）作变量代换后得：

$$\Omega(x) = \left[1 - h\sum_{j=1}^{f}\Omega(jh)\right]\sum_{m=M}^{N}C_N^m\left[1 - h\sum_{j=1}^{f}\Omega(jh)\right]^{m-1}\left[h\sum_{j=1}^{f}\Omega(jh)\right]^{N-m}z(x) +$$

$$h\sum_{j=1}^{\min(e,\,f)}\Omega(jh)z(x-jh) +$$

$$\left[h\sum_{j=f}^{i_{\max}}\Omega(jh)z(x-jh)\right]\sum_{m=0}^{M-1}C_N^m\left[1 - h\sum_{j=1}^{f}\Omega(jh)\right]^{m}\left[h\sum_{j=1}^{f}\Omega(jh)\right]^{N-m-1}$$

$$(9\text{-}27)$$

此时，式（9-27）每一个正交点的近似方程可表示为：

$$\Omega(eh) = \left[1 - h\sum_{j=1}^{f}\Omega(jh)\right]\sum_{m=M}^{N}C_N^m\left[1 - h\sum_{j=1}^{f}\Omega(jh)\right]^{m-1}\left[h\sum_{j=1}^{f}\Omega(jh)\right]^{N-m}z(eh) +$$

$$h\sum_{j=1}^{\min(e,\,f)}\Omega(jh)z(eh-jh) +$$

$$\left[h\sum_{j=f}^{i_{\max}}\Omega(jh)z(eh-jh)\right]\sum_{m=0}^{M-1}C_N^m\left[1 - h\sum_{j=1}^{f}\Omega(jh)\right]^{m}\left[h\sum_{j=1}^{f}\Omega(jh)\right]^{N-m-1}$$

$$= \sum_{m=M}^{N}C_N^m\left[1 - h\sum_{j=1}^{f}\Omega(jh)\right]^{m}\left[h\sum_{j=1}^{f}\Omega(jh)\right]^{N-m}z(eh) +$$

$$h\sum_{j=1}^{\min(e,\,f)}\Omega(jh)z(eh-jh) +$$

$$\left[h\sum_{j=f}^{i_{max}}\Omega(jh)z(eh-jh) \right]\sum_{m=0}^{M-1}C_N^m\left[1-h\sum_{j=1}^{f}\Omega(jh) \right]^m\left[h\sum_{j=1}^{f}\Omega(jh) \right]^{N-m-1}$$

$$(9-28)$$

观察式（9-28）发现，其是非线性隐式积分方程，且次幂的大小由 m 决定，而 m 取值和 M 相关。因此，求解线性方程组的方法不再适用，将其转换成向量形式表达。记 $\Omega=[\Omega(h), \Omega(2h), \cdots, \Omega(i_{max}h)]' \in R^n$，$F=[F(h), F(2h), \cdots, F(i_{max}h)]'$，令 Ω_e 表示向量元素 $\Omega(eh)$，F_e 表示向量元素 $F(eh)$，有：

$$
\begin{cases}
0 = \sum_{m=M}^{N}C_N^m\left[1-h\sum_{j=1}^{f}\Omega(jh) \right]^m\left[h\sum_{j=1}^{f}\Omega(jh) \right]^{N-m}z(h) + \\[2ex]
\quad \left[h\sum_{j=f}^{i_{max}}\Omega(jh)z(h-jh) \right]\sum_{m=0}^{M-1}C_N^m\left[1-h\sum_{j=1}^{f}\Omega(jh) \right]^m\left[h\sum_{j=1}^{f}\Omega(jh) \right]^{N-m-1} + \\[2ex]
\quad h\sum_{j=1}^{min(e,f)}\Omega(jh)z(h-jh) - \Omega(h) \\[3ex]
0 = \sum_{m=M}^{N}C_N^m\left[1-h\sum_{j=1}^{f}\Omega(jh) \right]^m\left[h\sum_{j=1}^{f}\Omega(jh) \right]^{N-m}z(2h) + \\[2ex]
\quad \left[h\sum_{j=f}^{i_{max}}\Omega(jh)z(2h-jh) \right]\sum_{m=0}^{M-1}C_N^m\left[1-h\sum_{j=1}^{f}\Omega(jh) \right]^m\left[h\sum_{j=1}^{f}\Omega(jh) \right]^{N-m-1} + \\[2ex]
\quad h\sum_{j=1}^{min(e,f)}\Omega(jh)z(2h-jh) - \Omega(2h) \\[2ex]
\quad \cdots\cdots \\[2ex]
0 = \sum_{m=M}^{N}C_N^m\left[1-h\sum_{j=1}^{f}\Omega(jh) \right]^m\left[h\sum_{j=1}^{f}\Omega(jh) \right]^{N-m}z(i_{max}h) + \\[2ex]
\quad \left[h\sum_{j=f}^{i_{max}}\Omega(jh)z(i_{max}h-jh) \right]\sum_{m=0}^{M-1}C_N^m\left[1-h\sum_{j=1}^{f}\Omega(jh) \right]^m\left[h\sum_{j=1}^{f}\Omega(jh) \right]^{N-m-1} + \\[2ex]
\quad h\sum_{j=1}^{min(e,f)}\Omega(jh)z(i_{max}h-jh) - \Omega(i_{max}h)
\end{cases}
$$

$$(9-29)$$

$$F(eh) = \sum_{m=M}^{N} C_N^m \left[1 - h\sum_{j=1}^{f}\Omega(jh)\right]^m \left[h\sum_{j=1}^{f}\Omega(jh)\right]^{N-m} z(eh) +$$

$$\left[h\sum_{j=f}^{i_{max}}\Omega(jh)z(eh-jh)\right]\sum_{m=0}^{M-1}C_N^m\left[1-h\sum_{j=1}^{f}\Omega(jh)\right]^m\left[h\sum_{j=1}^{f}\Omega(jh)\right]^{N-m-1} +$$

$$h\sum_{j=1}^{\min(e,f)}\Omega(jh)z(eh-jh) - \Omega(eh) \tag{9-30}$$

此时方程组（9-29）可写为：

$$F(\Omega) = 0 \tag{9-31}$$

为了利用 Matlab 等工具求解此非线性隐式方程组，须将其表示成矩阵形式，此处令矩阵 $K^1 = \{K_{ij}^1\}_{i_{max}\times i_{max}}$、$K^2 = \{K_{ij}^2\}_{i_{max}\times 1}$、$K^3 = \{K_{ej}^3\}_{i_{max}\times i_{max}}$、$K^4 = \{K_{ej}^4\}_{i_{max}\times i_{max}}$、$K^5 = \{K_{ej}^5\}_{i_{max}\times i_{max}}$，其中：

$$K_{ij}^1 = \begin{cases} h & i=1,\cdots,i_{max};\ j=1,\cdots,f \\ 0 & else \end{cases}$$

$$K_{ij}^2 = \begin{cases} 1 & i=1,\cdots,i_{max};\ j=1 \\ 0 & else \end{cases}$$

$$K_{ej}^3 = \begin{cases} z(eh) & e=j\ and\ e=1,\cdots,i_{max};\ j=1,\cdots,f \\ 0 & else \end{cases}$$

$$K_{ej}^4 = \begin{cases} hz(eh-jh) & e=1,\cdots,i_{max};\ j=1,\cdots,\min(e,f) \\ 0 & else \end{cases}$$

$$K_{ej}^5 = \begin{cases} hz(eh-jh) & e=1,\cdots,i_{max};\ j=f,\cdots,i_{max} \\ 0 & else \end{cases} \tag{9-32}$$

此时，式（9-28）转化为：

$$\Omega = K^3\sum_{m=M}^{N}C_N^m(K^2 - K^1\Omega)^m(K^1\Omega)^{N-m} + K^4\Omega +$$

$$K^5\Omega\sum_{m=0}^{M-1}C_N^m(K^2 - K^1\Omega)^m(K^1\Omega)^{N-m-1} \tag{9-33}$$

那么有：

$$F(\Omega) = K^3\sum_{m=M}^{N}C_N^m(K^2 - K^1\Omega)^m(K^1\Omega)^{N-m} + K^4\Omega - I\Omega +$$

$$K^5\Omega\sum_{m=0}^{M-1}C_N^m(K^2-K^1\Omega)^{m+1}(K^1\Omega)^{N-m-1}$$
$$=0 \tag{9-34}$$

此时，问题转化为利用 Matlab 等工具求解该非线性隐式方程组的数值近似解。由于牛顿迭代法具有在单根附近平方收敛的作用，被广泛应用于计算机编程。因此，笔者采用牛顿迭代法，令 $\Delta\Omega^{(0)}=(0,0,\cdots,0)_{i_{max}\times1}^T$，逐次迭代即可得该线性方程组的解 $\Omega(x)$。

9.4　数值实验

通过分析风电场系统中机组劣化状态的演变过程，笔者推导了系统联合状态下的通用稳态概率密度函数 $\Omega(x)$，并以此为基础对状态 GM 模型求解。为了验证此稳态概率密度函数 $\Omega(x)$ 理论分析的正确性，以 Matlab 等工具对其数值解的正确性，以及在具体维修策略中的有效性进行了分析。

9.4.1　稳态概率密度函数模型验证

在数值实验中，通常用指数过程[167,168]和 Gamma 过程[169,170]表示单调非减的劣化过程。因此，本章假设风电机组 i 单位时间的劣化增量服从指数和 Gamma 分布，并在此条件下对 $\Omega(x)$ 进行数值求解。

首先，假设风电机组 i 单位时间的劣化增量 Δx_i 服从概率密度函数为式（9-35）的 Gamma 分布 $\Gamma(\alpha_i,\beta_i)$，则在 t 个单位时间内，风电机组 i 的累计劣化增量 Δx_i^t 服从 $\Gamma(t\cdot\alpha_i,\beta_i)$。

$$f_i(x\mid\alpha_i,\beta_i)=\frac{x^{\alpha_i-1}}{\Gamma(\alpha_i)\beta_i^{\alpha_i}}e^{-\beta_i x},\ x\geq0;\ \Gamma(\alpha_i)=\int_0^\infty x^{\alpha_i-1}\exp(-x)dx,\ \alpha_i>0 \tag{9-35}$$

其次，设风电机组 i 单位时间的劣化增量 Δx_i 服从概率密度函数为式（9-36）的指数分布 $Exp(\lambda_i)$。

$$f_i(z) = \begin{cases} \lambda_i e^{-\lambda_i z} & z > 0 \\ 0 & z \leqslant 0 \end{cases} \tag{9-36}$$

那么 t 个单位时间的劣化增量 Δx_i^t 服从 Gamma 分布 $\Gamma(1, 1/\lambda_i)$，即：

$$f_i^{(t)}(z) = \frac{\lambda_i e^{-\lambda_i z}(\lambda_i z)^{t-1}}{(t-1)!}, \quad (z > 0) \tag{9-37}$$

令 $t=5$、$D_f=20$、$N=20$、$M=6$，用 $D_{\max}=5D_f$ 对式中的积分上限进行截尾，这里假设风电场规模为 $N=20$，状态成组维修时故障机组台数为 $M=6$，图 9-3（a）、图 9-3（b）和图 9-3（c）分别显示了不同劣化参数 α_i、β_i 和 λ_i 下 $\Omega(x)$ 的数值解。

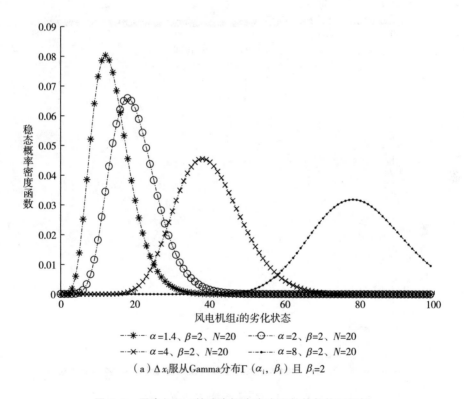

（a）Δx_i 服从 Gamma 分布 $\Gamma(\alpha_i, \beta_i)$ 且 $\beta_i=2$

图 9-3　风电机组 i 的稳态概率密度函数的数值近似解

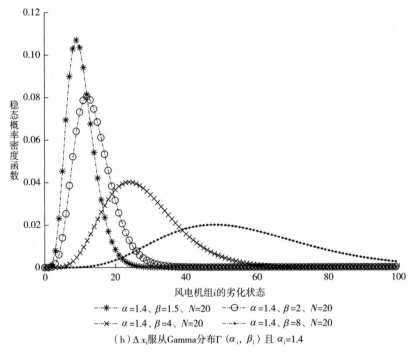

（b）Δx_i服从Gamma分布Γ（α_i，β_i）且 α_i=1.4

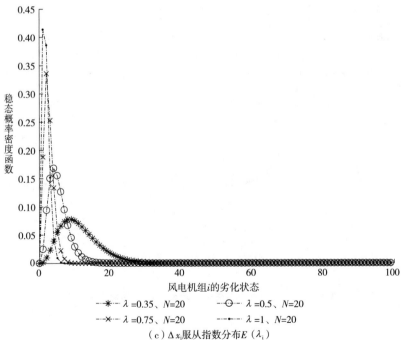

（c）Δx_i服从指数分布E（λ_i）

图 9-3　风电机组 i 的稳态概率密度函数的数值近似解（续）

9.4.2　稳态概率密度函数的正确性分析

为了 $\Omega(x)$ 具有在整个状态域内积分为 1 的一般概率密度函数特性，令 $S = \int_0^\infty \Omega(x)\mathrm{d}x$ 表示 $\Omega(x)$ 在整个状态域内的积分。表 9-1 显示了在不同分布下不同劣化参数下的 s 值，显然所有 s 值均接近 1，说明对 $\Omega(x)$ 的定义及数值求解是正确的。

表 9-1　不同分布下不同劣化参数对应的 $\Omega(x)$ 在整个状态域内的积分值 s

分布	劣化参数	s
Gamma 分布	$\alpha_1 = 1.4$、$\beta_1 = 2$	0.999999979048702
	$\alpha_1 = 2$、$\beta_1 = 2$	0.999999999984613
	$\alpha_1 = 4$、$\beta_1 = 2$	0.999999441358721
	$\alpha_1 = 8$、$\beta_1 = 2$	0.931050872457603
	$\alpha_1 = 1.4$、$\beta_1 = 1.5$	0.999999802804321
	$\alpha_1 = 1.4$、$\beta_1 = 2$	0.999999979048702
	$\alpha_1 = 1.4$、$\beta_1 = 4$	0.999993286341214
	$\alpha_1 = 1.4$、$\beta_1 = 8$	0.964185205800685
指数分布	$\lambda_1 = 0.35$	1.000020240583833
	$\lambda_1 = 0.75$	1.000383398522586
	$\lambda_1 = 1.5$	1.003851847368518
	$\lambda_1 = 2.15$	1.005819530809420

9.4.3　稳态概率密度函数在具体维修策略中的有效性分析

如前文所述，$\Omega(x)$ 是计算系统在每个检查点处实施 GM 概率的基础，而在所构建的状态维修模型中，系统的半更新周期长度 T 和 GM 时故障机组台数 M 是两个关键决策变量，后者的取值范围取决于风电场规模 N。显然，不同的维修周期 T 必然会产生不同的 $\Omega(x)$，对 M 和 N 亦是如此。因此有必要分析 $\Omega(x)$ 对 T、M 和 N 的灵敏性，以此验证 $\Omega(x)$ 在具体维修策略中的有效性。此处选取 Gamma 表征风电机组的劣化过程，结果如图 9-4 所示。

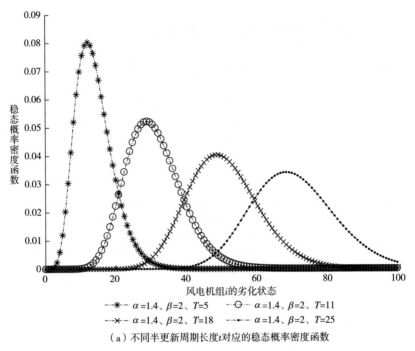

（a）不同半更新周期长度 t 对应的稳态概率密度函数

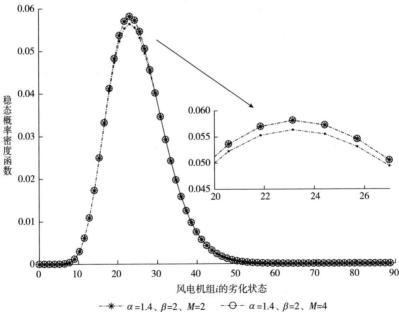

（b）GM时不同故障机组台数 M 对应的稳态概率密度函数

图9-4　不同变量下对应的稳态概率密度函数

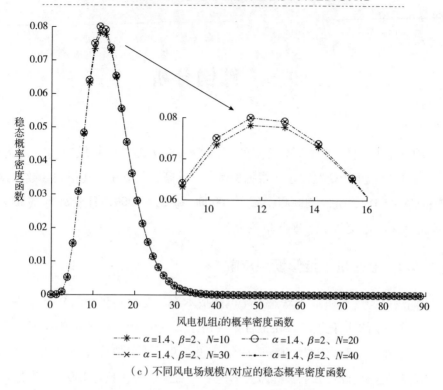

（c）不同风电场规模 N 对应的稳态概率密度函数

图 9-4 不同变量下对应的稳态概率密度函数（续）

T 的增大会导致风电机组累积劣化增量分布 $\Gamma(t \cdot \alpha_i, \beta_i)$ 中形状参数成倍增加，稳态概率密度函数的均值会向右移，如图 9-4（a）所示。

在 $\Omega(x)$ 的推导过程中，$\left[1 - \int_0^{D_1} \Omega(y_p) \mathrm{d}y\right]$ 和 $\int_0^{D_1} \Omega(y_q) \mathrm{d}y$ 均是小于 1 的数，其次幂的结果会更小，且机组之间的劣化相互独立。因此，状态 GM 时故障机组的台数 M 和风电场规模 N 的改变对 $\Omega(x)$ 的影响较小，如图 9-4（b）和图 9-4（c）所示。

以上数值实验表明，改变 T、M 和 N 的大小均会影响 $\Omega(x)$ 的数值解，进而影响在每一检测点处的状态 GM 概率和模型优化结果。显然，该稳态概率密度函数对于下文的维修优化模型是有效的。

9.5　算例分析

为了验证所提出状态 GM 模型的正确性和经济性，以某风电场寿命为 20 年[165] 的风电机组为研究对象，根据文献[30] 所提供数据确定其相关参数取值分别为：C_{ins} = 6350、C_{set} = 500000、C_c = 300000 和 C_d = 7200，且令故障维修阈值 D_f = 20。货币单位是欧元，时间单位为天。

9.5.1　状态成组维修模型求解

不同决策变量 T 和 M 下状态 GM 模型成本率的变化趋势如图 9-5 至图 9-7 所示。显然，所提优化模型存在最优解。由于式（9-19）中的成本率模型是一个非线性、单目标和多变量的模型优化问题，可以通过遗传算法寻找其最优结果，因此相关参数设置如下：群体大小是 10，最大遗传代数 100，代沟是 0.8，交叉和变异概率分别为 0.8 和 0.2。根据给定的模型参数取值，当风电场规模为 N = 20 和 N = 80 时，GA 一次优化的进程如图 9-8 所示。在该实验中，考虑到检测成本，连续两次检测间隔的取值范围为 [30, 365]，两种风电场规模下，维修策略的最优结果分别为 M^* = 4、T^* = 80、K = 5、CR^* = 2015.875000 和 M^* = 13、T^* = 78、K = 6、CR^* = 2067.564103。此外，值得指出的是，优化过程中最耗时的部分是稳态概率密度函数的求解，每次需要将近 90 秒，尤其当步长较小时，耗时更长。为了提高计算速度，对稳态概率密度函数的数值解进行了离线式计算，即将所有情况下稳态概率密度函数的数值解计算结果保存为一个离线文件，当进行 GA 运算时直接调用该离线文件。这样，执行一次 GA 的 CPU 时间只需几秒钟，大大缩短了模型计算时间。

比较两种风电场规模下的最优结果可以看出，当风电场规模 N 扩大时，GM 时最优的故障机组数量 M 增加，最优检测间隔 T 和 GM 间隔期 KT 有所降低，而成本率没有显著增加。这是因为大规模的风电场意味着机组发生故障的概率变大，系统通过增加 M 来共享更多的 C_{set}，并通过缩短 T 以达到降低维修成本的目

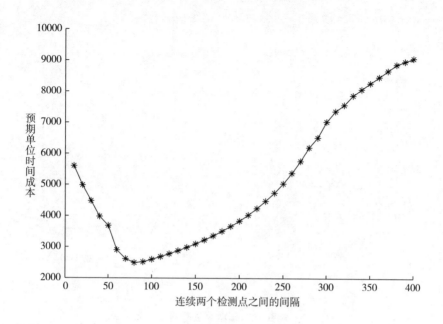

图 9-5 *T* 对预期单位时间成本的影响

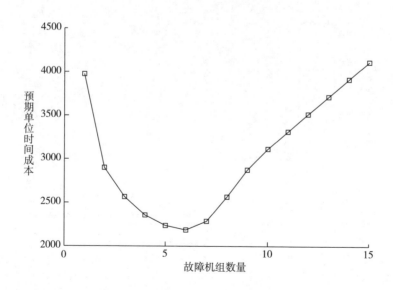

图 9-6 *M* 对预期单位时间成本的影响

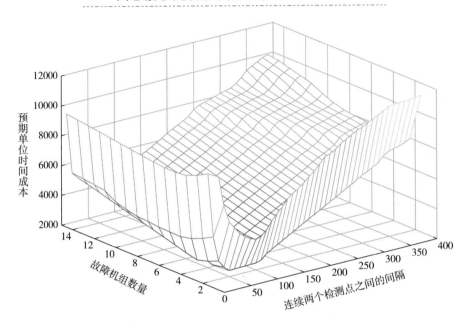

图 9-7　T 和 M 对预期单位时间成本的影响

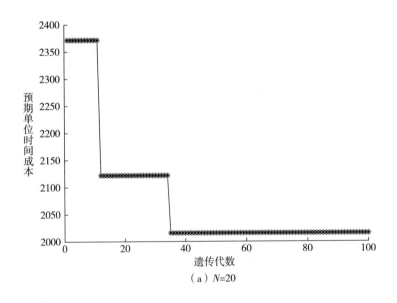

（a）N=20

图 9-8　GA 下优化结果示例

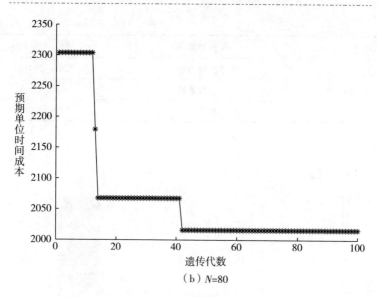

（b）N=80

图 9-8　GA 下优化结果示例（续）

的。但是，风电场规模越大，状态 GM 决策的经济优势越明显，下文 9.5.2 部分的策略比较对此进行了验证。

9.5.2　策略对比

通过与传统维修和机会维修两种策略相对比，笔者进一步验证所提状态 GM 策略的成本有效性。其中，传统维修策略指的是当一台风电机组发生故障时立即进行维修，而在机会维修策略中，风电机组被认为是一个由多个关键部件组成的串联系统，故障的部件能够为维修提供机会，二者均是风电场中常见的维修控制方法。在本实验中，传统维修策略中所涉及的数据与本章维修策略相同，而机会维修策略中所使用的数据来源于文献[60,171]。表 9-2 和图 9-9 给出了不同风电场规模下，三种维修策略的最优结果。

表 9-2　不同风电场规模下 GM 维修策略和传统维修策略的最优结果

风电场规模	维修策略	CR^*（T, M）
$N=20$	本章维修策略	2015.875000
	传统维修策略	8079.375000
	机会维修策略	5205.876334

续表

风电场规模	维修策略	$CR^*(T, M)$
$N = 80$	本章维修策略	2067.564103
	传统维修策略	26748.076923
	机会维修策略	10056.984509

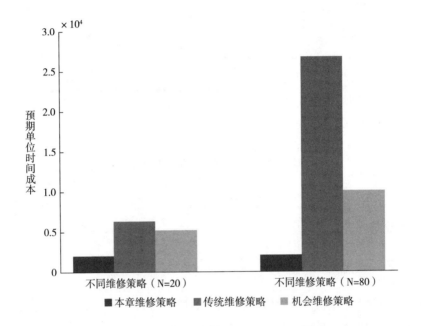

图 9-9 在 $N=20$ 和 $N=80$ 时，所提出的策略与传统策略下预期单位时间成本的变化

从表 9-2 和图 9-9 可以看出，与其他维修策略相比，本章所提出的状态 GM 模型具有明显的经济优势。当 $N=20$ 时，本章维修策略与其他维修策略相比在成本率上分别下降了 75.0491% 和 62.2769%，当 $N=80$ 时，成本率依次下降了 92.2702% 和 79.4415%。

9.5.3 灵敏性分析

为了进一步分析所提模型中所涉及关键参数对最优维修策略性能的影响，我们在这部分讨论 C_{ins}、C_{set}、C_c 和 C_d 的灵敏性，优化结果如表 9-3 所示。

表 9-3　维修相关成本对最优维修策略性能的影响

参数	取值	最小成本率	T^*	M^*	K
C_{ins}	635	2012.910256	78	2	6
	6350	2015.875000	80	4	5
	63500	2398.611111	82	5	4
C_{set}	350000	1988.939394	66	2	3
	500000	2015.875000	80	4	5
	5000000	14341.486486	94	5	6
C_c	150000	1682.948718	78	4	6
	300000	2015.875000	80	4	5
	400000	2517.638890	72	8	4
C_d	32000	2009.324324	78	5	3
	72000	2015.875000	80	4	5
	220000	2067.564103	88	3	6

　　毋庸置疑，在其他条件不变的前提下，任何维修费用的增加都会导致成本率变大。当 C_{ins} 和 C_{set} 增加时，为了避免成本率大幅度增加，系统通过延长检测周期和增加维修时的故障机组台数 M 来降低检测频率并共享更多 C_{set}，以此达到降低维修成本的目的。同时 K 的增加能够在一定程度上增加 GM 间隔期的区间长度，进而降低预期成本率。

　　机组的 C_c 越大，系统 GM 的成本越高。因此，为了减少系统故障后维修需求的发生，检测周期和检测次数 K 均有所下降。进一步地，从表 9-3 中很容易观察到，随着 C_c 的变化，M 有所增加，这是由于恶劣环境的影响，风电机组故障的发生是一个随机事件，而更多的故障机组一起维修能够降低 C_{set}。

　　面对较大的 C_d，降低停机损失最直接的方式就是减少故障机组的数量。因此，当 C_d 降低时，M 会显著下降。尽管较小的 M 意味着参与共享 C_{set} 的故障机组减少，导致预期单位时间成本增加，然而同时增加 T 和 K 可以延长 GM 间隔期，这可以补偿因一个较小 M 导致的高预期成本率，如表 9-3 所示。

　　上述灵敏性分析说明对于模型中维修成本相关参数的任何调整都会影响最优维修策略性能。显然，决策变量和各项参数之间存在权衡关系，在这种权衡关系下，通过优化模型得到了最优解。

本章小结

　　本章在第 4 章动态成组维修的基础上，从状态维修的视角研究了风电场多设备并联系统的成组维修建模和优化问题。首先，为多设备并联系统制定了周期状态检测的成组维修策略。由于在每个检测点上，总故障机组台数决定了是否对系统实施维修活动，而故障机组的台数又取决于周期检测的间隔，继而检测间隔和故障机组台数共同决定了一次成组维修的维修期，因此，在分析每个检测点的故障机组台数、检测间隔期长度和数量的基础上，对风电机组各种可能的情况进行了分析，构建了稳态概率密度函数，并以此为基础确定了系统在每个监测点处故障机组到达的概率和成组维修活动实施的概率。其次，根据半更新理论建立了状态成组维修的费用率模型。为了提高模型求解的计算速度，尝试了离线计算保存数据的求解方法，为更复杂模型的求解奠定了基础。最后，通过数值实验和算例分析验证了所推导的稳态概率密度函数和状态成组维修模型的正确性、有效性及实用性，策略对比分析结果表明本章所提出的状态成组维修模型在风电场系统中的应用具有很大的经济优势。

第 10 章

风电场风速间歇性特性及停风期机会到达规律

根据第 1 章的分析可知，单台机组的运维经济性直接决定了风电场的成本效益，为了降低风电机组的维修成本，国内外学者利用 GM 理论提出了一系列针对机组关键部件实施机会维修[67,97,98]的解决方案。然而，这些方案在建模的过程中主要关注的是由关键部件组成的串联系统，而较少考虑风速间歇性对机组输出功率的影响。但是风电机组系统是一个将风能转变成电能的设备，其功率输出依赖于客观自然风，自然风的随机风速不仅使机组的输出功率不可控，而且风速的大小直接决定了机组电能产量和维修活动的可达性[1,101]。因此，研究随机风速影响下机组的维修决策问题更具有实际意义。

在风电系统功率输出过程中，客观自然风的风速具有间歇性，主要表现在当风速低于某一个阈值（如风速低于 5m/s）时，风电系统的功率输出会发生中断。在这种情况下，可能为风电机组维护人员提供一个充分利用这种不可避免的生产中断进行维修规划的停风期机会（也可称为外部维修机会）[5,6]。在对风电机组实施维护维修规划的过程中，充分考虑这种停风期机会的预防性维修对在气象条件下最小化风电机组的运维成本且最大化年发电量来说，是一个有效的维修策略。

本章在考虑风电机组输出功率与风速关系的基础上，根据自然风速大小界定机组维护维修规划的停风期机会，进而分析停风期机会到达规律，建立停风期机会到达规律分布，为后文将停风期机会融入风电机组维修决策建模过程提供了理论基础和建模依据。

10.1 问题描述

研究单台风电机组系统和随机风速之间的关系是探索整个风电场经济效益的基础。研究风电场年度风期分布规律可以为后期在风电机组维修决策建模过程中，考虑随机风速的影响提供理论支撑和数据支持。一旦准备建造某个风电场，其坐落位置取决于所处的客观环境状态，在不受其他外界因素干扰的前提下，其年度风期分布具有一定的规律性。通过统计该风电场日风速变化情况，汇总可得到年度风期分布数据，利用拟合方法可获得该风电场年度风期分布，进而根据风速与风电机组输出功率之间的关系确定停风期机会的到达情况，分析得到停风期机会到达规律。

10.2 风期分布

风速大小由客观气象条件决定，若将日风速 v 视为一个随机变量，随机风速可以描述为具有如下参数的威布尔分布[1]：

$$f_v(v,\ \beta,\ \alpha) = \begin{cases} \beta\alpha(v\alpha)^{\beta-1}\exp\left[-(v\alpha)^{\beta}\right] & v,\ \beta,\ \alpha > 0 \\ 0 & v \leqslant 0 \end{cases} \tag{10-1}$$

式中，β 和 α 分别表示威布尔分布的形状参数和尺度参数。

从机组的出力规则可以知道，使风电机组开始发电的风速称为切入风速 v_i^{ci}，而使机组自我保护停止发电的风速称为切出风速 v_i^{co}，因此，机组的发电功率 $P_i(v)$ 与风速之间存在如下关系[97,172]：

$$P_i(v) = \begin{cases} 0 & v < v_i^{ci} \ \text{或} \ v > v_i^{co} \\ p_i^r(a+bv+cv^2) & v_i^{ci} \leqslant v \leqslant v_i^r \\ P_i^r & v_i^r \leqslant v \leqslant v_i^{co} \end{cases} \tag{10-2}$$

式中，P_i^r 和 v_i^r 分别表示额定输出功率和额定风速，而参数 a、b 和 c 可以通过下面的式子计算得到：

$$a = \frac{1}{v_i^{ci}-v_i^r}\left[v_i^{ci}(v_i^{ci}+v_i^r)-4v_i^{ci}v_i^r\left(\frac{v_i^{ci}+v_i^r}{2v_i^r}\right)^3\right]$$

$$b = \frac{1}{(v_i^{ci}-v_i^r)^2}\left[4(v_i^{ci}+v_i^r)\left(\frac{v_i^{ci}+v_i^r}{2v_i^r}\right)^3-(3v_i^{ci}+v_i^r)\right]$$

$$c = \frac{1}{(v_i^{ci}-v_i^r)^2}\left[2-4\left(\frac{v_i^{ci}+v_i^r}{2v_i^r}\right)^3\right] \tag{10-3}$$

显然，受随机风速间歇性的影响，机组的输出功率具有很高的变动性。根据式（10-2）中风速和发电功率之间的关系，可以将风速分为三类：①由于低风速或者无风产生的弱风期，即 $v<v_i^{ci}$；②能源正常输出的有效风速期，此时风速满足 $v_i^{ci} \leqslant v \leqslant v_i^{co}$；③能断输出被迫中止的大风期，此时风速超过了切出风速 v_i^{co}，如图 10-1 所示。

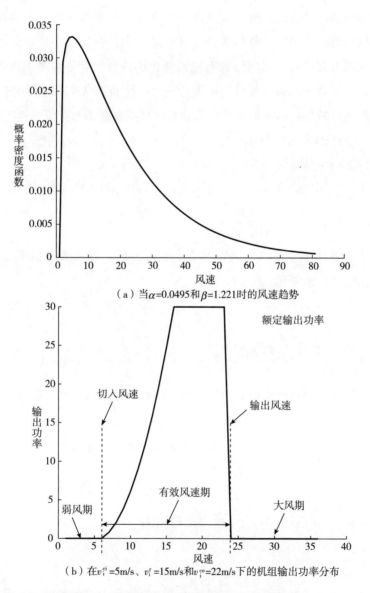

（a）当 α=0.0495 和 β=1.221 时的风速趋势

（b）在 v_i^{ci}=5m/s、v_i^r=15m/s 和 v_i^{co}=22m/s 下的机组输出功率分布

图 10-1　风速分布及风速与输出功率之间的关系

10.3　停风期机会到达规律

考虑到维修活动实施需要的安全条件，只有弱风期可以提供外部维修机会。而受风速随机特性的影响，外部机会的到达是一个具有稳定小概率的独立事件，且连续两次机会到达的时间间隔具有随机性，这符合统计学角度 HPP 的三个特征。因此，在本章中，将外部机会的到达视为一个具有 λ 强度的 HPP 过程，连续两次能源生产等待间隔 τ 的累计分布函数和概率密度函数可以分别表示为：

$$R_{eo}(t) = \Pr\{\tau < t\} = \exp\{-\lambda t\} \tag{10-4}$$

$$r_{eo}(t) = \lambda \exp\{-\lambda t\} \tag{10-5}$$

相应地，外部机会在 $(0, t)$ 内到达 n 次的概率可以表示为：

$$\Pr\{N(t) = n\} = \frac{\exp\{-\lambda t\}(\lambda t)^n}{n!} \tag{10-6}$$

基于 HPP 的特性，第 k 次外部机会到达时刻的生存函数和概率密度函数分别是 k 次斯蒂尔吉斯卷积，即：

$$R_{eo}^{(k)}(t) = \Pr\{t_{\tau_k} < t\} = \Pr\{N(t) \geqslant k\} = \sum_{j=k}^{\infty} \frac{(\lambda t)^j}{j!} \exp\{-\lambda t\} \tag{10-7}$$

$$r_{eo}^{(k)}(t) = \frac{\mathrm{d}R_{eo}^{(k)}(t)}{\mathrm{d}t} = \frac{\lambda(\lambda t)^{k-1}}{(k-1)!} \exp\{-\lambda t\} = \frac{(\lambda)^k}{\Gamma(k)} t^{k-1} \exp\{-\lambda t\} \tag{10-8}$$

显然，第 k 次外部机会的到达服从具有形状参数 k 和尺度参数 $1/\lambda$ 的 Gamma 分布。

通过以上模型可分析在任意时刻第 k 次外部机会到达的概率。

本章小结

在风电机组实际的运维中，随机风速不仅影响风电机组的电能产量，而且影响恶劣环境下维修活动的顺利实施。为了降低风电机组的维修成本并提高风电场的经济效益，在后续研究中有必要分析停风期到达规律，同时将停风期到达规律与风电机组维修决策建模相结合，充分考虑风电机组受控于客观风速的运维特性，制定科学合理的维护维修方案，提高风电机组维修策略的可操作性。

第 11 章

考虑风速间歇性的风电机组最优机会维修决策

　　由第 10 章分析结果可知，不同于传统生产系统，风速的间歇性使风电系统不能被人为控制，不可避免的能源生产等待能够为维修活动提供外部机会。为了充分利用由风速间歇性提供的外部机会，本章提出了考虑随机风速的风电机组的最优机会维修策略。在此策略中，当风电机组能够正常运行时，定周期的常规检测被实施；当风电机组的劣化状态超过相应的维修控制限时，对应的维修活动被实施。这样，定周期的预防性维修策略不仅可以降低停机性故障发生的概率，也能避免由于风电机组不可预测的故障导致的巨大收入损失。当风速低于一个特定值时，利用弱风期提供的外部机会对机组实施机会维修，可以降低风电机组发生故障的概率。与不考虑外部机会的维修策略相比，虽然在弱风期或停风期没有考虑停机损失，但是所提出的外部机会维修行为能够降低整体维修成本。相应地，从常规运行和能源生产中断两个方面分析了预期单位时间成本模型，最优的结果通过遗传算法得到。进一步地，维修策略对比分布被用来说明提出策略的经济优势，以及通过灵敏性分析讨论后文模型中涉及的不同参数对最优维修策略性能的影响。数值实验结果证明了本章所提出的机会维修方法具有更好的成本效益，且最优结果随着风速的变化而变化。

11.1　最优机会维修策略

　　为了充分利用机组的外部维修机会，本章基于三种控制限，即故障维修阈值 D_f、预防维修控制限 D_p 和外部机会控制限 D_{eo}（这里有 $D_{eo} < D_p < D_f$，且从风电场 SCADA 系统获得的故障数据可知，D_f 的值可以被提前给定），提出机组的最优机会维修策略，从常规运行条件和能源生产中断两个角度检测机组的劣化状态并分析其可能的维修情况。

11.1.1 风电机组的劣化过程

考虑到风电机组因腐蚀、磨损或者疲劳导致的劣化具有隐蔽性和单调非减性，任意机组 $i(i=1, 2, \cdots, N)$ 的劣化过程可以建模成具有如下特性的随机过程 $X_i(t)$：

（1）随机变量 x_i^t 用来描述风电机组在 t 时刻的劣化状态，若风电机组在 $t=0$ 处全新，有 $x_i^0=0$。

（2）机组单位时间 Δt 的劣化增量用 Δx_i^k 来表示，该变量具有非负、独立及稳态特性且服从概率密度函数为 $f(x)$ 的分布，有 $\Delta x_i^k=x_i^{k\Delta t}-x_i^{(k-1)\Delta t}(k \in N^+)$。同样，机组 t 个时间单位劣化增量为 $f(x)$ 的 t 次卷积 $f^{(t)}(x)$。

基于以上假设，风电机组在任何一点的劣化状态都可以被评估。

11.1.2 常规运行条件

常规运行条件下的状态监测（Condition Monitoring at Regular Operating Case，CMR）以间隔 $T(T=k_T\Delta t, k_T \in N^+)$ 覆盖风电场中所有的风电机组。假设该状态监测是成本为 C_{ins} 的瞬时无损监测。在此条件下，可能的维修行为有：

（1）若机组的劣化水平超过了预防维修阈值 D_p，即 $D_p \leqslant x_i^t < D_f$，则立即对机组实施预防性常规（内部）维修（Preventive Internal Maintenance，PIM），相应的维修成本为 C_{ip}。

（2）如果 $x_i^t \geqslant D_f$，则立即对其实施故障后常规维修（Corrective Internal Maintenance，CIM），涉及的单位时间停机损失和维修成本分别为 C_d 和 C_{ic}。

（3）除了以上两种情况，在常规运行条件下不对风电机组实施任何维修活动。

11.1.3 外部机会条件

考虑到外部机会的到达间隔 τ 是一个依赖于随机风速的随机变量，外部机会条件下的状态监测（Condition Monitoring at External Opportunity Case，CME）以间隔 τ 覆盖所有的风电机组。此种条件下，有以下几种可能的维修行为：

（1）若 $D_{\text{eo}} \leqslant x_i^t < D_p$，则对风电机组实施预防性外部机会维修（Preventive External Opportunity Maintenance，PEOM），维修成本为 C_{eo}。

（2）当 $D_p \leqslant x_i^t < D_f$ 时，则需要对风电机组实施成本为 C_{ep} 的预防性外部维修（Preventive External Maintenance，PEM）。

（3）如果 $x_i^t \geqslant D_f$，则对风电机组实施故障后外部维修（Corrective External Maintenance，CEM），相应的维修成本表示为 C_{ec}。

（4）否则，在外部机会条件下不需要对机组实施任何维修活动。

以上所提到的维修活动均认为是瞬间完成的，并且维修后风电机组的性能恢复如新。值得注意的是，在不可避免的能源生产中断期间风电机组处于停机状态，这削弱了机会成本对维修成本的影响，因此假设常规运行下的维修成本高于能源生产中断下的维修成本是合理的。此外，机组的维修成本与其劣化状态在一定程度上成正比关系，且每次维修活动均需要维修准备成本 C_{set}。综上所述，本章假设所有成本参数满足 $C_{ins} \ll C_{eo} < C_{ep} < C_{ip} < C_{ec} < C_{ic} \ll C_{set}$ 的关系，这既保证了机组在维修过程中不会被过维修或维修不足，又使维修成本的假设更加合理化。

图 11-1 给出了机组外部机会维修策略示例，可以看出，在外部机会到达时，只要风电机组的劣化水平处于 $x_i^{t_{\tau_2}} \in (D_p, D_f)$，就会对机组实施 PEM，而如果

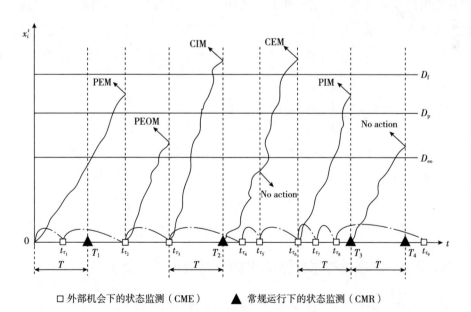

图 11-1 维修策略的示例

$x_i^{t_{\tau_3}} \in (D_{eo}, D_p)$，则维修活动变为 PEOM，且当机组的劣化水平分别满足 $x_i^{T_2} > D_f$、

$x_i^{t_{\tau_3}} > D_f$ 和 $x_i^{T_3} \in (D_p, D_f)$ 时，需要对风电机组依次实施 CIM、CEM 和 PIM 活动。

此外，如果风电机组劣化水平低于相应的维修阈值，如 $x_i^{t_{\tau_5}} < D_{eo}$ 或者 $x_i^{T_4} < D_p$，则不会对机组实施任何维修活动。

11.2　最优机会维修模型

根据上述对机组最优机会维修策略的描述，构建相应成本率模型。

11.2.1　成本率模型

在所提出的最优机会维修模型中，经过任何形式的维修后，机组的性能都会恢复如新，之后的劣化进程不再依赖于之前的劣化状态，且每个状态监测点均是机组的维修决策点，这说明风电机组的劣化进程具有更新性，可以将每个状态监测点视为机组的半更新点。因此，笔者利用更新报酬理论[173]，将机组无限时间域内由三个决策变量（T、D_p、D_{eo}）决定的成本率 $CR(T, D_p, D_{eo})$ 表示为：

$$CR(T, D_p, D_{eo}) = \frac{E[C(T, D_p, D_{eo})]}{E[L(T, D_p, D_{eo})]} \tag{11-1}$$

其中，$E[C(T, D_p, D_{eo})]$ 和 $E[L(T, D_p, D_{eo})]$ 分别表示更新期的平均总成本和总长度，根据三个决策变量对机组采取相应的维修行为。

由于状态监测点分为两种类型：CMR 和 CME，因此，$E[C(T, D_p, D_{eo})]$ 和 $E[L(T, D_p, D_{eo})]$ 也应分为常规运行和外部机会两种条件来进行讨论。

11.2.2　常规运行条件下的平均更新成本和更新长度

在常规运行条件下，连续两次状态监测之间的间隔为 T，那么 k 次状态监测的长度可表示为 T_k，即 $T_k = kT(k = 0, 1, 2, \cdots)$。考虑到风电机组在临近外部机

会条件下的状态监测处的劣化状态会影响其在常规运行条件下的状态监测处的维修需求，进而产生不同的维修活动，而外部机会的到达具有随机性。因此，根据临近外部机会条件下的状态监测发生时刻点的不同，下文从三种可能的情景讨论此种情况下的平均更新成本和更新长度（见图11-2）。

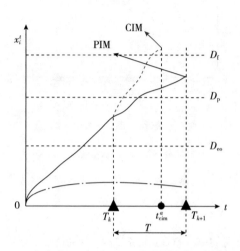

（a）在T_{k+1}（$k=0$，1，…）之前没有CME发生

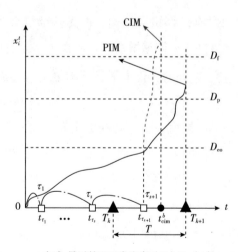

（b）最近的CME发生在（T_k，T_{k+1}）内

图11-2　常规运行下三种可能的情景

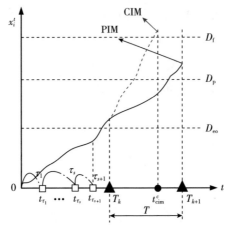

（c）最近的一次CME发生在T_k之前

□ 外部机会下的状态监测（CME）

▲ 常规运行下的状态监测（CMR）

● 故障发生时刻点

图 11-2　常规运行下三种可能的情景（续）

情景 a： 在 T_k 之前没有外部机会到达，即无外部机会条件下的状态监测发生。由于机组累计劣化量具有单调递增性，若要在 T_{k+1} 处对风电机组实施相关维修措施，那么风电机组在 T_k 处的劣化水平必须满足 $x_i^{T_k} \in (D_{eo}, D_p)$，如图 11-2（a）所示。

在此种情景下，若风电机组在 T_{k+1} 处的劣化水平 $x_i^{T_{k+1}}$ 满足 $x_i^{T_{k+1}} \in (D_p, D_f)$，如图 11-2（a）中黑色实曲线所示，将会对机组实施 PIM，那么机组在（0，T_{k+1}）内的总维修成本 $C_{PIM}^a(k)$ 可以表示为：

$$C_{PIM}^a(k) = C_{set} + C_{ip} + (k+1)C_{ins} \tag{11-2}$$

在（T_k，T_{k+1}）内，一旦风电机组在 $t_{cim}^a(t_{cim}^a \in [T_k, T_{k+1}])$ 处的劣化水平超过 D_f，如图 11-2（a）中黑色虚曲线所示，将在 T_{k+1} 处对机组实施 CIM。这里，t_{cim}^a 表示机组发生停机性故障时刻点。因此，在（0，T_{k+1}）内产生的总维修成本 $C_{CIM}^a(k, t_{cim}^a)$ 由四部分组成，即 C_{set}、CIM 成本 C_{ic}、总 CMR 成本及（t_{cim}^a，T_{k+1}）内总停机损失，可表示为：

$$C_{\text{CIM}}^{a}(k,\ t_{\text{cim}}^{a}) = C_{\text{set}} + C_{\text{ic}} + (k+1)C_{\text{ins}} + (T_{k+1} - t_{\text{cim}}^{a})C_{\text{d}} \tag{11-3}$$

根据机组劣化过程特性及外部机会到达规律，在 T_{k+1} 处对风电机组实施 PIM 的概率可以表示为：

$$
\begin{aligned}
P_{\text{PIM}}^{a} &= \sum_{k=1}^{\infty} \Pr\big[\, T_{k+1} < t_{\tau_1},\ x_i^{T_k} \in (D_{\text{eo}},\ D_{\text{p}}),\ x_i^{T_{k+1}} \in (D_{\text{p}},\ D_{\text{f}}) \,\big] \\
&= \sum_{k=1}^{\infty} \Big\{ \big[\, 1 - R_{\text{eo}}(T_{k+1}) \,\big] \Pr\big[\, x_i^{T_k} \in (D_{\text{eo}},\ D_{\text{p}}),\ x_i^{T_{k+1}} \in (D_{\text{p}},\ D_{\text{f}}) \,\big] \Big\} \\
&= \sum_{k=1}^{\infty} \Big\{ \big[\, 1 - R_{\text{eo}}(T_{k+1}) \,\big] \int_{D_{\text{eo}}}^{D_{\text{p}}} f^{(T_k)}(x)\,\mathrm{d}x \int_{D_{\text{p}}}^{D_{\text{f}}} f^{(T_{k+1})}(x)\,\mathrm{d}x \Big\}
\end{aligned} \tag{11-4}
$$

类似地，在 T_{k+1} 处对风电机组实施 CIM 的概率为：

$$
\begin{aligned}
P_{\text{CIM}}^{a} &= \sum_{k=1}^{\infty} \Pr\big[\, T_{k+1} < t_{\tau_1},\ x_i^{T_k} \in (D_{\text{eo}},\ D_{\text{p}}),\ x_i^{t_{\text{cim}}^{a}} \geqslant D_{\text{f}} \,\big] \\
&= \sum_{k=1}^{\infty} \Big\{ \big[\, 1 - R_{\text{eo}}(T_{k+1}) \,\big] \Pr\big[\, x_i^{T_k} \in (D_{\text{eo}},\ D_{\text{p}}),\ x_i^{t_{\text{cim}}^{a}} \geqslant D_{\text{f}} \,\big] \Big\} \\
&= \sum_{k=1}^{\infty} \Big\{ \big[\, 1 - R_{\text{eo}}(T_{k+1}) \,\big] \int_{D_{\text{eo}}}^{D_{\text{p}}} f^{(T_k)}(x)\,\mathrm{d}x \sum_{t_{\text{cim}}^{a}=T_k}^{T_{k+1}} \int_{D_{\text{f}}}^{\infty} f^{(t_{\text{cim}}^{a})}(x)\,\mathrm{d}x \Big\}
\end{aligned} \tag{11-5}
$$

因此，在此种情境下机组更新期内的平均更新成本 $E(C_l^a)$ 和更新长度 $E(L_l^a)$ 可以表示为：

$$E(C_l^a) = C_{\text{PIM}}^{a}(k)P_{\text{PIM}}^{a} + C_{\text{CIM}}^{a}(k,\ t_{\text{cim}}^{a})P_{\text{CIM}}^{a} \tag{11-6}$$

$$E(L_l^a) = T_{k+1}P_{\text{PIM}}^{a} + \sum_{t_{\text{cim}}^{a}=T_k}^{T_{k+1}} t_{\text{cim}}^{a} P_{\text{CIM}}^{a} \tag{11-7}$$

情景 b： 相邻两次外部机会下的状态监测依次发生在 t_{τ_s} 和 $t_{\tau_{s+1}}$（SEN^+，$t_{\tau_s} < T_k < t_{\tau_{s+1}} < T_{k+1}$）。显然，在 T_{k+1} 处对机组实施相关维修措施的前提条件是风电机组在 $t_{\tau_{s+1}}$ 处的劣化水平必须低于 D_{eo}，即 $x_i^{t_{\tau_{s+1}}} < D_{\text{eo}}$，否则，机组将会在 $t_{\tau_{s+1}}$ 处被维修。在这种情景下，有两种可能的维修活动在 T_{k+1} 处对机组实施：PIM 和 CIM，如图 11-2（b）所示。

如果在 T_{k+1} 处对机组实施的是 PIM，意味着风电机组在 T_{k+1} 处的劣化水平 $x_i^{T_{k+1}}$ 处于 $(D_{\text{p}},\ D_{\text{f}})$，如图 11-2（b）中黑色实曲线所示。那么，机组在（0，T_{k+1}）内的总维修成本 $C_{\text{PIM}}^{b}(k,\ s)$ 可以表示为：

$$C_{PIM}^b(k, s) = C_{set} + C_{ip} + (k+1)C_{ins} + (s+1)C_{ins} \qquad (11-8)$$

如果风电机组在 T_{k+1} 处需要对机组实施 CIM，意味着机组在 (T_k, T_{k+1}) 内发生了停机性故障，如图 11-2（b）中黑色虚曲线所示。此时，在 $(0, T_{k+1})$ 内产生的总维修成本 $C_{CIM}^b(k, s, t_{cim}^b)$ 由 C_{set}、C_{ic}、总 CMR 成本及总 CME 成本四部分组成，即：

$$C_{CIM}^b(k, s, t_{cim}^b) = C_{set} + C_{ic} + (k+1)C_{ins} + (s+1)C_{ins} + (T_{k+1} - t_{cim}^b)C_d \qquad (11-9)$$

其中，t_{cim}^b 表示停机性故障发生的时刻点。

与情景 a 中的推导类似，PIM 和 CIM 的概率可以表示为：

$$
\begin{aligned}
P_{PIM}^b &= \sum_{k=1}^{\infty} \sum_{s=1}^{\infty} \Pr[t_{\tau_{s+1}} \in (T_k, T_{k+1}), x_i^{t_{\tau_{s+1}}} < D_{eo}, x_i^{T_{k+1}} \in (D_p, D_f)] \\
&= \sum_{k=1}^{\infty} \sum_{s=1}^{\infty} \left\{ \int_0^{T_k} r_{eo}^{(s)}(t_{\tau_s}) \int_{T_k}^{T_{k+1}} r_{eo}(t_{\tau_{s+1}}) [1 - R_{eo}(T_{k+1} - t_{\tau_{s+1}})] dt_{\tau_{s+1}} dt_{\tau_s} \times \right. \\
&\qquad \left. \Pr[x_i^{t_{\tau_{s+1}}} < D_{eo}, x_i^{T_{k+1}} \in (D_p, D_f)] \right\} \\
&= \sum_{k=1}^{\infty} \sum_{s=1}^{\infty} \left\{ \int_0^{T_k} r_{eo}^{(s)}(t_{\tau_s}) \int_{T_k}^{T_{k+1}} r_{eo}(t_{\tau_{s+1}}) [1 - R_{eo}(T_{k+1} - t_{\tau_{s+1}})] \times \right. \\
&\qquad \left. \int_0^{D_{eo}} f^{(t_{\tau_{s+1}})}(x) dx dt_{\tau_{s+1}} dt_{\tau_s} \times \int_{D_p}^{D_f} f^{(T_{k+1})}(x) dx \right\}
\end{aligned}
\qquad (11-10)
$$

和

$$
\begin{aligned}
P_{CIM}^b &= \sum_{k=1}^{\infty} \sum_{s=1}^{\infty} \Pr[t_{\tau_{s+1}} \in (T_k, T_{k+1}), x_i^{t_{\tau_{s+1}}} < D_{eo}, x_i^{t_{cim}^b} \geqslant D_f] \\
&= \sum_{k=1}^{\infty} \sum_{s=1}^{\infty} \left\{ \int_0^{T_k} r_{eo}^{(s)}(t_{\tau_s}) \int_{T_k}^{T_{k+1}} r_{eo}(t_{\tau_{s+1}}) [1 - R_{eo}(T_{k+1} - t_{\tau_{s+1}})] dt_{\tau_s} \times \right. \\
&\qquad \left. \Pr(x_i^{t_{\tau_{s+1}}} < D_{eo}, x_i^{t_{cim}^b} \geqslant D_f) \right\} \\
&= \sum_{k=1}^{\infty} \sum_{s=1}^{\infty} \left\{ \int_0^{T_k} r_{eo}^{(s)}(t_{\tau_s}) \int_{T_k}^{T_{k+1}} r_{eo}(t_{\tau_{s+1}}) [1 - R_{eo}(T_{k+1} - t_{\tau_{s+1}})] \int_0^{D_{eo}} f^{(t_{\tau_{s+1}})}(x) \right. \\
&\qquad \left. \sum_{t_{cim}^b = t_{\tau_{s+1}}}^{T_{k+1}} \int_{D_f}^{\infty} f^{(t_{cim}^b)}(x) dx dx dt_{\tau_{s+1}} dt_{\tau_s} \right\}
\end{aligned}
\qquad (11-11)
$$

综上可知，这种情景下的更新期内总更新成本 $E(C_I^b)$ 可以表示为：

$$E(C_I^b) = C_{PIM}^b(k,\ s) P_{PIM}^b + C_{CIM}^b(k,\ s,\ t_{cim}^b) P_{CIM}^b \tag{11-12}$$

相应地，总更新长度 $E(L_I^b)$ 为：

$$E(L_I^b) = T_{k+1} P_{PIM}^b + \sum_{t_{cim}^b = t_{\tau_{s+1}}}^{T_{k+1}} t_{cim}^b P_{CIM}^b \tag{11-13}$$

情景 c： 最近的一次 CME 发生在 $t_{\tau_{s+1}}$（$t_{\tau_{s+1}} < T_k$）处，且在（T_k，T_{k+1}）内无 CME 发生。在这种情景下，风电机组在 $t_{\tau_{s+1}}$ 和 T_k 处的劣化水平必须同时满足 $x_i^{t_{\tau_{s+1}}} < D_{eo}$ 和 $D_{eo} < x_i^{t_{\tau_{s+1}}} < D_{io}$，才能确保维修活动在 T_{k+1} 处被实施，如图 11-2（c）所示。

类似于以上两种情景的分析，机组在（0，T_{k+1}）内可能产生的总维修成本有两类：$C_{PIM}^c(k,\ s)$ 和 $C_{CIM}^c(k,\ s,\ t_{cim}^c)$，分别对应 PIM 和 CIM 两种维修活动。

$$C_{PIM}^c(k,\ s) = C_{set} + C_{ip} + (k+1)C_{ins} + (s+1)C_{ins} = C_{set} + C_{ip} + (k+s+2)C_{ins} \tag{11-14}$$

$$\begin{aligned} C_{CIM}^c(k,\ s,\ t_{cim}^c) &= C_{set} + C_{ic} + (k+1)C_{ins} + (s+1)C_{ins} + (T_{k+1} - t_{cim}^c)C_d \\ &= C_{set} + C_{ic} + (k+s+2)C_{ins} + (T_{k+1} - t_{cim}^c)C_d \end{aligned} \tag{11-15}$$

其中，t_{cim}^c 表示停机性故障发生的时刻点。

同样，对机组实施 PIM 和 CIM 两种维修活动的概率可以表示为：

$$\begin{aligned} P_{PIM}^c &= \sum_{k=1}^{\infty} \sum_{s=1}^{\infty} \Pr\left[t_{\tau_{s+1}} \in (0,\ T_k),\ x_i^{t_{\tau_{s+1}}} < D_{eo},\ x_i^{T_k} \in (D_{eo},\ D_p),\ x_i^{T_{k+1}} \in (D_p,\ D_f) \right] \\ &= \sum_{k=1}^{\infty} \sum_{s=1}^{\infty} \left\{ \int_0^{T_k} r_{eo}^{(s+1)}(t_{\tau_{s+1}}) [1 - R_{eo}(T_{k+1} - t_{\tau_{s+1}})] dt_{\tau_{s+1}} \times \right. \\ &\quad \left. \Pr\left[x_i^{t_{\tau_{s+1}}} < D_{eo},\ x_i^{T_k} \in (D_{eo},\ D_p),\ x_i^{T_{k+1}} \in (D_p,\ D_f) \right] \right\} \\ &= \sum_{k=1}^{\infty} \sum_{s=1}^{\infty} \left\{ \int_0^{T_k} r_{eo}^{(s+1)}(t_{\tau_{s+1}}) [1 - R_{eo}(T_{k+1} - t_{\tau_{s+1}})] \int_0^{D_{eo}} f^{(t_{\tau_{s+1}})}(x) dx dt_{\tau_{s+1}} \times \right. \\ &\quad \left. \int_{D_{eo}}^{D_p} f^{(T_k)}(x) dx \int_{D_p}^{D_f} f^{(T_{k+1})}(x) dx \right\} \end{aligned} \tag{11-16}$$

和

$$P_{CIM}^c = \sum_{k=1}^{\infty} \sum_{s=1}^{\infty} \Pr\left[t_{\tau_{s+1}} \in (0,\ T_k),\ x_i^{t_{\tau_{s+1}}} < D_{eo},\ x_i^{T_k} \in (D_{eo},\ D_p),\ x_i^{t_{cim}^c} \geqslant D_f \right]$$

$$= \sum_{k=1}^{\infty} \sum_{s=1}^{\infty} \left\{ \int_0^{T_k} r_{\text{eo}}^{(s+1)}(t_{\tau_{s+1}}) \left[1 - R_{\text{eo}}(T_{k+1} - t_{\tau_{s+1}}) \right] \mathrm{d}t_{\tau_{s+1}} \times \right.$$

$$\left. \Pr\left[x_i^{t_{\tau_{s+1}}} < D_{\text{eo}}, \ x_i^{T_k} \in (D_{\text{eo}}, \ D_{\text{p}}), \ x_i^{t_{\text{cim}}^c} \geqslant D_{\text{f}} \right] \right\}$$

$$= \sum_{k=1}^{\infty} \sum_{s=1}^{\infty} \left\{ \int_0^{T_k} r_{\text{eo}}^{(s+1)}(t_{\tau_{s+1}}) \left[1 - R_{\text{eo}}(T_{k+1} - t_{\tau_{s+1}}) \right] \int_0^{D_{\text{eo}}} f^{(t_{\tau_{s+1}})}(x) \mathrm{d}x \mathrm{d}t_{\tau_{s+1}} \times \right.$$

$$\left. \int_{D_{\text{eo}}}^{D_{\text{p}}} f^{(T_k)}(x) \mathrm{d}x \sum_{t_{\text{cim}}^c = T_k}^{T_{k+1}} \int_{D_{\text{f}}}^{\infty} f^{(t_{\text{cim}}^c)}(x) \mathrm{d}x \right\} \tag{11-17}$$

此种情景下，更新期内总更新成本 $E(C_I^c)$ 和总更新长度 $E(L_I^c)$ 分别表示为：

$$E(C_I^c) = C_{\text{PIM}}^c(k, s) P_{\text{PIM}}^c + C_{\text{CIM}}^c(k, s, t_{\text{cim}}^c) P_{\text{CIM}}^c \tag{11-18}$$

$$E(L_I^c) = T_{k+1} P_{\text{PIM}}^c + \sum_{t_{\text{cim}}^c = T_k}^{T_{k+1}} t_{\text{cim}}^c P_{\text{CIM}}^c \tag{11-19}$$

由机组输出功率和风速之间的关系可知，当随机风速低于 v_i^{ci} 时，会出现外部维修机会。令 $P(v < v_i^{ci})$ 表示外部维修机会出现的概率，那么机组常规运行的概率为 $[1 - P(v < v_i^{ci})]$。因此，在常规运行条件下，机组的平均更新成本和更新长度依次为：

$$E[C_I(T, \ D_{\text{p}}, \ D_{\text{eo}})] = [1 - P(v < v_i^{ci})][E(C_I^a) + E(C_I^b) + E(C_I^c)]$$

$$= \left[1 - \int_0^{v^{ci}} f_v(v, \ \beta, \ \alpha) \mathrm{d}v \right] [E(C_I^a) + E(C_I^b) + E(C_I^c)]$$

$$\tag{11-20}$$

和

$$E[L_I(T, \ D_{\text{p}}, \ D_{\text{eo}})] = [1 - P(v < v^{ci})][E(L_I^a) + E(L_I^b) + E(L_I^c)]$$

$$= \left[1 - \int_0^{v^{ci}} f_v(v, \ \beta, \ \alpha) \mathrm{d}v \right] [E(L_I^a) + E(L_I^b) + E(L_I^c)]$$

$$\tag{11-21}$$

11.2.3　外部机会条件下的平均更新成市和更新长度

类似于前文对常规运行条件下的维修情况分析，在外部机会条件下，也有三种情景需要讨论，如图 11-3 所示。

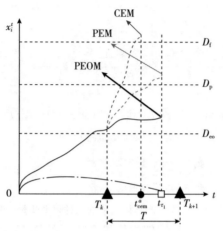

（a）第一次CME发生在（T_k，T_{k+1}）（$k=0$，1，…）

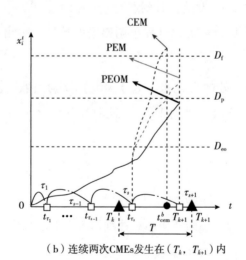

（b）连续两次CMEs发生在（T_k，T_{k+1}）内

图 11-3　能源生产等待阶段的三种可能情景

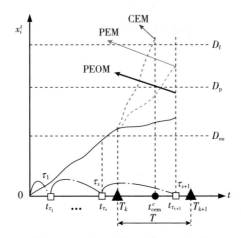

（c）前者CME发生在T_k之前，后者CME发生在（T_k，T_{k+1}）内

□ 外部机会下的状态监测（CME）

▲ 常规运行下的状态监测（CMR）

● 故障发生时刻点

图 11-3 能源生产等待阶段的三种可能情景（续）

情景 a： 第一次 CME 发生在时刻点 t_{τ_1} [$t_{\tau_1} \in （T_k，T_{k+1}）$] 处，且在此处对机组实施维修活动。根据机组劣化过程单调递增的特性，机组在 T_k 处的劣化水平 $x_i^{T_k}$ 必须满足 $x_i^{T_k} < D_p$。

当风电机组在 t_{τ_1} 处的劣化水平处于（D_{eo}，D_p）内，需要对其实施 PEOM [如图 11-3（a）中黑色实曲线所示]，此时在（0，t_{τ_1}）内产生的总维修成本 $C_{PEOM}^a(k)$ 可表示为：

$$C_{PEOM}^a(k) = C_{set} + C_{eo} + kC_{ins} + C_{ins} = C_{set} + C_{eo} + (k+1)C_{ins} \qquad (11-22)$$

如果风电机组在 t_{τ_1} 处的劣化水平满足 $x_i^{t_{\tau_1}} \in （D_p，D_f）$，将对机组组织 PEM，如图 11-3（a）中浅灰色虚曲线所示。此种情况下的总维修成本 $C_{PEM}^a(k)$ 为：

$$C_{PEM}^a(k) = C_{set} + C_{ep} + kC_{ins} + C_{ins} = C_{set} + C_{ep} + (k+1)C_{ins} \qquad (11-23)$$

当 $x_i^{t_{\tau_1}} \geq D_f$ 时，意味着在（T_k，t_{τ_1}）内发生了停机性故障，需要对机组实施 CEM。假设故障发生时刻点为 t_{cem}^a，如图 11-3（a）中深灰色虚曲线所示。在这种子情景下，（0，t_{τ_1}）内产生的总维修成本包括五部分，即 C_{set}、C_{ec}、总 CMR、

CME 成本，以及在（t_{cem}^a，t_{τ_1}）时间段内产生的停机损失。那么，总成本 C_{CEM}^a（k，t_{cem}^a）可以表示为：

$$C_{\text{CEM}}^a(k,\ t_{\text{cem}}^a) = C_{\text{set}} + C_{\text{ec}} + (k+1)C_{\text{ins}} + (t_{\tau_1} - t_{\text{cem}}^a)C_{\text{d}} = C_{\text{set}} + C_{\text{ec}} + (k+1)C_{\text{ins}} +$$
$$(t_{\tau_1} - t_{\text{cem}}^a)C_{\text{d}} \tag{11-24}$$

对于这三种子情景，相应的概率可以依次表示如下：

$$P_{\text{PEOM}}^a = \sum_{k=1}^{\infty} \Pr[t_{\tau_1} \in (T_k,\ T_{k+1}),\ x_i^{T_k} < D_{\text{p}},\ x_i^{t_{\tau_1}} \in (D_{\text{eo}},\ D_{\text{p}})]$$

$$= \sum_{k=1}^{\infty} \left\{ \int_{T_k}^{T_{k+1}} r_{\text{eo}}(t_{\tau_1})[1 - R_{\text{eo}}(T_{k+1} - t_{\tau_1})]\Pr[x_i^{T_k} < D_{\text{p}},\ x_i^{t_{\tau_1}} \in (D_{\text{eo}},\ D_{\text{p}})]\mathrm{d}t_{\tau_1} \right\}$$

$$= \sum_{k=1}^{\infty} \left\{ \int_{T_k}^{T_{k+1}} r_{\text{eo}}(t_{\tau_1})[1 - R_{\text{eo}}(T_{k+1} - t_{\tau_1})]\int_{D_{\text{eo}}}^{D_{\text{p}}} f^{(t_{\tau_1})}(x)\mathrm{d}x\mathrm{d}t_{\tau_1}\int_0^{D_{\text{p}}} f^{(T_k)}(x)\mathrm{d}x \right\} \tag{11-25}$$

$$P_{\text{PEM}}^a = \sum_{k=1}^{\infty} \Pr[t_{\tau_1} \in (T_k,\ T_{k+1}),\ x_i^{T_k} < D_{\text{p}},\ x_i^{t_{\tau_1}} \in (D_{\text{p}},\ D_{\text{f}})]$$

$$= \sum_{k=1}^{\infty} \left\{ \int_{T_k}^{T_{k+1}} r_{\text{eo}}(t_{\tau_1})[1 - R_{\text{eo}}(T_{k+1} - t_{\tau_1})]\Pr[x_i^{T_k} < D_{\text{p}},\ x_i^{t_{\tau_1}} \in (D_{\text{p}},\ D_{\text{f}})]\mathrm{d}t_{\tau_1} \right\}$$

$$= \sum_{k=1}^{\infty} \left\{ \int_{T_k}^{T_{k+1}} r_{\text{eo}}(t_{\tau_1})[1 - R_{\text{eo}}(T_{k+1} - t_{\tau_1})]\int_{D_{\text{p}}}^{D_{\text{f}}} f^{(t_{\tau_1})}(x)\mathrm{d}x\mathrm{d}t_{\tau_1}\int_0^{D_{\text{p}}} f^{(T_k)}(x)\mathrm{d}x \right\} \tag{11-26}$$

$$P_{\text{CEM}}^a = \sum_{k=1}^{\infty} \Pr[t_{\tau_1} \in (T_k,\ T_{k+1}),\ x_i^{T_k} < D_{\text{p}},\ x_i^{t_{\tau_1}} \geqslant D_{\text{f}}]$$

$$= \sum_{k=1}^{\infty} \left\{ \int_{T_k}^{T_{k+1}} r_{\text{eo}}(t_{\tau_1})[1 - R_{\text{eo}}(T_{k+1} - t_{\tau_1})]\Pr[x_i^{T_k} < D_{\text{p}},\ x_i^{t_{\tau_1}} \geqslant D_{\text{f}}]\mathrm{d}t_{\tau_1} \right\}$$

$$= \sum_{k=1}^{\infty} \left\{ \int_{T_k}^{T_{k+1}} r_{\text{eo}}(t_{\tau_1})[1 - R_{\text{eo}}(T_{k+1} - t_{\tau_1})]\int_{D_{\text{f}}}^{\infty} f^{(t_{\tau_1})}(x)\mathrm{d}x\mathrm{d}t_{\tau_1}\int_0^{D_{\text{p}}} f^{(T_k)}(x)\mathrm{d}x \right\} \tag{11-27}$$

在此情境下，更新期内的总更新成本 $E(C_E^a)$ 和更新长度 $E(L_E^a)$ 可以表示为：

$$E(C_E^a) = C_{\text{PEOM}}^a(k)P_{\text{PEOM}}^a + C_{\text{PEM}}^a(k)P_{\text{PEM}}^a + C_{\text{CEM}}^a(k,\ t_{\text{cem}}^a)P_{\text{CEM}}^a \tag{11-28}$$

$$E(L_E^a) = t_{\tau_1}(P_{\text{PEOM}}^a + P_{\text{PEM}}^a) + \sum_{t_{\text{cem}}^a = T_k}^{t_{\tau_1}} t_{\text{cem}}^a P_{\text{CEM}}^a \tag{11-29}$$

情景 b： 两次连续外部机会下的状态监测依次发生在 t_{τ_s} 和 $t_{\tau_{s+1}}$ 处（$S=0$，1，…；$T_k<t_{\tau_s}<t_{\tau_{s+1}}<T_{k+1}$），而且维修活动首次发生在 $t_{\tau_{s+1}}$ 处。此外，与 T_k 最临近的外部机会下的状态监测发生在 $t_{\tau_{s-1}}$ 处（$t_{\tau_{s-1}}<T_k<t_{\tau_s}<t_{\tau_{s+1}}<T_{k+1}$）。显然，机组在 t_{τ_s} 处的劣化水平应该低于 D_{eo}，即 $x_i^{t_{\tau_s}}<D_{eo}$。在 $t_{\tau_{s+1}}$ 处，机组有三种可能的劣化状态：$x_i^{t_{\tau_{s+1}}}\in(D_{eo}、D_p)$、$x_i^{t_{\tau_{s+1}}}\in(D_p,D_f)$ 和 $x_i^{t_{\tau_{s+1}}}\geqslant D_f$，分别对应 PEOM、PEM 和 CEM 三种维修活动。

当 PEOM 发生时，如图 11-3（b）中黑色实曲线所示，此时在（0，$t_{\tau_{s+1}}$）内产生的总维修成本 $C_{PEOM}^b(k,s)$ 可以表示为：

$$C_{PEOM}^b(k,s)=C_{set}+C_{eo}+kC_{ins}+(s+1)C_{ins}=C_{set}+C_{eo}+(k+s+1)C_{ins} \tag{11-30}$$

当图 11-3（b）中浅灰色虚曲线所描述的 PEM 活动出现时，在（0，$t_{\tau_{s+1}}$）内产生的总维修成本 $C_{PEM}^b(k,s)$ 为：

$$C_{PEM}^b(k,s)=C_{set}+C_{ep}+kC_{ins}+(s+1)C_{ins}=C_{set}+C_{ep}+(k+s+1)C_{ins} \tag{11-31}$$

如果风电机组在 $t_{\tau_{s+1}}$ 时刻的劣化水平超过 D_f，意味着在 $t_{\tau_{s+1}}$ 处需要对风电机组实施 CEM，如图 11-3（b）中深灰色虚曲线所示。此时总维修成本 $C_{CEM}^b(k,s,t_{cem}^b)$ 可以表示为：

$$C_{CEM}^b(k,s,t_{cem}^b)=C_{set}+C_{ec}+kC_{ins}+(s+1)C_{ins}+(t_{\tau_{s+1}}-t_{cem}^b)C_d$$
$$=C_{set}+C_{ec}+(k+s+1)C_{ins}+(t_{\tau_{s+1}}-t_{cem}^b)C_d \tag{11-32}$$

其中，t_{cem}^b 表示停机性故障发生的时刻点。

相应地，对机组实施 PEOM、PEM 和 CEM 的概率依次为：

$$P_{PEOM}^b=\sum_{k=1}^{\infty}\sum_{s=1}^{\infty}\Pr[T_k<t_{\tau_s}<t_{\tau_{s+1}}<T_{k+1},x_i^{t_{\tau_s}}<D_{eo},x_i^{t_{\tau_{s+1}}}\in(D_{eo},D_p)]$$

$$=\sum_{k=1}^{\infty}\sum_{s=1}^{\infty}\left\{\int_0^{T_k}\int_{T_k}^{T_{k+1}}\int_{t_{\tau_s}}^{T_{k+1}}r_{eo}^{(s-1)}(t_{\tau_{s-1}})r_{eo}(t_{\tau_s})r_{eo}(t_{\tau_{s+1}})\times\right.$$

$$\Pr[x_i^{t_{\tau_s}}<D_{eo},x_i^{t_{\tau_{s+1}}}\in(D_{eo},D_p)]dt_{\tau_{s+1}}dt_{\tau_s}dt_{\tau_{s-1}}\Bigg\}$$

$$=\sum_{k=1}^{\infty}\sum_{s=1}^{\infty}\left[\int_0^{T_k}\int_{T_k}^{T_{k+1}}\int_{t_{\tau_s}}^{T_{k+1}}r_{eo}^{(s-1)}(t_{\tau_{s-1}})r_{eo}(t_{\tau_s})\int_0^{D_{eo}}f^{(t_{\tau_s})}(x_i)r_{eo}(t_{\tau_{s+1}})\times\right.$$

$$\int_{D_{eo}}^{D_p}f^{(t_{\tau_{s+1}})}(x)dxdt_{\tau_{s+1}}dxdt_{\tau_s}dt_{\tau_{s-1}}\Bigg] \tag{11-33}$$

$$P_{\mathrm{PEM}}^{b} = \sum_{k=0}^{\infty} \sum_{s=1}^{\infty} \mathrm{Pr}\left[T_k < t_{\tau_s} < t_{\tau_{s+1}} < T_{k+1},\ x_i^{t_{\tau_s}} < D_{\mathrm{eo}},\ x_i^{t_{\tau_{s+1}}} \in (D_{\mathrm{p}},\ D_{\mathrm{f}}) \right]$$

$$= \sum_{k=0}^{\infty} \sum_{s=1}^{\infty} \left\{ \int_0^{T_k} \int_{T_k}^{T_{k+1}} \int_{t_{\tau_s}}^{T_{k+1}} r_{\mathrm{eo}}^{(s-1)}(t_{\tau_{s-1}}) r_{\mathrm{eo}}(t_{\tau_s}) r_{\mathrm{eo}}(t_{\tau_{s+1}}) \times \right.$$

$$\left. \mathrm{Pr}\left[x_i^{t_{\tau_s}} < D_{\mathrm{eo}},\ x_i^{t_{\tau_{s+1}}} \in (D_{\mathrm{p}},\ D_{\mathrm{f}}) \right] \mathrm{d}t_{\tau_{s+1}} \mathrm{d}t_{\tau_s} \mathrm{d}t_{\tau_{s-1}} \right\}$$

$$= \sum_{k=0}^{\infty} \sum_{s=1}^{\infty} \left\{ \int_0^{T_k} \int_{T_k}^{T_{k+1}} \int_{t_{\tau_s}}^{T_{k+1}} r_{\mathrm{eo}}^{(s-1)}(t_{\tau_{s-1}}) r_{\mathrm{eo}}(t_{\tau_s}) \int_0^{D_{\mathrm{eo}}} f^{(t_{\tau_s})}(x) r_{\mathrm{eo}}(t_{\tau_{s+1}}) \times \right.$$

$$\left. \int_{D_{\mathrm{p}}}^{D_{\mathrm{f}}} f^{(t_{\tau_{s+1}})}(x) \mathrm{d}x \mathrm{d}t_{\tau_{s+1}} \mathrm{d}x \mathrm{d}t_{\tau_s} \mathrm{d}t_{\tau_{s-1}} \right\} \tag{11-34}$$

$$P_{\mathrm{CEM}}^{b} = \sum_{k=0}^{\infty} \sum_{s=1}^{\infty} \mathrm{Pr}\left[T_k < t_{\tau_s} < t_{\tau_{s+1}} < T_{k+1},\ x_i^{t_{\tau_s}} < D_{\mathrm{eo}},\ x_i^{t_{\mathrm{cem}}^{b}} \geqslant D_{\mathrm{f}} \right]$$

$$= \sum_{k=0}^{\infty} \sum_{s=1}^{\infty} \left\{ \int_0^{T_k} \int_{T_k}^{T_{k+1}} \int_{t_{\tau_s}}^{T_{k+1}} r_{\mathrm{eo}}^{(s-1)}(t_{\tau_{s-1}}) r_{\mathrm{eo}}(t_{\tau_s}) r_{\mathrm{eo}}(t_{\tau_{s+1}}) \mathrm{d}t_{\tau_{s+1}} \times \right.$$

$$\left. \sum_{t_{\mathrm{cem}}^{b} = t_{\tau_s}}^{t_{\tau_{s+1}}} \mathrm{Pr}\left[x_i^{t_{\tau_s}} < D_{\mathrm{eo}},\ x_i^{t_{\mathrm{cem}}^{b}} \geqslant D_{\mathrm{f}} \right] \mathrm{d}t_{\tau_s} \mathrm{d}t_{\tau_{s-1}} \right\}$$

$$= \sum_{k=0}^{\infty} \sum_{s=1}^{\infty} \left[\int_0^{T_k} \int_{T_k}^{T_{k+1}} \int_{t_{\tau_s}}^{T_{k+1}} r_{\mathrm{eo}}^{(s-1)}(t_{\tau_{s-1}}) r_{\mathrm{eo}}(t_{\tau_s}) \int_0^{D_{\mathrm{eo}}} f^{(t_{\tau_s})}(x) r_{\mathrm{eo}}(t_{\tau_{s+1}}) \times \right.$$

$$\left. \sum_{t_{\mathrm{cem}}^{b} = t_{\tau_s}}^{t_{\tau_{s+1}}} \int_{D_{\mathrm{f}}}^{\infty} f^{(t_{\mathrm{cem}}^{b})}(x) \mathrm{d}x \mathrm{d}t_{\tau_{s+1}} \mathrm{d}x \mathrm{d}t_{\tau_s} \mathrm{d}t_{\tau_{s-1}} \right] \tag{11-35}$$

此情境下机组更新期内的总更新成本 $E(C_E^b)$ 和更新长度 $E(L_I^b)$ 为：

$$E(C_E^b) = C_{\mathrm{PEOM}}^b(k,\ s) P_{\mathrm{PEOM}}^b + C_{\mathrm{PEM}}^b(k,\ s) P_{\mathrm{PEM}}^b + C_{\mathrm{CEM}}^b(k,\ s,\ t_{\mathrm{cem}}^b) P_{\mathrm{CEM}}^b \tag{11-36}$$

$$E(L_I^b) = t_{\tau_{s+1}}(P_{\mathrm{PEOM}}^b + P_{\mathrm{PEM}}^b) + \sum_{t_{\mathrm{cem}}^b = t_{\tau_s}}^{t_{\tau_{s+1}}} t_{\mathrm{cem}}^b P_{\mathrm{CEM}}^b \tag{11-37}$$

情景 c： 两次连续外部机会下的状态监测分别发生在 t_{τ_s} 和 $t_{\tau_{s+1}}$ 处（$S = 1$, 2, $\cdots$；$t_{\tau_s} < T_k < t_{\tau_{s+1}} < T_{k+1}$）。在这种情境下，若要使维修活动发生在 $t_{\tau_{s+1}}$ 处，机组 在 t_{τ_s} 和 T_k 处的劣化水平必须满足 $x_i^{t_{\tau_s}} < D_{\mathrm{eo}}$ 和 $x_i^{T_k} < D_{\mathrm{p}}$，如图 11-3（c）所示。

类似于外部机会条件下的情景 b，假设表性故障发生的时刻点为 t_{cem}^c，令 $C_{\mathrm{PEOM}}^c(k,\ s)$、$C_{\mathrm{PEM}}^c(k,\ s)$ 和 $C_{\mathrm{CEM}}^c(k,\ s,\ t_{\mathrm{cem}}^c)$ 分别表示 PEOM、PEM 和 CEM 三

种可能维修活动下的总维修成本，可表示为：

$$C_{\text{PEOM}}^c(k,\ s)=C_{\text{set}}+C_{\text{eo}}+kC_{\text{ins}}+(s+1)C_{\text{ins}}=C_{\text{set}}+C_{\text{eo}}+(k+s+1)C_{\text{ins}} \tag{11-38}$$

$$C_{\text{PEM}}^c(k,\ s)=C_{\text{set}}+C_{\text{ep}}+kC_{\text{ins}}+(s+1)C_{\text{ins}}=C_{\text{set}}+C_{\text{ep}}+(k+s+1)C_{\text{ins}} \tag{11-39}$$

$$C_{\text{CEM}}^c(k,\ s,\ t_{\text{cem}}^c)=C_{\text{set}}+C_{\text{ec}}+kC_{\text{ins}}+(s+1)C_{\text{ins}}+(t_{\tau_{s+1}}-t_{\text{cem}}^c)C_{\text{d}}$$

$$=C_{\text{set}}+C_{\text{ec}}+(k+s+1)C_{\text{ins}}+(t_{\tau_{s+1}}-t_{\text{cem}}^c)C_{\text{d}} \tag{11-40}$$

实施 PEOM、PEM 和 CEM 的概率可以写成：

$$P_{\text{PEOM}}^c=\sum_{k=1}^{\infty}\sum_{s=1}^{\infty}\Pr[t_{\tau_s}<T_k<t_{\tau_{s+1}}<T_{k+1},\ x_i^{t_{\tau_s}}<D_{\text{eo}},\ x_i^{T_k}<D_{\text{p}},\ x_i^{t_{\tau_{s+1}}}\in(D_{\text{eo}},\ D_{\text{p}})]$$

$$=\sum_{k=1}^{\infty}\sum_{s=1}^{\infty}\left\{\int_0^{T_k}\int_{T_k}^{T_{k+1}}r_{\text{eo}}^{(s)}(t_{\tau_s})r_{\text{eo}}(t_{\tau_{s+1}})\Pr[x_i^{t_{\tau_s}}<D_{\text{eo}},\ x_i^{T_k}<D_{\text{p}},\right.$$

$$\left. x_i^{t_{\tau_{s+1}}}\in(D_{\text{eo}},\ D_{\text{p}})]dt_{\tau_{s+1}}dt_{\tau_s}\right\}$$

$$=\sum_{k=1}^{\infty}\sum_{s=1}^{\infty}\left\{\int_0^{T_k}\int_{T_k}^{T_{k+1}}r_{\text{eo}}^{(s)}(t_{\tau_s})\int_0^{D_{\text{eo}}}f^{(t_{\tau_s})}(x)r_{\text{eo}}(t_{\tau_{s+1}})\int_{D_{\text{eo}}}^{D_{\text{p}}}f^{(t_{\tau_{s+1}})}(x)dxdxdt_{\tau_{s+1}}dt_{\tau_s}\right.$$

$$\left.\int_0^{D_{\text{p}}}f^{(T_k)}(x)dx\right\} \tag{11-41}$$

$$P_{\text{PEM}}^c=\sum_{k=1}^{\infty}\sum_{s=1}^{\infty}\Pr[t_{\tau_s}<T_k<t_{\tau_{s+1}}<T_{k+1},\ x_i^{t_{\tau_s}}<D_{\text{eo}},\ x_i^{T_k}<D_{\text{p}},\ x_i^{t_{\tau_{s+1}}}\in(D_{\text{p}},\ D_{\text{f}})]$$

$$=\sum_{k=1}^{\infty}\sum_{s=1}^{\infty}\left\{\int_0^{T_k}\int_{T_k}^{T_{k+1}}r_{\text{eo}}^{(s)}(t_{\tau_s})r_{\text{eo}}(t_{\tau_{s+1}})\Pr[x_i^{t_{\tau_s}}<D_{\text{eo}},\ x_i^{T_k}<D_{\text{p}},\right.$$

$$\left. x_i^{t_{\tau_{s+1}}}\in(D_{\text{p}},\ D_{\text{f}})]dt_{\tau_{s+1}}dt_{\tau_s}\right\}$$

$$=\sum_{k=1}^{\infty}\sum_{s=1}^{\infty}\left\{\int_0^{T_k}\int_{T_k}^{T_{k+1}}r_{\text{eo}}^{(s)}(t_{\tau_s})\int_0^{D_{\text{eo}}}f^{(t_{\tau_s})}(x)r_{\text{eo}}(t_{\tau_{s+1}})\int_{D_{\text{p}}}^{D_{\text{f}}}f^{(t_{\tau_{s+1}})}(x)dxdxdt_{\tau_{s+1}}dt_{\tau_s}\right.$$

$$\left.\int_0^{D_{\text{p}}}f^{(T_k)}(x)dx\right\} \tag{11-42}$$

$$P_{\text{CEM}}^c=\sum_{k=1}^{\infty}\sum_{s=1}^{\infty}\Pr\{t_{\tau_s}<T_k<t_{\tau_{s+1}}<T_{k+1},\ x_i^{t_{\tau_s}}<D_{\text{eo}},\ x_i^{T_k}<D_{\text{p}},\ x_i^{t_{\text{cem}}^c}\geqslant D_{\text{f}}\}$$

$$=\sum_{k=1}^{\infty}\sum_{s=1}^{\infty}\left[\int_0^{T_k}\int_{T_k}^{T_{k+1}}r_{\text{eo}}^{(s)}(t_{\tau_s})r_{\text{eo}}(t_{\tau_{s+1}})\Pr(x_i^{t_{\tau_s}}<D_{\text{eo}},\ x_i^{T_k}<D_{\text{p}},\right.$$

$$\left. x_i^{t_{\text{cem}}^c}\geqslant D_{\text{f}})dt_{\tau_{s+1}}dt_{\tau_s}\right]$$

$$= \sum_{k=1}^{\infty} \sum_{s=1}^{\infty} \left\{ \int_0^{T_k} \int_{T_k}^{T_{k+1}} r_{eo}^{(s)}(t_{\tau_s}) \int_0^{D_{eo}} f^{(t_{\tau_s})}(x_i) r_{eo}(t_{\tau_{s+1}}) \sum_{t_{cem}^c = T_k}^{t_{\tau_{s+1}}} \int_{D_f}^{\infty} f^{(t_{cem}^c)}(x) \mathrm{d}x \mathrm{d}x \mathrm{d}t_{\tau_s} \mathrm{d}t_{\tau_{s+1}} \times \right.$$

$$\left. \int_0^{D_p} f^{(T_k)}(x) \mathrm{d}x \right\} \tag{11-43}$$

在此情景下，总更新成本和更新长度可以表示为：

$$E(C_E^c) = C_{PEOM}^c(k, s) P_{PEOM}^c + C_{PEM}^c(k, s) P_{PEM}^c + C_{CEM}^c(k, s, t_{cem}^c) P_{CEM}^c \tag{11-44}$$

$$E(L_E^c) = t_{\tau_{s+1}}(P_{PEOM}^c + P_{PEM}^c) + \sum_{t_{cem}^c = T_k}^{t_{\tau_{s+1}}} t_{cem}^c P_{CEM}^c \tag{11-45}$$

综上所述，在外部机会条件下机组更新期内的平均更新成本 $E[C_E(T, D_p, D_{eo})]$ 和更新长度 $E[L_E(T, D_p, D_{eo})]$ 分别为：

$$E[C_E(T, D_p, D_{eo})] = P(v < v^{ci})[E(L_E^a) + E(L_E^b) + E(L_E^c)]$$

$$= \int_0^{v^{ci}} f_v(v, \beta, \alpha) \mathrm{d}v [E(L_E^a) + E(L_E^b) + E(L_E^c)]$$

$$\tag{11-46}$$

和

$$E[L_E(T, D_p, D_{eo})] = P(v < v^{ci})[E(L_E^a) + E(L_E^b) + E(L_E^c)]$$

$$= \int_0^{v^{ci}} f_v(v, \beta, \alpha) \mathrm{d}v [E(L_E^a) + E(L_E^b) + E(L_E^c)]$$

$$\tag{11-47}$$

综合以上各种情景，可以得到机组更新期的平均总成本 $E[C(T, D_p, D_{eo})]$ 和总长度 $E[L(T, D_p, D_{eo})]$ 分别为：

$$E[C(T, D_p, D_{eo})] = E[C_I(T, D_p, D_{eo})] + E[C_E(T, D_p, D_{eo})] \tag{11-48}$$

$$E[L(T, D_p, D_{eo})] = E[L_I(T, D_p, D_{eo})] + E[L_E(T, D_p, D_{eo})]$$

$$\tag{11-49}$$

显然，如式（11-1）所示的风电机组最优机会维修模型是一个非线性约束优化的多变量模型，而遗传算法能够很好地处理相关的约束、非约束的线性或者非线性的问题，因此，在后续的实验中，笔者利用遗传算法对模型成本率进行优化。

11.3　数值实验

本章选用形状和尺度参数分别为 α_{ga} 和 β_{ga} 的 Gamma 分布来描述机组退化的不可逆过程，并以文献[27,171]所提到的主轴承的对应参数来反映机组整体的性能退化，即机组单位时间的劣化增量服从 $\Gamma(\alpha_{ga}, \beta_{ga})$ 分布。表 11-1 中列出了模型中相关成本参数值。在风电场中，当风速低于 3m/s 时，风电机组无功率输出，且能够保证维修活动被安全地实施。因此，切入风速被定义为 $v_i^{ci} = 3\text{m/s}$，风速分布的相关参数根据文献[136]中所列数据得到，如表 11-2 所示。本章所涉及的货币单位是千欧，时间单位为天。

表 11-1　模型中所涉及的相关维修成本

参数	C_{set}	C_{ins}	C_{eo}	C_{ep}	C_{ip}	C_{ec}	C_{ic}	C_d
取值	50	0.635	3.5	6	7	25	30	7.2

表 11-2　模型中所涉及的模型参数

参数	α	β	α_{ga}	β_{ga}	λ	D_f
取值	0.0495	1.221	0.04	1.3	1.5	10

11.3.1　策略对比

为了验证所提出模型的正确性和经济优势，将其与定周期维修策略（不考虑外部维修机会，维修行为只发生在 CMR 处）和外部机会维修策略（维修活动只发生在 CME 处）进行对比。图 11-4 给出了所提模型在遗传算法下的一次进程示例，显然，模型解趋于收敛，存在最小解，而图 11-5、图 11-6 及表 11-3 分别显示了另外两种策略成本率在决策变量影响下的变化趋势和模型优化结果。

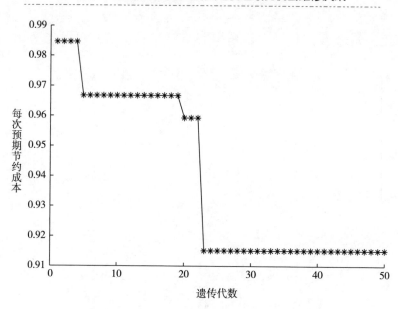

图 11-4　所提维修策略下 GA 的一次优化结果

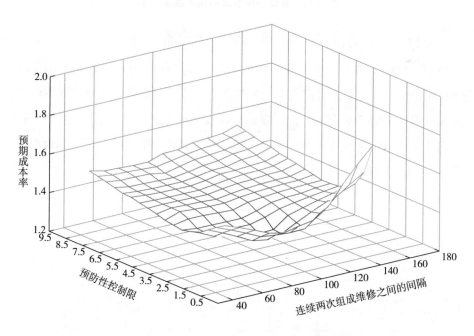

图 11-5　在 T 和 D_p 影响下，定周期维修策略的预期成本率变化

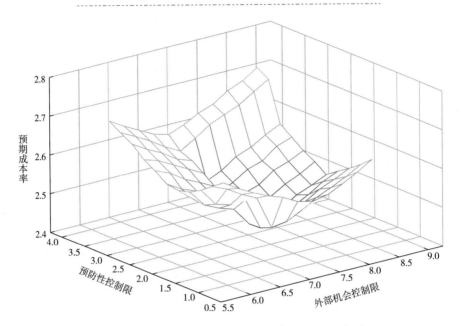

图 11-6 在 D_{eo} 和 D_p 影响下，外部机会维修策略下的预期成本率变化

从表 11-3 可以看出，本章维修策略的最优结果是 $T^* = 40$、$D_{eo}^* = 5.757379$ 和 $D_p^* = 6.999936$，相应的成本率为 $CR^*(T^*, D_p^*, D_{eo}^*) = 1.026833$。由于状态检测成本很低，其对整个维修成本的影响较小，连续两次状态监测之间的时间间隔随着检测频率的增加而减少，相应的故障发生的概率也会降低。很容易看出，所提出的维修策略与其他两种策略相比具有很显著的经济优势，其预期成本率分别下降了 32.36% 和 142.94%。

表 11-3 三种维修策略下的最优结果

维修策略	最优决策变量	$CR^*(T^*, D_p^*, D_{eo}^*)$
本章策略	$T^* = 40$，$D_{eo}^* = 5.757379$，$D_p^* = 6.999936$	1.026833
定周期维修策略	$T^* = 60$，$D_p^* = 7.029790$	1.359089
外部机会维修策略	$D_{eo}^* = 2.377485$，$D_p^* = 8.718860$	2.494639

11.3.2　灵敏性分析

为了研究所提出模型中不同参数对最优维修策略性能的影响，基于表11-1的数据分别将相关参数缩小和扩大一定的倍数。由于风速间歇性产生了外部维修机会，因此，外部机会的平均到达间隔$1/\lambda$和外部机会控制限D_{eo}对三种维修策略成本率的影响必须考虑，优化结果如图11-7至图11-8所示。可以看出，二者对所提出的维修策略和外部机会维修策略的影响较大，而对定周期维修策略没有任何影响，这是因为在定周期的维修策略中没有考虑外部机会。另外，从图11-7中很容易发现，所提出的维修策略和外部机会维修策略之间的成本率差距随着$1/\lambda$的增加而不断加大，这意味着当通过低风速产生的外部机会数量很少时，CMR很有必要；当$1/\lambda$达到某一个值时，所提模型的经济优势与其他策略相比最为显著。

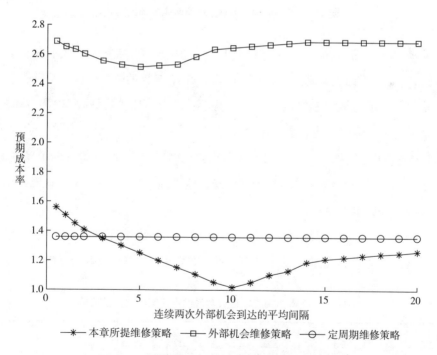

图11-7　不同策略下$1/\lambda$对预期成本率的影响

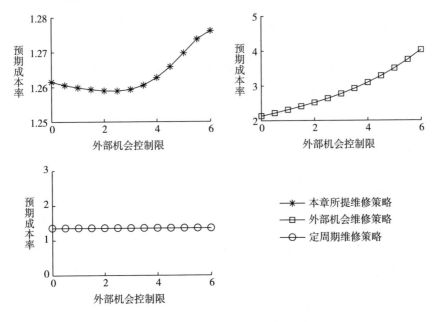

图 11-8　不同策略下 D_{eo} 对预期成本率的影响

从表 11-4 中可以看出，任何维修成本参数的增加都会导致预期成本率增加，然而它们对于最优维修决策变量的影响却是多方面的，具体的影响关系如表 11-5 所示。

不得不指出的是，常规运行条件下检测间隔 T 的缩短意味着检测频率的增加，这避免了故障的发生，进一步降低了维修相关成本。相反，当单次检测成本 C_{ins} 较大时，T 会增加。而一个大的外部机会控制限 D_{eo}（或者预防性维修控制限 D_p）意味着外部机会维修活动 PEOM（或者预防性维修活动）的实施概率增大，进而导致维修成本的增加。

由表 11-4 可知，当维修相关成本改变时，一些决策变量没有明显的规律性变化，这是因为它们之间没有直接的关系，如表 11-5 中波浪线所示结果。

表 11-4　维修相关成本参数对最优维修策略性能的影响

参数	取值	T^*	D_{eo}^*	D_p^*	CR^*（T^*，D_p^*，D_{eo}^*）
C_{set}	40	40	6.627654	4.000000	0.685009
	50	40	5.757379	6.999936	1.026833
	80	50	1.884346	8.314316	1.154711

续表

参数	取值	T^*	D_{eo}^*	D_p^*	$CR^*(T^*, D_p^*, D_{eo}^*)$
C_{ins}	0.235	30	1.249954	8.989543	0.811795
	0.635	40	5.757379	6.999936	1.026833
	1.635	50	1.075183	8.879169	1.946969
C_{eo}	2	40	5.917913	4.935412	0.707775
	3.5	40	5.757379	6.999936	1.026833
	5.5	30	2.228192	7.434395	1.895905
C_{ep}	4.5	30	6.027910	5.016964	0.883280
	6	40	5.757379	6.999936	1.026833
	6.5	40	4.854334	7.564520	1.876685
C_{ip}	6.2	50	6.420308	5.933752	0.947790
	7	40	5.757379	6.999936	1.026833
	18	30	1.819082	7.084501	1.896195
C_{ec}	15	40	5.379706	5.491500	0.748159
	25	40	5.757379	6.999936	1.026833
	29	50	3.155317	8.993462	1.029124
C_{ic}	26	50	6.154080	7.167779	0.654643
	30	40	5.757379	6.999936	1.026833
	45	50	1.000000	5.676710	1.985347
C_d	2.2	180	4.637409	5.026892	0.489741
	7.2	40	5.757379	6.999936	1.026833
	14	60	6.041101	7.218669	1.324042

表 11-5　维修成本相关参数变化下最优结果的变化趋势

参数	T^*	D_{eo}^*	D_p^*	$CR^*(T^*, D_p^*, D_{eo}^*)$
$C_{set}\nearrow$	~	↘	↗	↗
$C_{ins}\nearrow$	↗	~	~	↗
$C_{eo}\nearrow$	~	↘	↗	↗
$C_{ep}\nearrow$	~	↘	↗	↗
$C_{ip}\nearrow$	↘	↘	↗	↗

参数	T^*	D_{eo}^*	D_p^*	$CR^*(T^*, D_p^*, D_{eo}^*)$
$C_{ec}\nearrow$	~	↘	↗	↗
$C_{ic}\nearrow$	~	↘	↗	↗
$C_d\nearrow$	↘	↗	↗	↗

注：↗表示增加，↘表示降低，~表示没有明显变化。

对于本章所提机会维修策略而言，当 D_{eo} 增加时，实施 PEOM 的概率和相应的成本会降低，但是当 D_{eo} 降低到某一值时却会导致更高的维修成本。然而，本章所提的维修策略成本大部分时刻低于外部机会维修和定周期的维修策略，当 D_{eo} 变大时，前者成本率保持持续上升趋势，而后者却没有变化，如图 11-8 所示。这说明在缓和灵活分配维修资源的过程中，本章维修策略对外部维修机会到达不确定性具有更好的适用性。

本章小结

受客观自然风间歇性的影响，风电机组功率输出不可控。本章针对风电机组电能输出不可控的特征，利用风速间歇性产生的外部维修机会提出了风电机组的最优机会维修决策模型，主要研究结论如下：

（1）当风速低于切入风速时，能源生产间歇阶段产生。此时，为了降低能源中断停机损失，可以进行能源生产中断情况下的检测和外部机会维修活动。从常规运行条件和外部机会条件两个方面讨论机组的状态监测和相对应的维修活动，避免了对机组过维修和欠维修的情况发生。

（2）通过权衡维修频率和进一步避免过维修和欠维修，可以考虑常规检测和相应的维修活动。在这种情况下，通过分析两种情况下的所有维修活动，提出了具有三个决策变量的维修模型。所提模型通过将预防性维修和外部机会维修相结合，既可以避免因不可预测故障导致的巨大停机损失，又能充分利用外部维修机会优势降低机组常规运行条件下的机会成本。

（3）通过与定周期的维修和外部机会维修的维修策略相比，本章所提出的维修策略具有很强的经济优势。此外，本章分析了不同维修成本相关参数、切入风速和外部机会控制限对最优维修策略性能的影响。实验结果不仅验证了所提模型的经济优势，而且说明了对不可避免的外部维修机会的合理分配和充分利用，为降低风电机组运维成本提供了新的研究方向和解决思路。

在本章基础上可进一步考虑由于故障风电机组提供的基于维修需求的传统的机会维修，制定联合双重机会的维修策略，这对风电场来说能够获得更好的成本效益。这部分内容将在下章进行详细阐述。

第 12 章

风电机组内外联合机会维修决策建模与优化

由第 10 章和第 11 章关于风电机组外部维修机会的研究可知，随机风速的间歇性为机组提供了外部维修机会，充分利用此机会不仅能够最大限度地降低风电机组的整体维修成本，而且保证了机组功率的正常输出。从维修决策来看，外部维修机会[83] 由外在客观运维环境产生，而内部维修机会则是决策者因考虑系统（部件）之间的经济相关性而主动提出来的，二者相结合能够充分发挥内外部维修机会的独特优势，达到最大化风电场能源产出的目的。当前主流研究对内部维修机会在风电场维修决策的应用主要集中在机组串联系统上，而较少考虑风电场多设备并联系统，同时外部维修机会在机组维修决策建模中的研究还未见相关文献。因此，本章在第 11 章考虑风速间歇性的风电机组最优机会维修的基础上，进一步研究了机组的内外联合机会维修决策建模和优化问题。在该策略下，由故障机组提供的内部机会和由弱风速期产生的外部机会同时被关注，通过分析机组的劣化状态在两种状态监测下的稳态演变规律推导出稳态概率密度函数，并利用半更新理论构建了预期成本率模型。此外，笔者对上述分析和所提模型进行了实验验证。

12.1　系统描述

本章将单台风电机组视为一个整体系统，关注其整体劣化情况，且同一风电场机组之间存在强经济相关性。

12.1.1　系统退化特征

风电场中任意一台风电机组 i 的劣化过程可以描述为一个具有如下特征的连续随机过程 $X_i(t)$：

（1）风电机组在 t 时刻的劣化状态用具有单调递增特性的随机变量 x_i^t 来描

述。若风电机组在 $t=0$ 处全新，有 $x_i^0=0$。

（2）机组单位时间 Δt 的劣化增量通过一个具有非负、独立和稳态特性的随机变量 Δx_i^k 来表示，有 $\Delta x_i^k = x_i^{k\Delta t} - x_i^{(k-1)\Delta t}$（$k \in N^+$），此变量服从概率密度函数为 $f(x)$ 的分布。

（3）经过 t 个时间单位，风电机组的劣化增量可以表示为 $f(x)$ 的 t 次卷积 $f^{(t)}(x)$，这里，$f(x)$ 可以是任意的连续分布函数。

12.1.2　内外联合机会维修策略

为了充分利用内外部维修机会，本章在第 6 章风电机组外部机会维修策略的基础上给出了四个控制限：故障维修阈值、预防性控制限、内部机会控制限和外部机会控制限，分别通过 D_f、D_p、D_{io} 和 D_{eo} 表示，且满足 $D_{eo}<D_{io}<D_p<D_f$。在机组的内外联合机会维修策略下，状态监测依然由 CMR 和 CME 两种类型组成，只要风电机组在状态监测点上的劣化状态超过上面任何一项控制限，便立即对机组实施相应维修活动。详细的维修策略描述如下：

（1）在常规运行条件下，每隔 T（$T=k_T\Delta t$，$k_T \in N$）对所有的风电机组实施瞬时无损的 CMR，监测成本为 C_{ins}。在此状态监测点处，如果风电机组的劣化状态满足 $D_p \leqslant x_i^t \leqslant D_f$，立即对机组实施 PIM，相对应的维修成本是 C_{ip}；如果 $x_i^t \geqslant D_f$，则对风电机组组织 CIM，成本为 C_{ic}；如果此时风电场中有其他机组故障，而当前风电机组的劣化状态超过了 D_{io}，则对当前机组实施预防性内部机会维修（Preventive Internal Opportunistic Maintenance，PIOM）。由于 PIOM 提前中断了当前机组的寿命，所以本章给出了 PIOM 相对应的惩罚成本 C_{io} 予以补偿。

（2）在外部机会条件下，每隔时间间隔 τ 对所有的风电机组执行 CME，此状态监测同样是瞬时无损检测，成本依然是 C_{ins}。类似于常规运行条件下的维修活动类型，三种可能的维修活动被考虑：若 $D_{eo} \leqslant x_i^t \leqslant D_p$，则对机组实施 PEOM；若 $D_p \leqslant x_i^t \leqslant D_f$，则 PEM 被执行；若 $x_i^t \geqslant D_f$，则对风电机组实施的是 CEM，维修成本依次为 C_{eo}、C_{ep} 和 C_{ec}。

（3）在本维修策略中，假设所有提到的维修活动均是瞬时完成，且维修后风电机组恢复如新，维修成本依然满足 $C_{ins} \ll C_{eo} < C_{io} < C_{ep} < C_{ip} < C_{ec} < C_{ic} \ll C_{set}$。

在内外部机会的影响下，可能的维修策略如图 12-1 所示。例如，当 $x_i^{T_1} \in (D_{io}, D_p)$ 时，在内部机会存在的情况下对机组实施 PIOM；当 $x_i^{t_{\tau_2}} \in (D_p, D_f)$ 时，则为风电机组实施 PEM；当 $x_i^{t_{\tau_3}} \in (D_{eo}, D_p)$ 时，则组织 PEOM；如果风电机组的劣化状态超过 $x_i^{T_2} > D_f$、$x_i^{t_{\tau_3}} > D_f$ 和 $x_i^{T_3} \in (D_p, D_f)$，相应地 CIM、CEM 和 PIM 被考虑。另外，如果 $x_i^{t_{\tau_5}} < D_{eo}$ 和 $x_i^{T_4} < D_{io}$，则不需要任何维修活动。

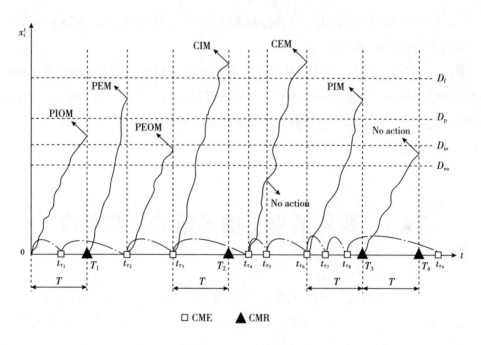

图 12-1　维修策略描述

12.1.3　成本率模型

由前文对内外联合机会维修策略的描述可知，若风电机组的退化较慢，常规运行条件下太频繁的周期状态监测昂贵且没有必要，而 T 过大会导致机组故障概率增加。同样地，低的维修阈值（D_p、D_{io} 和 D_{eo}）意味着维修频率的增加，使得已经劣化风电机组的剩余使用寿命不能被充分利用。相反，维修阈值较高会带来高故障率和维修成本。显然，T、D_p、D_{io} 和 D_{eo} 的大小会影响最优维修策略的选择。根据第 6 章对机组劣化进程的描述可知，风电机组的劣化进程具有半更新特性，且任何一种状态监测点均可以被看作半更新点。因此，连续两次状态监测点之间的时间间隔可以被视为一个半更新期，利用半更新理论[173]，风电机组在无限时间域内的单位时间成本可以通过半更新期内的成本率来表示，即

$$CR(T, D_p, D_{io}, D_{eo}) = \frac{E[C(T, D_p, D_{io}, D_{eo})]}{E[L(T, D_p, D_{io}, D_{eo})]} \qquad (12-1)$$

其中，$E[C(T, D_p, D_{io}, D_{eo})]$ 和 $E[L(T, D_p, D_{io}, D_{eo})]$ 分别表示半更新期的平均总成本和总长度。

由于 CME 发生的随机性，在本章中有四种情景被考虑：①连续两次 CMRs 之间的维修活动；②连续两次 CMEs 之间的维修活动；③前者是 CMR，后者是 CME 的连续两次状态监测点之间的维修活动以及④前者是 CME，后者是 CMR 的连续两次状态监测点之间的维修活动。

12.2 四种情境下的更新成本和长度

综上所述，常规运行条件下两次 CMRs 之间的间隔表示为 T，第 k 次 CMR 到达的时刻点可以表示为 T_k，即 $T_k = kT$。风电机组在临近 CME 处的状态影响其在 CMR 处的维修需求，反之亦然。此外，风电机组在连续两次维修干预点之间的间隔 T_{cycle} 内的稳态概率密度函数表示为 $\Omega_{T_{cycle}}(x_i)$，因此，四种情景的描述如图 12-2 所示。

情景 a： 连续两次 CMRs 依次发生在 T_k 和 $T_{k+1}(k=0, 1, \cdots)$，如图 12-2 (a) 所示。根据风电机组 i 在 T_k 和 T_{k+1} 处的劣化状态，有三种可能的维修活动被考虑。

当另外一台风电机组的劣化状态 $x_j^{T_{k+1}}$ 在 T_{k+1} 处超过了 D_p，则对劣化状态处于 (D_{io}, D_p) 内的风电机组 i 执行 PIOM，如图 12-2 (a) 中的黑色实曲线所示。此时，(T_k, T_{k+1}) 内相关的总维修成本表示为 C_{PIOM}^a，由总 PIOM 成本和

CMRs 成本组成。

$$C_{\text{PIOM}}^{a} = C_{\text{io}} + C_{\text{ins}} \tag{12-2}$$

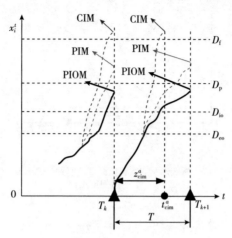

（a）两次连续的CMR：T_k 和 T_{k+1}（$k=0$，1，…）

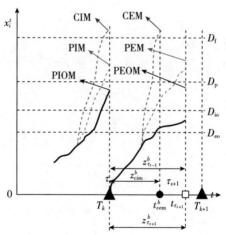

（b）两次连续的状态监测点：前者是CMR T_k；
　　后者是CME$_{\tau_{s+1}}$（$s=0$，1，…）

图 12-2　两次连续的状态监测点之间的四种可能的情景

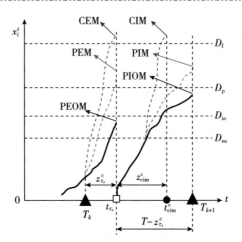

（c）两次连续的状态监测点：前者是CME t_{τ_s}；
后者是CMR T_{k+1}

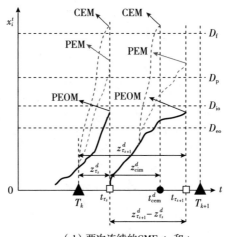

（d）两次连续的CME：t_{τ_s} 和 $t_{\tau_{s+1}}$

▲ CMR　　□ CME　　● 故障发生时刻点

图12-2　两次连续的状态监测点之间的四种可能的情景（续）

当风电机组 i 的退化状态 $x_i^{T_{k+1}}$ 满足 $x_i^{T_{k+1}} \in (D_p,\ D_f)$，则对机组实施 PIM，如图 12-2（a）中浅灰色虚曲线所示，此时，机组在（T_k，T_{k+1}）内的总维修成本 C_{PIM}^a 为：

$$C_{PIM}^a = C_{set} + C_{ip} + C_{ins} \tag{12-3}$$

如果风电机组在（T_k，T_{k+1}）内任何一点的劣化水平超过D_f，意味着机组在此刻发生了停机性故障，则在T_{k+1}处就要对机组实施 CIM，如图 12-2（a）中的深灰色虚曲线所示。假设故障发生在t_{cim}^a处，那么T_k和t_{cim}^a的间隔表示为z_{cim}^a，有$z_{cim}^a = t_{cim}^a - T_k$。（$T_k$，$T_{k+1}$）内的总维修成本由$C_{ic}$、$C_{ins}$、$C_{set}$和（$T - z_{cim}^a$）内的停机损失组成。

$$C_{CIM}^a(z_{cim}^a) = C_{set} + C_{ic} + C_{ins} + (T - z_{cim}^a)C_d \tag{12-4}$$

在此情境下，风电机组的稳态概率密度函数表示为$\Omega_T(x_i)$，这将会在下面的 12.3 部分被详细描述。由于风电场中的风电机组之间的运行相互独立，除风电机组i外，其他（$N-1$）台风电机组都没有维修需求的概率[171]$p_{no\_m}^T$可以表示为：

$$p_{no\_m}^T = \int_0^{D_p}\Omega_T(y_1)\,dy_1 \cdots \int_0^{D_p}\Omega_T(y_{i-1})\,dy_{i-1}\int_0^{D_p}\Omega_T(y_{i+1})\,dy_{i+1}\cdots\int_0^{D_p}\Omega_T(y_N)\,dy_N$$

$$= \left[\int_0^{D_p}\Omega_T(y)\,dy\right]^{N-1} \tag{12-5}$$

相应地，（$N-1$）台机组中至少有一台风电机组需要被维修的概率可表示为（$1-p_{no\_m}^T$）。

根据以上分析，在情景 a 中，在T_{k+1}处实施 PIOM 的概率为：

$$P_{PIOM}^a = (1 - p_{no\_m}^T)\Pr[t_{\tau_s} < T_k < T_{k+1} < t_{\tau_{s+1}},\ x_i^{T_{k+1}} \in (D_{io},\ D_p)]$$

$$= (1 - p_{no\_m}^T)[1 - R_{eo}(T_{k+1} - T_k)]\Pr[x_i^{T_{k+1}} \in (D_{io},\ D_p)]$$

$$= (1 - p_{no\_m}^T)[1 - R_{eo}(T)]\Pr[x_i^{T_{k+1}} \in (D_{io},\ D_p)]$$

$$= \left\{1 - \left[\int_0^{D_p}\Omega_T(y)\,dy\right]^{N-1}\right\}(1 - R_{eo}(T))\int_{D_{io}}^{D_p}\Omega_T(x_i)\,dx_i \tag{12-6}$$

类似地，对机组执行 PIM 和 CIM 的概率分别表示如下：

$$P_{PIM}^a = \Pr[t_{\tau_s} < T_k < T_{k+1} < t_{\tau_{s+1}},\ x_i^{T_{k+1}} \in (D_p,\ D_f)]$$

$$= [1 - R_{eo}(T)]\int_{D_p}^{D_f}\Omega_T(x_i)\,dx_i \tag{12-7}$$

$$P_{CIM}^a = \Pr[t_{\tau_s} < T_k < T_{k+1} < t_{\tau_{s+1}},\ x_i^{t_{cim}^a} \geq D_f] = R_{eo}(T)\sum_{t_{cim}^a = T_k}^{T_{k+1}}\Pr[x_i^{t_{cim}^a} \geq D_f]$$

$$= R_{eo}(T)\sum_{t_{cim}^a - T_k = T_k - T_k}^{T_{k+1} - T_k}\left[\int_{D_f}^{\infty}\Omega_T(x_i)\,dx_i\right] = R_{eo}(T)\sum_{z_{cim}^a = 0}^{T}\left[\int_{D_f}^{\infty}\Omega_T(x_i)\,dx_i\right] \tag{12-8}$$

在情景 a 中，预期平均更新成本 $E(C_{II}^a)$ 和更新长度 $E(L_{II}^a)$ 为：

$$E(C_{II}^a) = C_{PIOM}^a P_{PIOM}^a + C_{PIM}^a P_{PIM}^a + C_{CIM}^a(z_{cim}^a) P_{CIM}^a \tag{12-9}$$

$$E(L_{II}^a) = T(P_{PIOM}^a + P_{PIM}^a) + \sum_{z_{cim}^a=0}^{T} P_{CIM}^a(T - z_{cim}^a) \tag{12-10}$$

情景 b：前一个状态监测点属于 CMR，发生在 T_k，后一个状态监测点属于 CME，发生在 $t_{\tau_{s+1}}$（$s=0, 1, \cdots$）。不同于情景 a，在该情景中有三种可能的维修活动在 $t_{\tau_{s+1}}$ 处被执行，分别为 PEOM、PEM 和 CEM，如图 12-2（b）所示。

当风电机组 i 在 $t_{\tau_{s+1}}$ 处的劣化状态超过 D_{eo}，如图 12-2（b）中的黑色实曲线所示，对机组立即实施 PEOM，那么，在（T_k，$t_{\tau_{s+1}}$）内发生的总维修成本 C_{PIOM}^b 表示为：

$$C_{PEOM}^b = C_{set} + C_{eo} + C_{ins} \tag{12-11}$$

如果维修活动是 PEM 类型，说明在 $t_{\tau_{s+1}}$ 处风电机组 i 的劣化状态处于（D_p，D_f）内，如图 12-2（b）中浅灰色虚曲线所示，那么在（T_k，$t_{\tau_{s+1}}$）内相关的总维修成本 C_{PEM}^b 为：

$$C_{PEM}^b = C_{set} + C_{ep} + C_{ins} \tag{12-12}$$

同理，如果机组在（T_k，$t_{\tau_{s+1}}$）内的劣化水平超过 D_f，将在 $t_{\tau_{s+1}}$ 处对机组组织 CEM，如图 12-2（b）中深灰色虚曲线所示，此时的总维修成本是 $C_{CIM}^b(z_{cim}^b)$，有：

$$C_{CEM}^b(z_{cim}^b) = C_{set} + C_{ec} + C_{ins} + (t_{\tau_{s+1}} - t_{cem}^b)C_d = C_{set} + C_{ec} + C_{ins} + (z_{\tau_{s+1}}^b - z_{cim}^b)C_d \tag{12-13}$$

其中，t_{cem}^b 表示停机性故障发生的时刻点，z_{cim}^b 表示 t_{cem}^b 和 T_k 之间的时间长度，即 $z_{cim}^b = t_{cim}^b - T_k$，而 $z_{\tau_{s+1}}^b$ 表示从 T_k 到 $t_{\tau_{s+1}}$ 的时间长度，有 $z_{\tau_{s+1}}^b = t_{\tau_{s+1}} - T_k$。

类似于情景 a 中的推导过程，PEOM、PEM 和 CEM 的概率依次表示如下：

$$P_{PEOM}^b = \Pr[T_k < t_{\tau s+1} < T_{k+1}, x_i^{t_{\tau_{s+1}}} \in (D_{eo}, D_p)]$$

$$= \int_{T_k}^{T_{k+1}} r_{eo}(t_{\tau_{s+1}})\Pr[x_i^{t_{\tau_{s+1}}} \in (D_{eo}, D_p)]dt_{t_{\tau_{s+1}}}$$

$$= \int_0^T r_{eo}(t_{\tau_{s+1}} - T_k)\int_{D_{eo}}^{D_p} \Omega_{z_{\tau_{s+1}}^b}(x_i)dx_i d(t_{\tau_{s+1}} - T_k)$$

$$= \int_0^T r_{eo}(z_{\tau_{s+1}}^b)\int_{D_{eo}}^{D_p} \Omega_{z_{\tau_{s+1}}^b}(x_i)dx_i dz_{\tau_{s+1}}^b \tag{12-14}$$

$$P_{\mathrm{PEM}}^{b} = \mathrm{Pr}\left[T_k < t_{\tau_{s+1}} < T_{k+1}, \; x_i^{\tau_{s+1}} \in (D_{\mathrm{p}}, \; D_{\mathrm{f}}) \right]$$

$$= \int_{T_k}^{T_{k+1}} r_{\mathrm{eo}}(t_{\tau_{s+1}}) \mathrm{Pr}\left[x_i^{\tau_{s+1}} \in (D_{\mathrm{p}}, \; D_{\mathrm{f}}) \right] \mathrm{d}t_{t_{\tau_{s+1}}}$$

$$= \int_0^T r_{\mathrm{eo}}(t_{\tau_{s+1}} - T_k) \int_{D_{\mathrm{p}}}^{D_{\mathrm{f}}} \Omega_{z_{\tau_{s+1}}^{b}}(x_i) \mathrm{d}x_i \mathrm{d}(t_{\tau_{s+1}} - T_k)$$

$$= \int_0^T r_{\mathrm{eo}}(z_{\tau_{s+1}}^{b}) \int_{D_{\mathrm{p}}}^{D_{\mathrm{f}}} \Omega_{z_{\tau_{s+1}}^{b}}(x_i) \mathrm{d}x_i \mathrm{d}z_{\tau_{s+1}}^{b} \qquad (12\text{-}15)$$

$$P_{\mathrm{CEM}}^{b} = \mathrm{Pr}\left[T_k < t_{\tau_{s+1}} < T_{k+1}, \; x_i^{t_{\mathrm{cem}}^{b}} \geqslant D_{\mathrm{f}} \right]$$

$$= \int_{T_k}^{T_{k+1}} r_{\mathrm{eo}}(t_{\tau_{s+1}}) \sum_{t_{\mathrm{cem}}^{b} = T_k}^{t_{\tau_{s+1}}} Pr\left\{ x^{t_{\mathrm{cem}}^{b}} \geqslant D_f \right\} \mathrm{d}t_{t_{\tau_{s+1}}}$$

$$= \int_0^T r_{\mathrm{eo}}(t_{\tau_{s+1}} - T_k) \sum_{t_{\mathrm{cem}}^{b} - T_k = T_k - T_k}^{t_{\tau_{s+1}} - T_k} \int_{D_{\mathrm{f}}}^{\infty} \Omega_{z_{\tau_{s+1}}^{b}}(x_i) \mathrm{d}x_i \mathrm{d}(t_{\tau_{s+1}} - T_k)$$

$$= \int_0^T r_{\mathrm{eo}}(z_{\tau_{s+1}}^{b}) \sum_{z_{\mathrm{cem}}^{b} = 0}^{z_{\tau_{s+1}}^{b}} \int_{D_{\mathrm{f}}}^{\infty} \Omega_{z_{\tau_{s+1}}^{b}}(x_i) \mathrm{d}x_i \mathrm{d}z_{\tau_{s+1}}^{b} \qquad (12\text{-}16)$$

在此情景下，预期平均更新成本 $E(C_{IE}^{b})$ 和更新长度 $E(L_{IE}^{b})$ 分别表示为：

$$E(C_{IE}^{b}) = C_{\mathrm{PEOM}}^{b} P_{\mathrm{PEOM}}^{b} + C_{\mathrm{PEM}}^{b} P_{\mathrm{PEM}}^{b} + C_{\mathrm{CEM}}^{b}(z_{cem}^{b}) P_{\mathrm{CEM}}^{b} \qquad (12\text{-}17)$$

$$E(L_{IE}^{b}) = z_{\tau_{s+1}}^{b}(P_{\mathrm{PEOM}}^{b} + P_{\mathrm{PEM}}^{b}) + \sum_{z_{\mathrm{cem}}^{b} = 0}^{z_{\tau_{s+1}}^{b}} P_{\mathrm{CEM}}^{b}(z_{\tau_{s+1}}^{b} - z_{\mathrm{cem}}^{b}) \qquad (12\text{-}18)$$

情景 c： 前一个状态监测是 CME，发生在 t_{τ_s} 处，后一个状态检测点是 CMR，发生在 T_{k+1} 处。类似于情景 a，在 T_{k+1} 处同样有三种可能的维修活动，即 PIOM、PIM 和 CIM，如图 12-2（c）所示，对应（t_{τ_s}，T_{k+1}）内的总维修成本分别表示为 C_{PIOM}^{c}、C_{PIM}^{c} 和 $C_{\mathrm{CIM}}^{c}(z_{\mathrm{cim}}^{c})$，在此情景中，停机性故障发生的时刻点为 t_{eim}^{c}，t_{eim}^{c} 和 t_{τ_s} 之间的间隔为 z_{cim}^{c}，有 $z_{\mathrm{cim}}^{c} = t_{\mathrm{cim}}^{c} - t_{\tau_s}$。令 $z_{t_{\tau_s}}^{c}$ 表示从 T_k 到 t_{τ_s} 的时间长度，有 $z_{t_{\tau_s}}^{c} = t_{\tau_s} - T_k$，那么 t_{τ_s} 和 T_{k+1} 之间的时间间隔可以写成（$T - z_{t_{\tau_s}}^{c}$）。

$$C_{\mathrm{PIOM}}^{C} = C_{\mathrm{io}} + C_{\mathrm{ins}} \qquad (12\text{-}19)$$

$$C_{\mathrm{PIM}}^{C} = C_{\mathrm{set}} + C_{\mathrm{ip}} + C_{\mathrm{ins}} \qquad (12\text{-}20)$$

$$C_{\mathrm{CIM}}^{C}(z_{\mathrm{cim}}^{c}) = C_{\mathrm{sot}} + C_{\mathrm{ic}} + C_{\mathrm{ins}} + (T_{K+1} - t_{\mathrm{cim}}^{C}) C_{\mathrm{d}} = C_{\mathrm{set}} + C_{\mathrm{ic}} + C_{\mathrm{ins}} + (T - z_{t_{\tau_s}}^{c} - z_{\mathrm{cim}}^{c}) C_{\mathrm{d}} \quad (12\text{-}21)$$

此种情境下，除了风电机组 i，其他（N-1）台风电机组均没有维修需求的

概率 $p_{no\_m}^{(T-z_{t_s}^c)}$ 表示为：

$$p_{no\_m}^{(T-z_{\tau_s}^c)} = \left[\int_0^{D_p} \Omega_{(T-z_{t_{\tau_s}}^c)}(y)\,\mathrm{d}y \right]^{N-1} \tag{12-22}$$

三种可能维修活动 PIOM、PIM 和 CIM 实施的概率分别为：

$$P_{\mathrm{PIOM}}^C = (1 - p_{no\_m}^{(T-z_{t_{\tau_s}}^c)})\Pr\{T_K < t_{t_s} < T_{K+1},\ x_i^{T_{K+1}} \in (D_{io},\ D_p)\}$$

$$= (1 - p_{no\_m}^{(T-z_{\tau_s}^c)})\int_{T_K}^{T_{K+1}} r_{eo}(t_{\tau_s})\Pr\{x_i^{T_{K+1}} \in (D_{io},\ D_p)\}\,\mathrm{d}t_{\tau_s}$$

$$= \left[(1 - p_{no\_m}^{(T-z_{t_{\tau_s}}^c)})\int_o^T r_{eo}(t_{\tau_s} - T_K)\int_{D_{io}}^{D_p}\Omega_{(T-z_{\tau_s}^c)}(x_i)\,\mathrm{d}x_i\mathrm{d}(t_{\tau_s} - T_k)\right]$$

$$= \left[(1 - p_{no\_m}^{(T-z_{t_{\tau_s}}^c)})\int_0^T r_{eo}(z_{\tau_s}^c)\int_{D_{io}}^{D_p}\Omega_{(T-z_{t_{\tau_s}}^c)}(x_i)\,\mathrm{d}x_i\mathrm{d}z_{\tau_s}^c\right] \tag{12-23}$$

$$P_{\mathrm{PIM}}^c = \Pr\{T_k < t_{\tau_s} < T_{K+1},\ x_i^{T_{k+1}} \in (D_P,\ D_f)\}$$

$$= \int_{T_k}^{T_{k+1}} r_{eo}(t_{\tau_s})\Pr\{x_i^{T_{k+1}} \in (D_P,\ D_f)\}\,\mathrm{d}t_{\tau_s}$$

$$= \int_0^T r_{eo}(t_{\tau_s} - T_k)\int_{D_P}^{D_f}\Omega_{(T-z_{t_{\tau_s}}^c)}(x_i)\,\mathrm{d}x_i\mathrm{d}(t_{\tau_s} - T_k)$$

$$= \int_0^T r_{eo}(z_{t_{\tau_s}}^c)\int_{D_P}^{D_f}\Omega_{(T-z_{t_{\tau_s}}^c)}(x_i)\,\mathrm{d}x_i\mathrm{d}z_{t_{\tau_s}}^c \tag{12-24}$$

$$P_{\mathrm{CIM}}^c = \Pr\{T_k < t_{\tau_s} < T_{k+1},\ x_i^{t_{cim}^c} \geq D_f\}$$

$$= \int_{T_k}^{T_{k+1}} r_{eo}(t_{\tau_s})\sum_{t_{cim}^t = t_{\tau_s}}^{T_{k+1}}\Pr\{x_i^{t_{cim}^c} \geq D_f\}\,\mathrm{d}t_{\tau_s}$$

$$= \int_0^T r_{eo}[(t_{\tau_s} - T_k)]\sum_{t_{cim}^t - t_{\tau_s} = t_{\tau_s} - t_{\tau_s}}^{T_{k+1}-t_{\tau_s}}\int_{D_f}^{\infty}\Omega_{(T-z_{\tau_s}^c)}(x_i)\,\mathrm{d}x_i\mathrm{d}(t_{\tau_s} - T_k)$$

$$= \int_o^T r_{eo}(z_{t_{\tau_s}}^c)\sum_{Z_{cim}^c = 0}^{T-z_{t_{\tau_s}}^c}\int_{D_f}^{\infty}\Omega_{(T-z_{t_{\tau_s}}^c)}(x_i)\,\mathrm{d}x_i\mathrm{d}z_{t_{\tau_s}}^c \tag{12-25}$$

此情景下的预期平均更新成本 $E(C_{EI}^c)$ 和更新长度 $D(L_{EI}^c)$ 分别为：

$$E(C_{EI}^c) = C_{\mathrm{PIOM}}^c P_{\mathrm{PIOM}}^c + C_{\mathrm{PIM}}^c P_{\mathrm{PIM}}^c + C_{\mathrm{PIM}}^c(k,\ t_{cim}^c)P_{\mathrm{CIM}}^c \tag{12-26}$$

$$E(L_{EI}^c) = (T - z_{t_{\tau_s}}^c)(P_{\mathrm{PIOM}}^c + C_{\mathrm{PIM}}^c) + \sum_{z_{cim}^c = 0}^{T-z_{t_{\tau_s}}^c} P_{\mathrm{CIM}}^c(T - z_{t_{\tau_s}}^c - z_{cim}^c) \tag{12-27}$$

情景 d： 两个连续的状态监测点均为 CMEs，分别发生在 t_{τ_s} 和 $t_{\tau_{s+1}}$（$s=0$，1，…）处，在 $t_{\tau_{s+1}}$ 处可能的维修行为类似于情景 b，如图 12-2（d）中所示。

如果风电机组 i 在 $t_{\tau_{s+1}}$ 处的劣化状态超过 D_{eo}，PEOM 立即被执行，如图 12-2（d）中黑色实曲线所示，在（t_{τ_s}，$t_{\tau_{t+1}}$）内总维修成本为：

$$C_{PEOM}^d = C_{set} + C_{eo} + C_{ins} \tag{12-28}$$

当风电机组 i 在 $t_{\tau_{s+1}}$ 处的劣化水平处于（D_p，D_f）范围内，则对机组实施 PEM，如图 12-2（d）中浅灰色虚曲线所示，相应的总维修成本 C_{PEM}^d 表示为：

$$C_{PEM}^d = C_{set} + C_{ep} + C_{ins} \tag{12-29}$$

当风电机组 i 的劣化水平满足 $x_i^{t_{\tau_{s+1}}} \geq D_f$，则在 $t_{\tau_{s+1}}$ 处对机组执行 CEM，如图 12-2（d）中深灰色虚曲线所示，那么，在（t_{τ_s}，$t_{\tau_{s+1}}$）内的总维修成本 C_{CEM}^d（t_{cem}^d）为：

$$C_{CEM}^d(z_{cem}^d) = C_{set} + C_{ec} + C_{ins} + (t_{\tau_{s+1}} - t_{cem}^d)C_d = C_{set} + C_{ec} + C_{ins} + (z_{\tau_{s+1}}^d - z_{\tau_s}^d - z_{cem}^d)C_d \tag{12-30}$$

其中，t_{cem}^d 表示机组停机性故障发生的时刻，z_{cem}^d 表示从 t_{τ_s} 到 t_{cem}^d 的时间长度，即 $z_{cem}^d = t_{\tau_s} - t_{cem}^d$，$z_{t_{\tau_s}}^d$ 和 $z_{t_{\tau_{s+1}}}^d$ 分别表示区间 $[T_k, t_{\tau_s}]$ 和 $[T_k, t_{\tau_{s+1}}]$ 的长度，即 $z_{t_{\tau_s}}^d = t_{\tau_s} - T_k$ 和 $z_{t_{\tau_{s+1}}}^d = t_{\tau_{s+1}} - T_k$。

在情景 d 中，对机组实施 PEOM、PEM 和 CEM 的概率依次为：

$$
\begin{aligned}
P_{PEOM}^d &= \Pr\{T_k < t_{\tau_s} < t_{\tau_{s+1}} < T_{k+1}, \ x_i^{t_{\tau_{s+1}}} \in (D_{eo}, D_p)\} \\
&= \int_{T_k}^{T_{k+1}} \int_{t_{\tau_s}}^{T_{k+1}} r_{eo}(t_{\tau_s}) r_{eo}(t_{\tau_{s+1}}) \Pr\{x_i^{t_{\tau_{s+1}}} \in (D_{eo}, D_p)\} dt_{\tau_{s+1}} dt_{\tau_s} \\
&= \int_{T_k-T_k}^{T_{k+1}-T_k} \int_{t_{\tau_s}-T_k}^{T_{k+1}-T_k} r_{eo}(t_{\tau_s} - T_k) r_{eo}(t_{\tau_{s+1}} - T_k) \\
&\quad \int_{D_{eo}}^{D_p} \Omega_{(z_{t_{\tau_{s+1}}}^d - z_{t_{\tau_s}}^d)}(x_i) dx_i d(t_{\tau_{s+1}} - T_k) d(t_{\tau_s} - T_k) \\
&= \int_0^T \int_{z_{t_{\tau_s}}^d}^T r_{eo}(z_{t_{\tau_s}}^d) f_{eo}(z_{t_{\tau_s}}^d) \int_{D_{eo}}^{D_p} \Omega_{(z_{t_{\tau_{s+1}}}^d - z_{t_{\tau_s}}^d)}(x_i) dx_i d(z_{t_{\tau_s}}^d) dz_{t_{\tau_s}}^d
\end{aligned}
\tag{12-31}
$$

$$P_{PEM}^d = \Pr\{T_k < t_{\tau_s} < t_{\tau_{s+1}} < T_{k+1}, \ x_i^{t_{\tau_{s+1}}} \in (D_p, D_f)\}$$

$$= \int_{T_k}^{T_{k+1}} \int_{t_{\tau_s}}^{T_{k+1}} r_{\mathrm{eo}}(t_{\tau_s}) r_{\mathrm{eo}}(t_{\tau_{s+1}}) \mathrm{Pr}\{x_i^{t_{\tau_{s+1}}} \in (D_{\mathrm{p}}, D_{\mathrm{f}})\} \mathrm{d}t_{\tau_{s+1}} \mathrm{d}t_{\tau_s}$$

$$= \int_{T_k - T_k}^{T_{k+1} - T_k} \int_{t_{\tau_s} - T_k}^{T_{k+1} - T_k} r_{\mathrm{eo}}(t_{\tau_s} - T_k) r_{\mathrm{eo}}(t_{\tau_{s+1}} - T_k)$$

$$\int_{D_{\mathrm{p}}}^{D_{\mathrm{f}}} \Omega_{(z_{t_{\tau_{s+1}}}^d - z_{t_{\tau_s}}^d)}(x_i) \mathrm{d}x_i \mathrm{d}(t_{\tau_{s+1}} - T_k) \mathrm{d}(t_{\tau_s} - T_k)$$

$$= \int_0^T \int_{z_{t_{\tau_s}}^d}^T r_{\mathrm{eo}}(z_{t_{\tau_s}}^d) r_{\mathrm{eo}}(z_{t_{\tau_{s+1}}}^d) \int_{D_{\mathrm{p}}}^{D_{\mathrm{f}}} \Omega_{(z_{t_{\tau_{s+1}}}^d - z_{t_{\tau_s}}^d)}(x_i) \mathrm{d}x_i \mathrm{d}(z_{t_{\tau_{s+1}}}^d) \mathrm{d}z_{t_{\tau_s}}^d \qquad (12\text{-}32)$$

$$P_{\mathrm{CEM}}^d = \mathrm{Pr}\{T_k < t_{\tau_s} < t_{\tau_{s+1}} < T_{k+1}, \ x_i^{t_{\mathrm{cem}}^d} \geq D_{\mathrm{f}}\}$$

$$= \int_{T_k}^{T_{k+1}} \int_{t_{\tau_s}}^{T_{k+1}} r_{\mathrm{eo}}(t_{\tau_s}) r_{\mathrm{eo}}(t_{\tau_{s+1}}) \mathrm{Pr}\{x_i^{t_{\mathrm{cem}}^d} \geq D_{\mathrm{f}}\} \mathrm{d}t_{\tau_{s+1}} \mathrm{d}t_{\tau_s}$$

$$= \int_{T_k - T_k}^{T_{k+1} - T_k} \int_{t_{\tau_s} - T_k}^{T_{k+1} - T_k} r_{\mathrm{eo}}(t_{\tau_s} - T_k) r_{\mathrm{eo}}(t_{\tau_{s+1}} - T_k) \sum_{t_{\mathrm{cem}}^d = t_{\tau_s}}^{t_{\tau_{s+1}}}$$

$$\int_{D_{\mathrm{f}}}^{\infty} \Omega_{(z_{t_{\tau_{s+1}}}^d - z_{t_{\tau_s}}^d)}(x_i) \mathrm{d}x_i \mathrm{d}(t_{\tau_{s+1}} - T_k) \mathrm{d}(t_{\tau_s} - T_k)$$

$$= \int_0^T \int_{z_{t_{\tau_s}}^d}^T r_{\mathrm{eo}}(z_{t_{\tau_s}}^d) r_{\mathrm{eo}}(z_{t_{\tau_{s+1}}}^d) \sum_{t_{\mathrm{cem}}^d - t_{\tau_s} = t_{\tau_s} - T_k}^{t_{\tau_{s+1}} - T_k} \int_{D_{\mathrm{f}}}^{\infty} \Omega_{(z_{t_{\tau_{s+1}}}^d - z_{t_{\tau_s}}^d)}(x_i) \mathrm{d}x_i \mathrm{d}(z_{t_{\tau_{s+1}}}^d) \mathrm{d}z_{t_{\tau_s}}^d$$

$$= \int_0^T \int_{z_{t_{\tau_s}}^d}^T r_{\mathrm{eo}}(z_{t_{\tau_s}}^d) r_{\mathrm{eo}}(z_{t_{\tau_{s+1}}}^d) \sum_{z_{\mathrm{cem}}^d = z_{t_{\tau_s}}^d}^{z_{t_{\tau_{s+1}}}^d} \int_{D_{\mathrm{f}}}^{\infty} \Omega_{(z_{t_{\tau_{s+1}}}^d - z_{t_{\tau_s}}^d)}(x_i) \mathrm{d}x_i \mathrm{d}(z_{t_{\tau_{s+1}}}^d) \mathrm{d}z_{t_{\tau_s}}^d \qquad (12\text{-}33)$$

其中，$(z_{t_{\tau_{s+1}}}^d - z_{t_{\tau_s}}^d)$ 表示从 t_{τ_s} 到 $t_{\tau_{s+1}}$ 的时间长度，即 $(z_{t_{\tau_{s+1}}}^d - z_{t_{\tau_s}}^d) = t_{\tau_{s+1}} - t_{\tau_s}$。

由此可以计算此情景下机组的预期平均更新成本 $E(C_{EE}^d)$ 和更新长度 $E(L_{EE}^d)$：

$$E(C_{EE}^d) = C_{\mathrm{PEOM}}^d P_{\mathrm{PEOM}}^d + C_{\mathrm{PEM}}^d P_{\mathrm{PEM}}^d + C_{\mathrm{CEM}}^d(s, t_{\mathrm{cem}}^d) P_{\mathrm{CEM}}^d \qquad (12\text{-}34)$$

$$E(L_{EE}^d) = (z_{t_{\tau_{s+1}}}^d - z_{t_{\tau_s}}^d)(P_{\mathrm{PEOM}}^d + P_{\mathrm{PEM}}^d) + \sum_{z_{\mathrm{cem}}^d = z_{t_{\tau_s}}^d}^{z_{t_{\tau_{s+1}}}^d} P_{\mathrm{CEM}}^d(t_{\tau_{s+1}} - t_{\tau_s} - z_{\mathrm{cem}}^d) \qquad (12\text{-}35)$$

综上所述，机组的平均总更新成本和更新长度表示如下：

$$E[C(T, D_{\mathrm{p}}, D_{\mathrm{io}}, D_{\mathrm{eo}})] = E(C_{\mathrm{II}}^a) + E(C_{\mathrm{IE}}^b) + E(C_{\mathrm{EI}}^c) + E(C_{\mathrm{EE}}^c) \qquad (12\text{-}36)$$

$$E[L(T, D_{\mathrm{p}}, D_{\mathrm{io}}, D_{\mathrm{eo}})] = E(L_{\mathrm{II}}^a) + E(L_{\mathrm{IE}}^b) + E(L_{\mathrm{EI}}^c) + E(L_{\mathrm{EE}}^c) \qquad (12\text{-}37)$$

此时，成本率 $CR(T, D_{\mathrm{p}}, D_{\mathrm{io}}, D_{\mathrm{eo}})$ 可以改写为：

$$CR(T, D_{\mathrm{p}}, D_{\mathrm{io}}, D_{\mathrm{eo}}) = \frac{E(C_{\mathrm{II}}^a) + E(C_{\mathrm{IE}}^b) + E(C_{\mathrm{EI}}^c) + E(C_{\mathrm{EE}}^c)}{E(L_{\mathrm{II}}^a) + E(L_{\mathrm{IE}}^b) + E(L_{\mathrm{EI}}^c) + E(L_{\mathrm{EE}}^c)} \tag{12-38}$$

12.3　风电机组的稳态概率密度函数

根据 12.2 部分的描述，具有半更新特性的离散随机过程可以利用两个连续的维修干预点来进行说明。因此，下文通过讨论一个半更新期内机组所有可能的维修场景，推导风电机组的稳态概率密度函数。定义连续两个状态监测点的间隔 T_{cycle} 表示一个半更新期的区间长度，其起始和结束时刻分别用 $T_{\mathrm{cycle}}^{\mathrm{begin}}$ 和（ $T_{\mathrm{cycle}}^{\mathrm{begin}} + T_{\mathrm{cycle}}$ ）来表示。

对于一个拥有 N 台相同风电机组的风电场而言，让 $Y = (y_1, y_2, \cdots, y_N)$ 和 $\tilde{Y} = (\tilde{y}_1, \tilde{y}_2, \cdots, \tilde{y}_N)$ 分别表示其在半更新期起始时刻维修前后的状态。对于任意风电机组 i，如果在给定的半更新期起始时刻被维修过，那么它的劣化状态为 $\tilde{y}_i = 0$，否则，有 $\tilde{y}_i = y_i$。此外，风电场在半更新期结束时刻的状态表示为 $X = (x_1, x_2, \cdots, x_N)$。

12.3.1　维修场景分析

在机组的内外联合机会维修策略中，由于内部维修机会的存在使得风电机组 i 的劣化状态受到其他机组劣化水平的影响，因此，需要在半更新周期内讨论所有可能的维修需求来推导风电机组 i 的稳态概率密度函数。

类似于第 6 章和文献 [60,171] 对稳态概率密度函数的讨论，在半更新周期的起始时刻风电机组 i 有两种维修场景：维修和不维修。然而，在任何一个维修场景中，两种类型的状态监测（CMR 和 CME）被考虑，受到不同维修机会的影响，机组产生了不同的维修需求，如图 12-3 所示。

根据图 12-3 所展示的维修场景，我们从两个方面来推导风电机组的稳态概率密度函数。

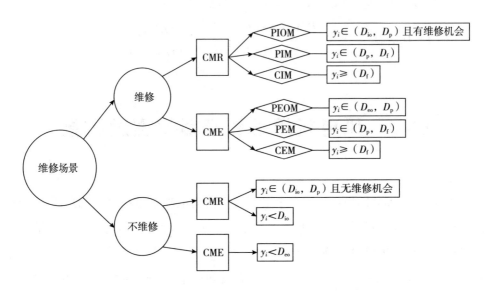

图 12-3　在两种带有机会的状态监测类型下的可能维修场景

（1）在以下两种子场景下，风电机组 i 将会在半更新期的开始时刻被维修：

1）状态监测点为 CMR 的概率为 $\left\{1 - \int_0^{v_i^{ci}} f_v(v, \beta, \alpha) dv\right\}$，那么机组在 CMR 处被维修的情况有两种：

①如果风电场剩余（$N-1$）台机组中至少有一台机组需要维修，且风电机组 i 在半更新期起始时刻的劣化状态满足 $y_i \in (D_{io}, D_p)$，风电机组 i 必定会被 PIOM。

②当风电机组 i 的劣化状态落在 $[D_p, \infty)$ 内，PIM 或者 CIM 同样会发生。

2）状态监测点为 CME 的概率为 $\int_0^{v_i^{ci}} f_v(v, \beta, \alpha) dv$，只要风电机组 i 在 CME 处的劣化状态超过 D_{eo}，其必然会被维修，相应的维修活动可能为 PEOM 或 PEM，抑或是 CEM。

由于所有维修活动都是完美的，经过任何一次维修活动，风电机组 i 的劣化状态都会恢复到 0。在这种情况下，经过一个半更新期 T_{cycle}，风电机组 i 的劣化状态从 $y_i = 0$ 转移到 x_i，其劣化累积量的概率密度函数可以表示为 $f^{(T_{cycle})}(x_i)$。

（2）同理，风电机组 i 在给定的半更新期的起始时刻没有被维修的场景也有以下两种：

1）在概率为 $\left(1-\int_0^{v_i^{ci}}f_v(v,\ \beta,\ \alpha)\mathrm{d}v\right)$ 的状态监测点 CMR 处，风电机组 i 在以下两种情况下不会被维修：

①如果风电机组 i 在半更新期起始时刻的劣化状态已经落在了 $(D_{io},\ D_p)$ 内。由于机组的劣化过程具有单调递增的特性，那么在更新周期的结束时刻，风电机组 i 的劣化状态 x_i 必然满足 $y_i<x_i$。因此，风电机组 i 被机会维修的概率可以表示为 $\int_{D_{io}}^{\min(D_p,\ x_i)}\Omega(y_i)\mathrm{d}y_i$。然而，如果其他 $(N-1)$ 台风电机组没有维修需求，风电机组 i 依然不会被维修。

②如果风电机组 i 在半更新期起始时刻的劣化状态没有达到 D_{io}，即 $0\leqslant y_i\leqslant D_{io}$，其不会被维修。在这种情况下，风电机组 i 不被维修的概率可以表示为 $\int_0^{\min(D_{io},\ x_i)}\Omega(y_i)\mathrm{d}y_i$。

2）在概率为 $\int_0^{v_i^{ci}}f_v(v,\ \beta,\ \alpha)\mathrm{d}v$ 的 CME 处，只有风电机组 i 的劣化水平低于 D_{eo} 才有可能不被维修。类似于上面的讨论，风电机组 i 不被维修的状态概率表示为 $\int_0^{\min(D_{eo},\ x_i)}\Omega(y_i)\mathrm{d}y_i$。

若风电机组 i 没有被维修，它的劣化状态不会发生改变，即 $y_i=\tilde{y}_i$，经过半更新期 T_{cycle} 之后的累计退化量的概率密度函数可以表示为 $f^{(T_{cycle})}(x_i-y_i)$。

综合以上各种可能的维修场景，风电机组 i 的稳态概率密度函数 $\Omega(x_i)$ 可以表示为如下形式：

$$
\begin{aligned}
\Omega(x_i) = {} & \left[1-\int_0^{v_i^{ci}}f_v(v,\ \beta,\ \alpha)\mathrm{d}v\right]\left(1-p_{no\_m}^{N-1}\right)\int_{D_{io}}^{D_p}\Omega(y_i)f^{(T_{cycle})}(x_i)\mathrm{d}y_i + \\
& \left[1-\int_0^{v_i^{ci}}f_v(v,\ \beta,\ \alpha)\mathrm{d}v\right]\int_{D_p}^{\infty}\Omega(y_i)f^{(T_{cycle})}(x_i)\mathrm{d}y_i + \int_0^{v_i^{ci}}f_v(v,\ \beta,\ \alpha)\mathrm{d}v\times \\
& \int_{D_{eo}}^{\infty}\Omega(y_i)f^{(T_{cycle})}(x_i)\mathrm{d}y_i + \left[1-\int_0^{v_i^{ci}}f_v(v,\ \beta,\ \alpha)\mathrm{d}v\right]\int_0^{\min(D_{io},\ x_i)}\Omega(y_i)f^{(T_{cycle})}(x_i-y_i)\mathrm{d}y_i + \\
& \left[1-\int_0^{v_i^{ci}}f_v(v,\ \beta,\ \alpha)\mathrm{d}v\right]p_{no\_m}^{N-1}\int_{D_{io}}^{\min(D_p,\ x_i)}\Omega(y_i)f^{(T_{cycle})}(x_i-y_i)\mathrm{d}y_i +
\end{aligned}
$$

$$\int_0^{v_i^{ci}} f_v(v,\ \beta,\ \alpha)\,\mathrm{d}v \int_0^{\min(D_{eo},\ x_i)} \Omega(y_i) f^{(T_{cycle})}(x_i - y_i)\,\mathrm{d}y_i$$

$$= \left[1 - \int_0^{v_i^{ci}} f_v(v,\ \beta,\ \alpha)\,\mathrm{d}v \right] \int_{D_{io}}^{\infty} \Omega(y_i) f^{(T_{cycle})}(x_i)\,\mathrm{d}y_i -$$

$$\left[1 - \int_0^{v_i^{ci}} f_v(v,\ \beta,\ \alpha)\,\mathrm{d}v \right] \left[\int_0^{D_p} \Omega(y)\,\mathrm{d}y \right]^{N-1} \int_{D_{io}}^{D_p} \Omega(y_i) f^{(T_{cycle})}(x_i)\,\mathrm{d}y_i +$$

$$\int_0^{v_i^{ci}} f_v(v,\ \beta,\ \alpha)\,\mathrm{d}v \int_{D_{eo}}^{\infty} \Omega(y_i) f^{(T_{cycle})}(x_i)\,\mathrm{d}y_i +$$

$$\left[1 - \int_0^{v_i^{ci}} f_v(v,\ \beta,\ \alpha)\,\mathrm{d}v \right] \int_0^{\min(D_{io},\ x_i)} \Omega(y_i) f^{(T_{cycle})}(x_i - y_i)\,\mathrm{d}y_i +$$

$$\left[1 - \int_0^{v_i^{ci}} f_v(v,\ \beta,\ \alpha)\,\mathrm{d}v \right] \left[\int_0^{D_p} \Omega(y)\,\mathrm{d}y \right]^{N-1} \int_{D_{io}}^{\min(D_p,\ x_i)} \Omega(y_i) f^{(T_{cycle})}(x_i - y_i)\,\mathrm{d}y_i +$$

$$\int_0^{v_i^{ci}} f_v(v,\ \beta,\ \alpha)\,\mathrm{d}v \int_0^{\min(D_{eo},\ x_i)} \Omega(y_i) f^{(T_{cycle})}(x_i - y_i)\,\mathrm{d}y_i$$

$$= \left[1 - \int_0^{v_i^{ci}} f_v(v,\ \beta,\ \alpha)\,\mathrm{d}v \right] \left[1 - \int_0^{D_{io}} \Omega(y_i)\,\mathrm{d}y_i \right] f^{(T_{cycle})}(x_i) -$$

$$\left[1 - \int_0^{v_i^{ci}} f_v(v,\ \beta,\ \alpha)\,\mathrm{d}v \right] \left[\int_0^{D_p} \Omega(y)\,\mathrm{d}y \right]^{N-1} \int_{D_{io}}^{D_p} \Omega(y_i) f^{(T_{cycle})}(x_i)\,\mathrm{d}y_i +$$

$$\int_0^{v_i^{ci}} f_v(v,\ \beta,\ \alpha)\,\mathrm{d}v \left[1 - \int_0^{D_{eo}} \Omega(y_i)\,\mathrm{d}y_i \right] f^{(T_{cycle})}(x_i) +$$

$$\left[1 - \int_0^{v_i^{ci}} f_v(v,\ \beta,\ \alpha)\,\mathrm{d}v \right] \int_0^{\min(D_{io},\ x_i)} \Omega(y_i) f^{(T_{cycle})}(x_i - y_i)\,\mathrm{d}y_i +$$

$$\left[1 - \int_0^{v_i^{ci}} f_v(v,\ \beta,\ \alpha)\,\mathrm{d}v \right] \left[\int_0^{D_p} \Omega(y)\,\mathrm{d}y \right]^{N-1} \int_{D_{io}}^{\min(D_p,\ x_i)} \Omega(y_i) f^{(T_{cycle})}(x_i - y_i)\,\mathrm{d}y_i +$$

$$\int_0^{v_i^{ci}} f_v(v,\ \beta,\ \alpha)\,\mathrm{d}v \int_0^{\min(D_{eo},\ x_i)} \Omega(y_i) f^{(T_{cycle})}(x_i - y_i)\,\mathrm{d}y_i \tag{12-39}$$

将式（12-5）代入式（12-39），式（12-39）可以改写为：

$$\Omega(x_i) = \left[1 - \int_0^{v_i^{ci}} f_v(v,\ \beta,\ \alpha)\,\mathrm{d}v \right] \left[1 - \int_0^{D_{io}} \Omega(y_i)\,\mathrm{d}y_i \right] f^{(T_{cycle})}(x_i) -$$

$$\left[1 - \int_0^{v_i^{ci}} f_v(v,\ \beta,\ \alpha)\,\mathrm{d}v \right] \left[\int_0^{D_p} \Omega(y)\,\mathrm{d}y \right]^{N-1} \int_{D_{io}}^{D_p} \Omega(y_i) f^{(T_{cycle})}(x_i)\,\mathrm{d}y_i +$$

$$\int_0^{v_i^{ci}} f_v(v,\ \beta,\ \alpha)\,\mathrm{d}v \left[1 - \int_0^{D_{eo}} \Omega(y_i)\,\mathrm{d}y_i \right] f^{(T_{cycle})}(x_i) +$$

$$\left[1 - \int_0^{v_i^{ci}} f_v(v, \beta, \alpha) dv\right] \int_0^{\min(D_{io}, x_i)} \Omega(y_i) f^{(T_{\text{cycle}})}(x_i - y_i) dy_i +$$

$$\left[1 - \int_0^{v_i^{ci}} f_v(v, \beta, \alpha) dv\right] \left[\int_0^{D_p} \Omega(y) dy\right]^{N-1} \int_{D_{io}}^{\min(D_p, x_i)} \Omega(y_i) f^{(T_{\text{cycle}})}(x_i - y_i) dy_i +$$

$$\int_0^{v_i^{ci}} f_v(v, \beta, \alpha) dv \int_0^{\min(D_{eo}, x_i)} \Omega(y_i) f^{(T_{\text{cycle}})}(x_i - y_i) dy_i \qquad (12-40)$$

12.3.2　稳态概率密度函数的数值求解

式（12-40）呈现的稳态概率密度函数是一个非线性隐式积分方程，很难得到其解析解。根据文献[171] 提出的求解规则，式（12-40）中的稳态概率密度函数可以看作一个由第二类 Fredhlom 方程和 Volterra[174] 方程组成的混合形式，通过近似正交规则可以求得其数值解。

$$\int_a^b y(u) du = \sum_{j_1}^{N_1} \omega_{j_1} y(u_{j_1}) \qquad (12-41)$$

令 $F_v(v) = \int_0^{v_i^{ci}} f_v(v, \beta, \alpha) dv$ 和 $g(x) = f^{(T_{\text{cycle}})}(x)$，式（12-40）进一步改写为：

$$\Omega(x_i) = [1 - F_v(v)]\left[1 - h \sum_{j_1=1}^{i_{io}} \Omega(j_1 h)\right] g(x) - [1 - F_v(v)]$$

$$\left[h \sum_{j_1=1}^{i_p} \Omega(j_1 h)\right]^{N-1} h \sum_{j_1=i_{io}}^{i_p} \Omega(j_1 h) g(x) + F_v(v)\left[1 - h \sum_{j_1=1}^{i_{eo}} \Omega(j_1 h)\right] g(x) +$$

$$[1 - F_v(v)] h \sum_{j_1=1}^{\min(i_{io}, ih)} \Omega(j_1 h) g(x - j_1 h) + [1 - F_v(v)]\left[h \sum_{j_1=1}^{i_p} \Omega(j_1 h)\right]^{N-1} h$$

$$\sum_{j_1=i_{io}}^{\min(i_p, ih)} \Omega(j_1 h) g(x - j_1 h) + F_v(v) h \sum_{j_1=1}^{\min(i_{eo}, ih)} \Omega(j_1 h) g(x - j_1 h)$$

$$(12-42)$$

其中，$x = ih$，$D_{eo} = i_{eo} h$，$D_{io} = i_{io} h$，$D_p = i_p h$。

式（12-42）在每一个正交点上的近似方程为：

$$\Omega(ih) = [1 - F_v(v)]\left[1 - h \sum_{j_1=1}^{i_{io}} \Omega(j_1 h)\right] g(ih) - [1 - F_v(v)]\left[h \sum_{j_1=1}^{i_p} \Omega(j_1 h)\right]^{N-1} h$$

$$\sum_{j_1=i_{io}}^{i_p} \Omega(j_1 h) g(ih) + F_v(v)\left[1 - h\sum_{j_1=1}^{i_{eo}} \Omega(j_1 h)\right] g(ih) + \left[1 - F_v(v)\right] h$$

$$\sum_{j_1=1}^{\min(i_o,\ ih)} \Omega(j_1 h) g(ih - j_1 h) + \left[1 - F_v(v)\right] \left[h\sum_{j_1=1}^{i_p} \Omega(j_1 h)\right]^{N-1} h$$

$$\sum_{j_1=i_{io}}^{\min(i_p,\ ih)} \Omega(j_1 h) g(ih - j_1 h) + F_v(v) h \sum_{j_1=1}^{\min(i_{eo},\ ih)} \Omega(j_1 h) g(ih - j_1 h)$$

$$= g(ih) - \left[1 - F_v(v)\right] g(ih) h \sum_{j_1=1}^{i_{io}} \Omega(j_1 h) - \left[1 - F_v(v)\right] \left[h\sum_{j_1=1}^{i_p} \Omega(j_1 h)\right]^{N-1} h$$

$$\sum_{j_1=i_{io}}^{i_p} \Omega(j_1 h) g(ih) - F_v(v) g(ih) h \sum_{j_1=1}^{i_{eo}} \Omega(j_1 h) + \left[1 - F_v(v)\right] g(ih - j_1 h) h$$

$$\sum_{j_1=1}^{\min(i_o,\ ih)} \Omega(j_1 h) + \left[1 - F_v(v)\right] g(ih - j_1 h) \left[h\sum_{j_1=1}^{i_p} \Omega(j_1 h)\right]^{N-1} h \sum_{j_1=i_{io}}^{\min(i_p,\ ih)} \Omega(j_1 h) +$$

$$F_v(v) g(ih - j_1 h) h \sum_{j_1=1}^{\min(i_{eo},\ ih)} \Omega(j_1 h) \tag{12-43}$$

等式（12-43）也可以表示成其他形式：

$$g(ih) = \left[1 - F_v(v)\right] g(ih) h \sum_{j_1=1}^{i_{io}} \Omega(j_1 h) + \left[1 - F_v(v)\right] \left[h\sum_{j_1=1}^{i_p} \Omega(j_1 h)\right]^{N-1} h$$

$$\sum_{j_1=i_{io}}^{i_p} \Omega(j_1 h) g(ih) + F_v(v) g(ih) h \sum_{j_1=1}^{i_{eo}} \Omega(j_1 h) - \left[1 - F_v(v)\right] g(ih - j_1 h) h$$

$$\sum_{j_1=1}^{\min(i_o,\ i)} \Omega(j_1 h) - \left[1 - F_v(v)\right] g(ih - j_1 h) \left[h\sum_{j_1=1}^{i_p} \Omega(j_1 h)\right]^{N-1} h$$

$$\sum_{j_1=i_{io}}^{\min(i_p,\ i)} \Omega(j_1 h) - F_v(v) g(ih - j_1 h) h \sum_{j_1=1}^{\min(i_{eo},\ i)} \Omega(j_1 h) + \Omega(ih)$$

$$\tag{12-44}$$

明显地，当 v_i^{ci} 提前给定，$F_v(v)$ 是一个常量。令 $\Omega = [\Omega(h),\ \Omega(2h),\ \cdots,$ $\Omega(i_{max} h)]'$ 表示解向量，式（12-44）的矩阵表达形式如下：

$$G = [g(h),\ g(2h),\ \cdots,\ g(i_{max} h)]' \tag{12-45}$$

$$K_{ij_1}^1 = \begin{cases} [1 - F_v(v)] h g(ih) & i = 1,\ 2,\ \cdots,\ i_{max};\ j_1 = 1,\ 2,\ \cdots,\ i_{io} \\ 0 & else \end{cases}$$

$$K_{ij_1}^2 = \begin{cases} h & i=1,\ 2,\ \cdots,\ i_{\max};\ j_1=1,\ 2,\ \cdots,\ i_{\mathrm{p}} \\ 0 & else \end{cases}$$

$$K_{ij_1}^3 = \begin{cases} \left[1-F_v(v)\right]hg(ih) & i=1,\ 2,\ \cdots,\ i_{\max};\ j_1=i_{\mathrm{io}},\ \cdots,\ i_{\mathrm{p}} \\ 0 & else \end{cases}$$

$$K_{ij_1}^4 = \begin{cases} F_v(v)hg(ih) & i=1,\ 2,\ \cdots,\ i_{\max};\ j_1=1,\ 2,\ \cdots,\ i_{\mathrm{eo}} \\ 0 & else \end{cases}$$

$$K_{ij_1}^5 = \begin{cases} -\left[1-F_v(v)\right]hg(ih-j_1h) & i=1,\ 2,\ \cdots,\ i_{\max};\ j_1=1,\ 2,\ \cdots,\ \min(i_{\mathrm{io}},\ i) \\ 0 & else \end{cases}$$

$$K_{ij_1}^6 = \begin{cases} -\left[1-F_v(v)\right]hg(ih-j_1h) & i=1,\ 2,\ \cdots,\ i_{\max};\ j_1=i_{\mathrm{io}},\ \cdots,\ \min(i_{\mathrm{p}},\ i) \\ 0 & else \end{cases}$$

$$K_{ij_1}^7 = \begin{cases} -F_v(v)hg(ih-j_1h) & i=1,\ 2,\ \cdots,\ i_{\max};\ j_1=1,\ 2,\ \cdots,\ \min(i_{\mathrm{eo}},\ i) \\ 0 & else \end{cases}$$

$$(12-46)$$

进一步地，将式（12-46）代入式（12-44）中，有

$$G = K_1\Omega + (K_2\Omega)^{N-1}K_3\Omega + K_4\Omega + K_5\Omega + (K_2\Omega)^{N-1}K_6\Omega + K_7\Omega + I\Omega$$
$$= \left[K_1+K_4+K_5+K_7+I\right]\Omega + (K_2\Omega)^{N-1}\left[K_3+K_6\right]\Omega \qquad (12-47)$$

此外，令 $A_1=K_1+K_4+K_5+K_7+I$ 和 $A_2=K_3+K_6$，式（12-47）可以变形为：

$$G = A_1\Omega + (K_2\Omega)^{N-1}A_2\Omega \qquad (12-48)$$

当 $N=1$ 时，式（12-47）是一个由 $i_{\max}$ 个线性代数方程组成的集合，可以通过标准的数值方法求解；而当 $N \geqslant 2$ 时，由 $i_{\max}$ 个非线性代数方程组成的方程组只能通过迭代的方式进行求解。

12.4　数值实验

本章选取第 11 章数值实验中的参数取值作为本实验的数据来源对本章所提出的风电机组内外联合机会维修模型进行求解验证。假设模型中内部机会维修的

成本参数为 $C_{\text{io}}=5$，为方便读取数据，模型相关参数取值列于表 12-1 中，货币和时间单位依然是千欧和天。

表 12-1　本章所提出模型中所涉及的参数值

参数	α_{ga}	β_{ga}	λ	C_{set}	C_{ins}	C_{eo}	C_{io}	C_{ep}	C_{ip}	C_{ec}	C_{ic}	C_{d}	D_{f}
取值	0.04	1.3	1.5	50	0.635	3.5	5	6	7	25	30	7.2	10

12.4.1　稳态概率密度函数验证

在所提模型中，稳态概率密度函数 $\Omega(x_i)$ 是求解各项维修需求概率的关键，其正确性直接影响最优维修策略的选择。因此，首先对 $\Omega(x_i)$ 的正确性和灵敏性进行分析。

从图 12-4 和图 12-5 所显示的实验结果很容易看出，稳态概率密度函数曲线的整个区域面积趋近于 1，且在机组单位时间劣化增量服从不同分布 [$Exp(\lambda_i)$ 和 $\Gamma(\alpha_{\text{ga}}, \beta_{\text{ga}})$] 的情况下，所构建的 $\Omega(x_i)$ 均具有很好的适应性。

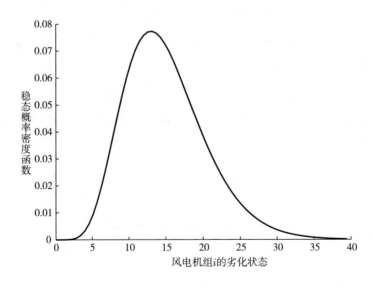

图 12-4　风电机组的稳态概率密度函数示例

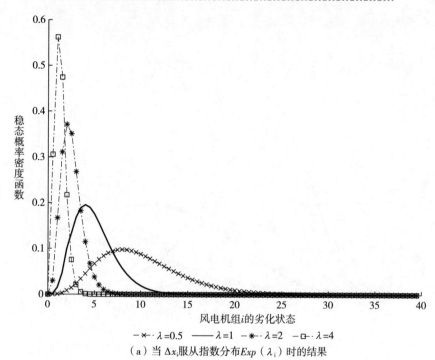

（a）当 Δx_i 服从指数分布 Exp（λ_i）时的结果

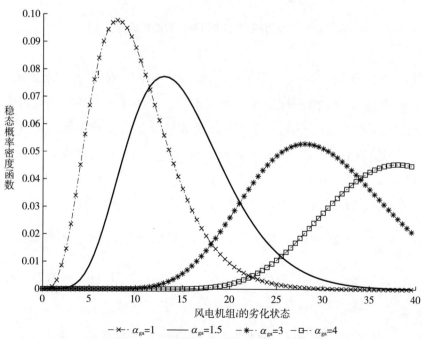

（b）当 Δx_i 服从参数为 $\beta_{ga}=2$ 的伽马分布 Γ（α_{ga}，β_{ga}）时的结果

图 12-5 不同分布下稳态概率密度函数示例

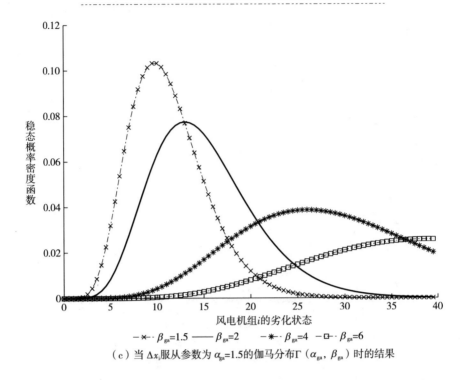

（c）当 Δx_i 服从参数为 $\alpha_{ga}=1.5$ 的伽马分布 $\Gamma(\alpha_{ga}, \beta_{ga})$ 时的结果

图 12-5　不同分布下稳态概率密度函数示例（续）

图 12-6 至图 12-9 描述了不同 T_{cycle}、D_{eo}、D_{io} 和 D_p 对 $\Omega(x_i)$ 的影响，可以看出，对半更新期 T_{cycle} 的微小调整都会对 $\Omega(x_i)$ 产生显著影响，这是因为累计劣化增量分布 $\Gamma(T_{cycle}\alpha_{ga}, \beta_{ga})$ 中的形状参数是随着 T_{cycle} 成倍增加，由此导致 $\Omega(x_i)$ 平均值的整体趋势明显右移。同样地，D_{eo} 和 D_{io} 的改变也会影响 $\Omega(x_i)$ 的数值解，只不过没有 T_{cycle} 那么明显，如图 12-7 至图 12-8 所示。从图 12-9 中可以发现，对于 D_p 的改变，$\Omega(x_i)$ 基本没有变化，这是因为在式（12-39）中 $\left[\int_0^{D_p}\Omega(y)\mathrm{d}y\right]^{N-1}$ 的值小于 1，随着 N 的增加，其值会更加的小，当增加到一定程度时，$\left[\int_0^{D_p}\Omega(y)\mathrm{d}y\right]^{N-1}$ 的取值趋近于无穷小量，使得 D_p 对 $\Omega(x_i)$ 的数值解基本没有影响。

显然，对 T_{cycle}、D_{eo} 和 D_{io} 的调整会影响 $\Omega(x_i)$ 的数值解，并进一步影响所提模型的最优结果。因此，后文基于 $\Omega(x_i)$ 对模型的验证是有效的。

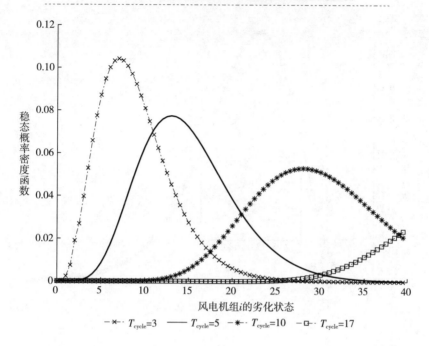

图 12-6　在 $N=10$、$\alpha_{ga}=1.5$、$\beta_{ga}=2$ 条件下，T_{cycle} 对 $\Omega(x_i)$ 的影响

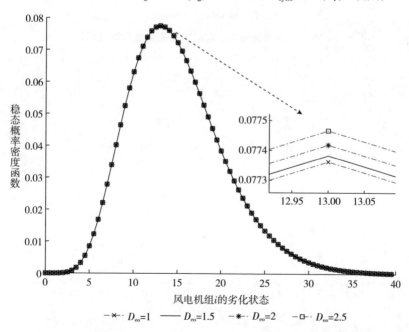

图 12-7　在 $N=10$、$T=10$、$\alpha_{ga}=1.5$、$\beta_{ga}=2$、$D_{io}=2.5$、$D_p=3.5$ 和 $D_f=4$ 条件下，

D_{eo} 对 $\Omega(x_i)$ 的影响

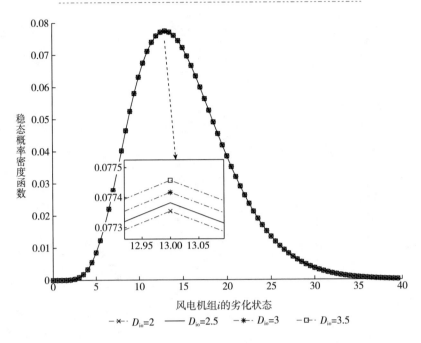

图 12-8 当 $N=10$、$T=10$、$\alpha_{ga}=1.5$、$\beta_{ga}=2$、$D_{eo}=1.5$、$D_p=3.5$、$D_f=4$ 时，

D_{io} 对 $\Omega(x_i)$ 的影响

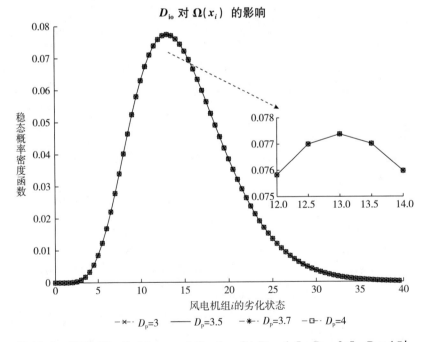

图 12-9 当 $N=10$、$T=10$、$\alpha_{ga}=1.5$、$\beta_{ga}=2$、$D_{eo}=1.5$、$D_{io}=2.5$、$D_f=4$ 时，

D_p 对 $\Omega(x_i)$ 的影响

12.4.2 模型优化求解

在前文分析 $\Omega(x_i)$ 数值解的基础上进一步验证本章所构建的内外联合机会维修模型存在最优解，实验结果如图 12-10 至图 12-13 所示。可以看出，在遍历决策变量 T、D_{eo}、D_{io} 和 D_p 中任一项的所有取值时，所提策略的预期单位时间成本（或者成本率）均有最小解，这说明内外联合机会维修模型是正确的，且通过权衡 T、D_{eo}、D_{io} 和 D_p 可以求得模型的最优解。因此，具有以下参数的 GA 被用来计算最优解：个体大小为 20，最大的遗传代数式为 50，代沟、交叉和变异的概率分别为 0.8、0.8 和 0.2。GA 在不同风电场规模下（$N=10$ 和 $N=50$）的一次优化进程如图 12-14 所示。风电场规模下 $N=10$ 和 $N=50$ 时的最优结果分别为 $CR^*=0.980041$、$T^*=160$、$D_{eo}^*=3.033441$、$D_{io}^*=4.272791$、$D_p^*=8.760836$ 和 $CR^*=0.989999$、$T^*=160$、$D_{eo}^*=3.578656$、$D_{io}^*=4.255792$、$D_p^*=5.156206$。比较这两种结果，很容易发现，随着风电场规模的扩大，T 不变，D_{eo} 增加，而 D_{io} 和 D_p

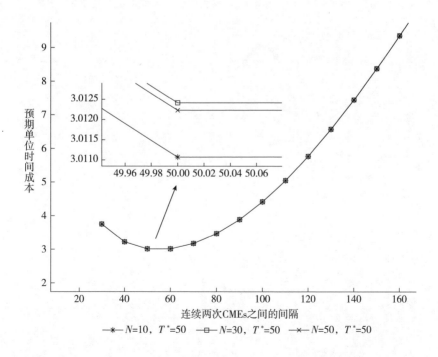

图 12-10 当 $D_{eo}=3$、$D_{io}=5$ 和 $D_p=7$ 时，T 对预期单位时间成本的影响

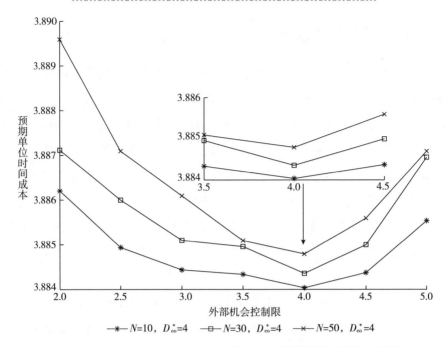

图 12-11　当 $T=90$、$D_{io}=5$ 和 $D_p=7$ 时，D_{eo} 对预期单位时间成本的影响

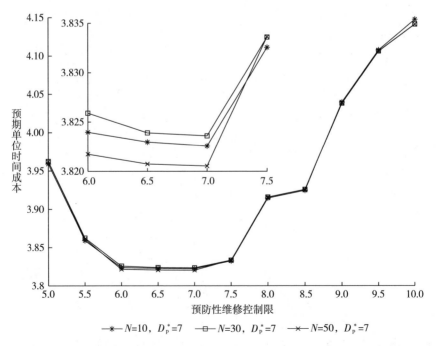

图 12-12　当 $T=90$、$D_{eo}=3$ 和 $D_{io}=5$ 时，D_p 对预期单位时间成本的影响

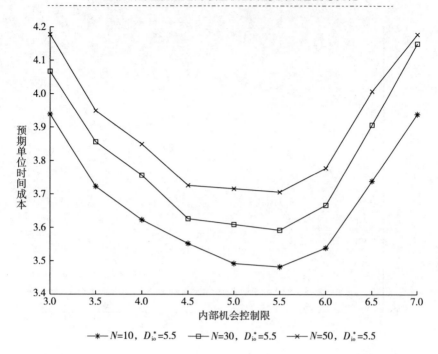

图 12-13　当 $T=90$、$D_{eo}=3$ 和 $D_p=7$，D_{io} 对预期单位时间成本的影响

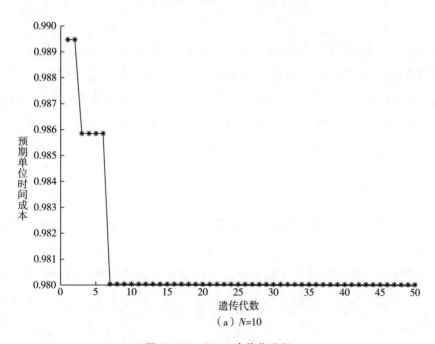

（a）$N=10$

图 12-14　GA 一次优化进程

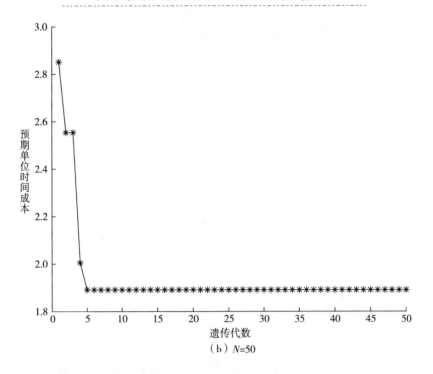

（b）N=50

图 12-14 GA 一次优化进程（续）

表现出同时下降的趋势。这是因为一个大的风电场能够为风电机组提供更多的内部维修机会，而较低的 D_{io} 和 D_p 值能够保证这些内部机会被充分地利用，然而这样却会产生更多与内部机会相关的维修成本。为了避免维修成本的增加，通过增加 D_{eo} 值来减少外部维修机会出现的频率。通过以上结果，也可以得到以下结论：风电场规模越大，联合机会维修的经济效益越明显。

12.4.3 策略对比

在这一部分，为了验证所提维修策略的经济优势，将其与内部机会维修策略和外部机会维修策略对比实验，其中内部维修机会是目前被广泛应用的维修策略，机会来源于其他部件或者设备故障，而外部维修机会策略则与前者完全相反，仅仅考虑了由风速间歇性提供的外部机会。三种维修策略的最优结果如表 12-2 所示。

表 12-2　所提出的机会维修策略和其他维修策略下的预期成本率

维修策略	最优决策变量	$CR^*(T^*, D_{eo}^*, D_{10}^*, D_p^*)$
本章维修策略	$T^*=160$，$D_{eo}^*=3.033441$ $D_{io}^*=4.272791$，$D_p^*=8.760836$	0.980041
内部机会维修策略	$T^*=120$，$D_{io}^*=3.969787$，$D_p^*=5.697712$	1.371252
外部机会维修策略	$T^*=180$，$D_{eo}^*=4.269215$，$D_p^*=5.281316$	1.002903

从表 12-2 可以看出，本章所提出的内外联合机会维修策略具有显著的经济优势，相较于其他两种维修策略，其预期成本率分别下降了 28.529% 和 2.280%。

12.4.4　灵敏性分析

表 12-2 和表 12-3 分别显示了在其他参数不变的情况下，调整维修成本相关参数和风速相关参数对最优维修策略性能的影响。根据前文 12.1 部分所讨论的维修成本相关的假设，我们知道 C_{ins}、C_{eo}、C_{io}、C_{ep}、C_{ip} 和 C_{ec} 的最大值分别不能超过 C_{eo}、C_{io}、C_{ep}、C_{ip}、C_{ec} 和 C_{ic}。因此，在表 12-3 中，C_{ins}、C_{eo}、C_{io}、C_{ep}、C_{ip} 和 C_{ec} 的取值通过粗体字显示。

表 12-3　维修相关参数对最优维修策略性能的影响

参数	取值	$CR^*(T^*, D_{eo}^*, D_{io}^*, D_p^*)$	T^*	D_{eo}^*	D_{io}^*	D_p^*
C_{ins}	0.0635	0.868545	150	3.396970	3.464462	7.132793
	0.635	0.980041	160	3.033441	4.272791	8.760836
	3.5	1.094408	180	1.715404	4.388677	8.934885
C_{set}	5	0.522961	140	1.897061	3.879551	7.909597
	50	0.980041	160	3.033441	4.272791	8.760836
	500	6.733200	190	3.501857	4.954534	8.968271
C_{eo}	0.35	0.849058	100	2.590914	3.547959	5.547958
	3.5	0.980041	160	3.033441	4.272791	8.760836
	5	1.214558	80	3.000000	3.554678	6.771014

参数	取值	$CR^*(T^*,D_{eo}^*,D_{io}^*,D_p^*)$	T^*	D_{eo}^*	D_{io}^*	D_p^*
C_{io}	0.5	0.581796	160	3.700000	4.000000	8.926254
	5	0.980041	160	3.033441	4.272791	8.760836
	6	1.185114	140	3.000000	4.388028	8.913320
C_{ep}	0.6	0.767921	170	2.038366	3.275960	7.984106
	6	0.980041	160	3.033441	4.272791	8.760836
	7	1.022380	140	3.457216	4.774738	8.921976
C_{ip}	0.7	0.875225	160	3.999557	4.344135	8.215196
	7	0.980041	160	3.033441	4.272791	8.760836
	25	1.188282	160	2.921343	3.307440	8.846891
C_{ec}	2.5	0.822701	160	3.309331	4.110755	8.404039
	25	0.980041	160	3.033441	4.272791	8.760836
	30	1.114642	160	3.534610	3.404141	8.843439
C_{ic}	3	0.827718	160	3.061112	3.897461	8.019359
	30	0.980041	160	3.033441	4.272791	8.760836
	300	1.500063	150	2.587470	3.382699	9.403699
C_d	0.72	0.670422	180	3.307438	4.591993	4.921670
	7.2	0.980041	160	3.033441	4.272791	8.760836
	72	1.438752	110	1.759612	3.776491	8.961999

模型中各项维修成本参数对于最优维修策略性能的影响，分析如下：

（1）状态监测成本 C_{ins}。当 C_{ins} 变大时，只有降低状态检测的频率才能够保持一个较低的预期成本率，而这可以通过增加 T 来实现。因此，T 随着 C_{ins} 的增加而增加。然而，其他决策变量没有显著的规律变化，这是因为它们和 C_{ins} 之间没有直接的关系。

（2）维修准备成本 C_{set}。较大的 C_{set} 必然会导致较高的预期成本率，而通过增加 T 降低常规运行条件下状态监测的频率，以及增加其他维修控制限减少机组的维修需求能够避免这一现象的发生。因此，随着 C_{set} 的增加，模型的最优结果 D_{eo}、D_{io}、D_p 和 T 均增加。不同于已有文献中讨论的机会维修，在本章中 C_{set} 主要考虑的是单系统，这说明 C_{set} 的变化不会对内部机会控制限 D_{io} 产生明显的影响。

（3）PEOM 成本 C_{eo}。当 C_{eo} 增加时，预期单位时间成本也会有上升的趋势。在这种情况下，一个较低的 PEOM 需求能够避免产生较高的预期成本率。考虑到风电场中风速的随机性，降低预期成本率可以通过增加状态监测的频率来降低故障发生的频率以及增加 D_{eo} 以降低 PEOM 的维修需求来实现。因此，随着 C_{eo} 的增加，T 降低，同时 D_{eo} 相应地增加。

（4）PIOM 成本 C_{io}。随着 C_{io} 的增加，通过降低内部机会维修需求能够降低预期单位时间成本。因此，当 C_{io} 增加时，只有 D_{io} 增加，其他决策变量没有显著的规律变化。

（5）PEM 成本 C_{ep}。一个较高的 C_{ep} 往往会导致外部机会条件下相关维修成本的增加，而 T 的缩短能够降低故障发生的概率。进一步地，PEOM、PIOM 和预防性维修的需求随着 D_{eo}、D_{io} 和 D_p 的降低相应地下降，这能确保一个较低的预期单位时间成本。

（6）PIM 成本 C_{ip}。随着 C_{ip} 的增加，降低 D_{eo} 和 D_{io} 能够降低机组故障发生的概率，继而降低预防性维修的需求，而增加 D_p 能够保证较低的 PIM 维修需求。

（7）CEM 成本 C_{ec}。依据常识，如果 C_{ec} 增加，应该通过降低 D_{eo} 来增加 PEOM 的频率，从而降低 PEM 和 CEM 发生的概率。然而，在联合内外部机会维修策略中，这不再成立。从表 12-3 很容易观察到，内部维修控制限 C_{ec} 增加，内部维修阈值 D_{io} 降低，而 D_p 增加。这是因为，由于随机风速的影响，通过一个较低的 D_{io} 值来降低故障发生的概率是一个不确定的事件，一个小的 D_{io} 能够保证实施在风电机组上的 PIOM 的频率增加，故障发生的概率也相应降低。然而，当通过 PIOM 降低的成本不能够补偿较高的 C_{ec} 时，机组会降低预防性维修需求来缩小两者之间的差距。显然，内部机会和外部机会之间的权衡关系确实存在。

（8）CIM 成本 C_{ic}。类似于 D_{eo}、D_p 和 C_{ic}，当 C_{ic} 增加时，D_{eo} 下降而 D_p 增加。同时，其他决策变量没有显著的规律变化。

（9）单位时间停机损失 C_d。当 C_d 增加时，降低停机时间是保证较低预期成本率的最直接方式。对于单系统来说，通过增加状态监测的频率能够减少停机时间，同时增加外部和内部机会维修能够降低故障发生的概率。但是，随着 C_d 的增加，T、D_{eo} 和 D_{io} 表现出同时显著下降的趋势，而提高 PEOM 和 PIOM 的维修需求导致了维修相关成本的增加，此时只有增加 D_p 来降低部分维修成本。

关于风速相关参数对最优策略性能的影响，分析如下：

（1）切入风速 v_i^{ci}。由第 10 章的风速分布可知，当 v_i^{ci} 变大时，对风电机组实施外部机会维修的概率会增加。一般来说，这种情况下会有更多的外部机会被提供，按理来说模型的预期单位时间成本应该下降。但是，在内外联合机会维修模型下，这种结论不再成立。从表 12-4 很容易发现，预期成本率随着 v_i^{ci} 的增加而增加，这是因为，一个大的 v_i^{ci} 意味着风电场的可用风能减少，继而导致了电能产量的降低，这可以通过式（10-2）中的切入风速 v_i^{ci} 和风电机组功率之间的关系来证明。因此，随着 v_i^{ci} 的增加，降低 D_{eo} 可以保证外部维修机会被充分利用，而其他决策变量没有显著的规律性变化。

（2）风速分布的尺度参数 α。一个较大的 α 意味着风速分布在相同区间内的趋势变得更加平缓，进一步地，对风电机组实施外部机会维修的概率降低，预期成本率自然也会下降。为了保持一个较低的预期成本率，只有分别降低 T 和 D_{eo} 来减少状态监测成本和 PIOM 维修需求，同时通过增加 PIOM 执行的频率降低故障发生的概率，如表 12-4 所示。

表 12-4　风速相关参数对最优策略性能的影响

参数	取值	$CR^*(T^*, D_{eo}^*, D_{io}^*, D_p^*)$	T^*	D_{eo}^*	D_{io}^*	D_p^*
v_i^{ci}	1	0.982277	140	3.110162	5.558014	7.054083
	3	0.980041	160	3.033441	4.272791	8.760836
	9	0.971690	160	3.00000	4.645550	8.496113
α	0.00495	0.890251	150	2.940987	4.389448	8.626883
	0.0495	0.980041	160	3.033441	4.272791	8.760836
	0.495	1.178995	170	3.000000	4.135294	8.817796
β	1.021	0.998995	170	2.800000	4.135294	8.817796
	1.221	0.980041	160	3.033441	4.272791	8.760836
	12.21	0.887634	150	3.186850	4.353281	8.870080

（3）风速分布的形状参数 β。与 α 对于最优策略性能的影响相反，随着 β 的增加，风速分布曲线的趋势变得陡峭，这使得 PEOM 的概率增加。为了避免 PEOM 和 CME 高需求导致高维修成本这一现象的发生，D_{eo} 和 D_{io} 必然增加，同

时缩短 T 来降低故障发生的概率。

灵敏性分析结果说明维修成本参数和风速相关参数的任何调整都会影响所提模型的最优维修结果，而机组的最优维修策略正是在各项参数的相互权衡中被得到，从而验证了所提模型的正确性、有效性和可行性。

本章小结

本章在第 11 章风电机组外部机会维修的基础上进一步研究了机组内外联合机会维修决策建模和优化问题，并提出了风电机组的内外联合机会维修策略。通过分析每个决策点上可能的维修活动，提出长期的预期单位时间成本以得到最优的维修策略。根据维修系统的稳态规则，利用半更新理论过程讨论系统劣化状态的半更新特性，推导出稳态概率密度函数来解决维修相关性的问题。最后，通过有关风电机组的案例证明了模型的正确性和有效性。本章的主要研究结论如下：

（1）通过分析在两种状态监测点处机组可能的维修需求，利用稳态规律推导出的稳态概率密度函数能够有效解决求解各种维修需求概率困难的问题，为后文模型的优化求解奠定了基础。

（2）由风速间歇性产生的外部维修机会和由其他故障机组产生的内部维修机会之间确实存在权衡关系，且对于不同型号的风电机组，不同水平的切入风速不仅直接影响其功率的输出大小，而且会影响最优维修策略的选择。

（3）数值实验和策略对比结果表明，与其他维修策略相比，风电机组的内外联合机会维修决策表现出了显著的经济优势。此外，维修相关参数和风速相关参数对最优维修策略性能的灵敏性分析说明不同案例中的所有决策变量能够得到最小的预期成本率。这意味着通过权衡决策变量之间的关系，考虑随机风速下所提出的维修模型能够更加适用于风电场。

第 13 章

总结与展望

13.1 总结

随着全球能源短缺和环保意识的增强[175]，可再生能源受到广泛关注，在过去的几十年展现了里程碑式的增长趋势[5]。风能由于其低成本、无污染气体排放和不受限制的风能资源等优势在可再生能源中扮演着非常重要的角色。能源成本的大幅降低以及作为电力需求供应的重要潜力已经充分证明风能在未来几十年将会保持持续增长[9, 10]。针对因风电机组系统复杂性和恶劣环境引起的高昂运维成本[14]，本书从风电机组和风电场两个角度研究了二者的维修决策建模和优化，以及考虑随机风速间歇性风电机组的机会维修决策的建模和优化问题，主要的研究工作和创新点如下：

（1）将风电场视为一个多设备并联系统，考虑风电机组之间的强经济相关性，研究了排队论系统在风电场系统中的应用。通过分析机组在固定故障率和变故障率下发生故障的规律，利用排队理论构建了故障机组的维修排队模型，由此提出了针对多设备并联系统进行成组维修的框架，为分析多设备并联系统的动态成组维修奠定了理论基础。

（2）研究了大型可修系统非完美维修效果建模和优化问题。针对像风电机组这样的大型可修系统的实际运维特性，利用维修次数、维修费用及役龄等直观变量对非完美维修后系统的可靠性水平进行了分析、建模，从而提出了可修系统的故障率函数更新模型。在此模型的基础上研究了风电机组的预防性动态非完美维修决策的建模和优化问题，该模型在保证机组基本可用度的同时降低了机组的运维成本，通过与其他已有文献中的非完美维修模型策略对比可知，本书提出的故障率函数更新模型能够更加真实地评估非完美维修后系统的可靠性水平，且为系统的非完美维修决策研究提供了切实可行的建模依据。

（3）将构建的风电场系统成组维修框架和故障率函数更新模型相结合，研究了风电场的动态最优成组维修决策建模和优化问题。根据非完美维修后风电机组的性能水平，及时调整风电场成组维修的维修间隔，继而给出了计算故障机组平均等待时间和停机损失的通式，通过权衡系统因成组维修节省的维修准备成本和故障机组未能被及时维修导致的停机损失，确定了最优的成组维修时故障机组的台数和维修间隔期。数值试验和应用风电场实际数据进行的案例研究验证了模型的正确性、有效性和可行性，与其他策略的对比分析结果则证明了模型的经济优势。

（4）进一步研究了状态维修下风电场系统的成组维修决策建模和优化问题，建立了多设备并联系统的最优状态成组维修决策模型。本书所建模型考虑了风电机组的故障后维修和定周期的状态检测，基于所构建的风电场成组维修框架，分析了状态维修下故障机组到达的规律，并由此建立了故障机组的平均等待时间模型。此外，在每个状态检测点上，受机组劣化状态、总故障机组台数及维修节省成本的影响，会出现多种维修情景，通过分析连续两个状态检测点上各种可能的维修场景，推导了风电机组的稳态概率密度函数，以此解决了由于对风电场实施成组维修导致的维修相关性问题。基于不同劣化参数的数值试验验证了此稳态概率密度函数的正确性和有效性，由此计算了系统出现各种维修需求的概率并构建了风电场的状态成组维修模型。模型的经济优势和有效性通过实例分析中的策略对比和灵敏性分析被证明。

（5）研究了考虑风速间歇性的风电机组的外部机会维修决策的建模和优化问题。风电机组与传统工业生产系统最大的不同在于其输出功率的不受控性，随机风速的间歇性导致了不可避免的机组能源生产等待阶段，这为机组的维修提供了外部机会。本书由此提出了风电机组的最优外部机会维修策略，从常规运行和能源生产等待两个方面分析了机组可能的维修方式，利用半更新理论构建了系统的费用率模型。在此模型中，定周期的预防性维修方式降低了机组发生故障的概率，同时通过充分利用能源生产等待提供的外部机会降低了机组的维修成本，二者的结合既保证了系统正常运行，又最大限度降低了系统的运维成本，同时数值试验结果证明了所提出的外部机会维修策略具有更好的成本效益，且最优维修策略的性能随着风速的变化而变化。

（6）考虑风电场中机组之间的强经济相关性和随机风速的间歇性，研究了机组的内外部联合机会维修决策建模和优化问题。在这种策略下，考虑两种类型的维修机会：一种是由风电场中其他故障机组提供的内部机会；另一种是由能源生产等待产生的外部机会。利用内部机会能够使机组与其他故障机组共享维修准备成本，达到降低维修成本的目的，而外部机会下的合理维修则能够在降低机组发生故障概率的同时最小化维修成本，内外部机会的联合维修能够充分发挥两种维修机会的优势。通过分析连续两个维修决策点之间风电机组劣化状态的演变规律推导出机组的稳态概率密度函数，在此基础上利用半更新理论构建了风电机组的内外部联合机会维修模型。

13.2 展望

纵然本书从多个方面对风电场和风电机组的维修决策建模和优化问题进行了深入研究和探索，并得出了一些结论，但是风电机组和风电场的维修决策研究本身是一个复杂的综合性课题，受机组状态数据分析、维修时间及维修可及性等方面的影响，仍有很多值得研究的新方向和新问题。因此，关于风电机组和风电场的维修决策的研究工作可以从风电机组和风电场两个角度沿着以下几个方面展开：

13.2.1 针对风电机组的维修决策研究方向

（1）对于风电机组的非完美维修效果可以通过本书所构建的故障率函数更新模型评估，从而使系统的可靠性评估结果与机组的实际情况相一致。纵然如此，在该模型中，故障率函数斜率调整因子 c 的取值大小对函数斜率的影响较为显著，如何选取合适的 c 值使故障率函数更新模型更加符合实际情况是值得深思的问题。同时，融入更多反映系统维修前后性能的可直观因素能够保证所构建的故障率函数更新模型的评估结果与实际更加接近，这也是未来系统非完美维修研究可考虑的方向之一。

（2）随着传感技术的发展，状态维修策略在风电场中的应用越来越成熟，基于本书所构建的故障率函数更新模型框架，研究状态维修下系统的非完美维修模型是一个值得探索的新方向。

（3）书中构建的随机风速间歇性的风电机组的外部机会维修模型或者联合内外部机会维修模型考虑融入外部因素对维修决策的影响，进一步分析维修时间、维修时间窗及非完美维修效果对模型的影响，并建立与之相关的维修决策模型将会是一个新的着眼点。

13.2.2　针对风电场的维修决策研究方向

（1）在本书所提出的风电场多设备并联系统动态非完美成组维修决策模型的基础上，进一步考虑风电机组的预防性非完美维修，设定相应的机组性能退化的预防维修阈值，在避免机组发生故障的前提下，利用成组维修策略尽可能降低维修成本，这是本书后续研究思路之一。

（2）状态维修下的风电场成组维修研究可以在对多台故障机组进行成组维修时考虑预防性非完美维修，这能够保证维修策略更贴近风电场的实际运维。

（3）对风电场系统成组维修决策建模时，进一步考虑风速间歇性提供的外部维修机会或其他机组故障产生的内部机会，或者将二者结合，这对具有风电场运维特性的多设备并联系统的维修决策建模问题会是一个新的突破。

（4）考虑维修资源、维修时间及维修时间窗等对风电场成组维修模型的影响，尽可能融合贯穿各种外界因素，构建与风电场实际情况更加一致的模型是提高风电行业经济效益值得探讨的方向。

参考文献

［1］ Carlos S, Sánchez A, Martorell S, Marton I. Onshore wind farms mainte-nance optimization using a stochastic model ［J］. Math Comput Model, 2013, 57 （7-8）: 1884-1890.

［2］ GWEC. Global Wind Report 2022 ［R/OL］. （2022-04-04）. https: // gwec. net/global-wind-report-2022/.

［3］ Xu J, Li L, Zheng B. Wind energy generation technological paradigm diffu-sion ［J］. Renewable and Sustainable Energy Reviews, 2016, 59 （6）: 436-449.

［4］ Wind Energy the Facts, The European Wind Energy Association （EWEA） ［OL］. http: //www. wind-energy-the-facts. org/.

［5］ Márquez F P G, Tobias A M, Pérez J M P, Papaelias M. Condition monito-ring of wind turbines: Techniques and methods ［J］. Renewable Energy, 2012, 46 （5）: 169-178.

［6］ Honrubia-Escribano A, Gómez-Lázaro E, Fortmann J, Sørensen P, Mar-tin-Martinez S. Generic dynamic wind turbine models for power system stability analy-sis: A comprehensive review ［J］. Renewable and Sustainable Energy Reviews, 2018, 81 （2）: 1939-1952.

［7］ Ren G, Liu J, Wan J, Guo Y, Yu D. Overview of wind power intermitten-cy: Impacts, measurements, and mitigation solutions ［J］. Applied Energy, 2017, 204 （11）: 47-65.

［8］Burt M, Firestone J, Madsen J A, Veron D E, Bowers R, Burt M, et al. Tall towers, long blades and manifest destiny: The migration of land-based wind from the Great Plains to the thirteen colonies ［J］. Applied Energy, 2017, 206 （11）: 487-497.

［9］Haces-Fernandez F, Li H, Ramirez D. Improving wind farm power output through deactivating selected wind turbines ［J］. Energy Conversion and Management, 2019, 187 （5）: 407-422.

［10］Aderinto T, Li H. Ocean wave energy converters: Status and challenges ［J］. Energies, 2018, 11 （5）: 1-26.

［11］欧洲海上风电. 重磅数据公布! 2018 年全球风电新增装机 5390 万千瓦 ［EB/OL］. （2019-02-26）. http://news. bjx. com. cn/html/20190226/965018. shtml.

［12］TechSci Research. Wind turbine operations and maintenance market-global market size, trends, and key country analysis to 2050 ［R］. 2017.

［13］Reder M D, Gonzalez E, Melero J J. Wind turbine failures - Tackling current problems in failure data analysis ［J］. Journal of Physics: Conference Series, 2016, 753 （7）: 072027.

［14］Márquez F P G, Pérez J M P, Marugán A P, Papaelias M. Identification of critical components of wind turbines using FTA over the time ［J］. Renewable Energy, 2016, 87 （2）: 869-883.

［15］Gao C, Sun M, Geng Y, Wu R, Chen W. A bibliometric analysis based review on wind power price ［J］. Applied Energy, 2016, 182: 602-612.

［16］He G, Ding K, Li W, Jiao X. A novel order tracking method for wind turbine planetary gearbox vibration analysis based on discrete spectrum correction technique ［J］. Renewable Energy, 2016, 87: 364-375.

［17］Chen J, Pan J, Li Z, Zi Y, Chen X. Generator bearing fault diagnosis for wind turbine via empirical wavelet transform using measured vibration signals ［J］. Renewable Energy, 2016, 89: 80-92.

［18］Thomas L. A survey of maintenance and replacement models for maintainability and reliability of multi-item systems [J]. Reliability Engineering, 1986, 16 (4): 297-309.

[19] Besnard F, Fischer K, Tjernberg L B. A Model for the optimization of the maintenance support organization for offshore wind farms [J]. IEEE Transactions on Sustainable Energy, 2013, 4 (2): 443-450.

[20] Dalgic Y, Lazakis I, Dinwoodie I, Mcmillan D, Revie M. Advanced logistics planning for offshore wind farm operation and maintenance activities [J]. Ocean Engineering, 2015, 101 (6): 211-226.

[21] Kijima M. Some results for repairable systems with general repair [J]. Journal of Applied Probability, 1989, 26 (1): 89-102.

[22] Bansal J C, Farswan P. Wind farm layout using biogeography based optimization [J]. Renewable Energy, 2017, 107 (7): 386-402.

[23] Wang L, Tan A C C, Cholette M E, Gu Y. Optimization of wind farm layout with complex land divisions [J]. Renewable Energy, 2017, 105 (5): 30-40.

[24] Parada L, Herrera C, Flores P, Parada V. Wind farm layout optimization using a Gaussian-based wake model [J]. Renewable Energy, 2017, 107 (7): 531-541.

[25] Li W, Özcan E, John R. Multi-objective evolutionary algorithms and hyper-heuristics for wind farm layout optimisation [J]. Renewable Energy, 2017, 105 (5): 473-482.

[26] Oliveira G, Magalhães F, Cunha Á, Caetano E. Continuous dynamic monitoring of an onshore wind turbine [J]. Engineering Structures, 2018, 164 (6): 22-39.

[27] Zhu Q, Peng H, van Houtum G J. A condition-based maintenance policy for multi-component systems with a high maintenance setup cost [J]. Or Spectrum, 2015, 37 (4): 1-29.

[28] Poppe J, Boute R N, Lambrecht M R. A hybrid condition-based maintenance policy for continuously monitored components with two degradation thresholds [J]. European Journal of Operational Research, 2018, 268 (2): 515-532.

［29］Zhang C, Gao W, Guo S, Li Y, Yang T. Opportunistic maintenance for wind turbines considering imperfect, reliability – based maintenance ［J］. Renewable Energy, 2017, 103 (4)：606-612.

［30］Sarker B R, Faiz T I. Minimizing maintenance cost for offshore wind turbines following multi–level opportunistic preventive strategy ［J］. Renewable Energy, 2016, 85 (1)：104-113.

［31］Sarker B R, Faiz T I. Minimizing transportation and installation costs for turbines in offshore wind farms ［J］. Renewable Energy, 2017, 101 (2)：667-679.

［32］Bangalore P, Patriksson M. Analysis of SCADA data for early fault detection, with application to the maintenance management of wind turbines ［J］. Renewable Energy, 2018, 115 (1)：521-532.

［33］Teng W, Ding X, Zhang Y, Liu Y, Ma Z, Kusiak A. Application of cyclic coherence function to bearing fault detection in a wind turbine generator under electromagnetic vibration ［J］. Mechanical Systems and Signal Processing, 2017, 87 (15)：279-293.

［34］van der Linden D, De Sitter G, Verbelen T, Devriendt C, Helsen J. Towards an evolvable data management system for wind turbines ［J］. Computer Standards and Interfaces, 2017, 51 (3)：87-94.

［35］Nielsen J J, Sørensen J D. On risk–based operation and maintenance of offshore wind turbine components ［J］. Reliability Engineering and System Safety, 2011, 96 (1)：218-229.

［36］Kusiak A, Li W. The prediction and diagnosis of wind turbine faults ［J］. Renewable Energy, 2011, 36 (1)：16-23.

［37］Khatab A, Aghezzaf E H, Djelloul I, Sari Z. Selective maintenance optimization for systems operating missions and scheduled breaks with stochastic durations ［J］. Journal of Manufacturing Systems, 2017, 43：168-177.

［38］Nakagawa T, Mizutani S, Chen M. A summary of periodic and random inspection policies ［J］. Reliability Engineering and System Safety, 2010, 95 (8)：906-911.

［39］Zhu W, Fouladirad M, Bérenguer C. A multi-level maintenance policy for a multi-component and multifailure mode system with two independent failure modes ［J］. Reliability Engineering and System Safety, 2016, 153（11）：50-63.

［40］周健. 基于机会维修策略的风电机组优化检修［D］. 保定：华北电力大学，2011.

［41］鄢盛腾. 基于机会维修模型的风电机组优化维修［D］. 保定：华北电力大学，2013.

［42］杨元，黎放，侯重远，杨磊. 基于相关性的多部件系统机会成组维修优化［J］. 计算机集成制造系统，2012（4）：827-832.

［43］赵洪山，鄢盛腾，刘景青. 基于机会维修模型的风电机组优化维修［J］. 电网与清洁能源，2012（7）：1-5.

［44］赵洪山，鄢盛腾，张小田. 风电机组确定性机会更换维修策略的研究［J］. 太阳能学报，2014，35（4）：568-575.

［45］陈玉晶. 基于机会维修策略的风电机组变桨系统维修优化研究［D］. 上海：上海电机学院，2014.

［46］陈玉晶，徐学渊，马慧民. 基于机会维修模型的风电机组变桨系统优化维修［J］. 电气自动化，2015，37（1）：61-63+80.

［47］de Jonge B, Teunter R, Tinga T. The influence of practical factors on the benefits of condition-based maintenance over time-based maintenance ［J］. Reliability Engineering and System Safety, 2017, 158（2）：21-30.

［48］Alaswad S, Xiang Y. A review on condition-based maintenance optimization models for stochastically deteriorating system ［J］. Reliability Engineering and System Safety, 2017, 157（1）：54-63.

［49］Yang L, Ma X, Zhao Y. A condition-based maintenance model for a three-state system subject to degradation and environmental shocks ［J］. Computers and Industrial Engineering, 2017, 105（3）：210-222.

［50］Duan C, Deng C, Wang B. Optimal multi-level condition-based maintenance policy for multi-unit systems under economic dependence ［J］. The International Journal of Advanced Manufacturing Technology, 2017, 91（9）：4299-4312.

［51］Yuan B, Spiessberger C, Waag T I. Eddy current thermography imaging for condition-based maintenance of overlay welded components under multi-degradation ［J］. Marine Structures, 2017, 53（5）：136-147.

［52］Siddiqui M A, Butt S I, Baqai A A, Lu J, Zhang F. A novel idea for optimizing condition-based maintenance using genetic algorithms and continuous event simulation techniques ［J］. Mathematical Problems in Engineering, 2017, 2017：1-10.

［53］Olde Keizer M C A, Flapper S D P, Teunter R H. Condition-based maintenance policies for systems with multiple dependent components：A review ［J］. European Journal of Operational Research, 2017, 261（2）：405-420.

［54］Feng Q, Bi X, Zhao X, Chen Y, Sun B. Heuristic hybrid game approach for fleet condition-based maintenance planning ［J］. Reliability Engineering and System Safety, 2017, 157：166-176.

［55］Tahan M, Tsoutsanis E, Muhammad M, Abdul Karim Z A. Performance-based health monitoring, diagnostics and prognostics for condition-based maintenance of gas turbines：A review ［J］. Applied Energy, 2017, 198：122-144.

［56］González-González A, Jimenez Cortadi A, Galar D, Ciani L. Condition monitoring of wind turbine pitch controller：A maintenance approach ［J］. Measurement, 2018, 123：80-93.

［57］Romero A, Soua S, Gan T-H, Wang B. Condition monitoring of a wind turbine drive train based on its power dependant vibrations ［J］. Renewable Energy, 2018, 123：817-827.

［58］Shafiee M, Finkelstein M. An optimal age-based group maintenance policy for multi-unit degrading systems ［J］. Reliability Engineering and System Safety, 2015, 134：230-238.

［59］Shafiee M. Maintenance logistics organization for offshore wind energy：Current progress and future perspectives ［J］. Renewable Energy, 2015, 77：182-193.

［60］Zhang X, Zeng J. A general modeling method for opportunistic maintenance modeling of multi-unit systems ［J］. Reliability Engineering and System Safety, 2015, 140（8）：176-190.

［61］张路朋．风电机组的状态机会维修策略［D］．保定：华北电力大学，2015.

［62］赵洪山，张路朋．基于可靠度的风电机组预防性机会维修策略［J］．中国电机工程学报，2014，34（22）：3777-3783.

［63］赵洪山，张健平，高夺，张路朋．风电机组的状态-机会维修策略［J］．中国电机工程学报，2015，35（15）：3851-3858.

［64］Li Z，Jiang Y，Guo Q，Hu C，Peng Z. Multi-dimensional variational mode decomposition for bearing-crack detection in wind turbines with large driving-speed variations［J］. Renewable Energy，2018，116：55-73.

［65］Shafiee M，Finkelstein M，Bérenguer C. An opportunistic condition-based maintenance policy for offshore wind turbine blades subjected to degradation and environmental shocks［J］. Reliability Engineering and System Safety，2015，142（12）：463-471.

［66］符杨，许伟欣，刘璐洁，赵华，庞莉萍．基于可及度评估的海上风机机会维修策略［J］．中国电力，2016，49（8）：74-80.

［67］Babishin V，Taghipour S. Optimal maintenance policy for multicomponent systems with periodic and opportunistic inspections and preventive replacements［J］. Applied Mathematical Modelling，2016，40（23-24）：10480-10505.

［68］Qiu Q，Cui L，Gao H. Availability and maintenance modelling for systems subject to multiple failure modes［J］. Computers and Industrial Engineering，2017，108：192-198.

［69］任丽娜．考虑维修的数控机床服役阶段可靠性建模与评估［D］．兰州：兰州理工大学，2016.

［70］Nassar M，Afify A Z，Dey S，Kumar D. A new extension of weibull distribution：Properties and different methods of estimation［J］. Journal of Computational and Applied Mathematics，2017，355（5）：1-19.

［71］戴怡．基于指数分布的数控机床可靠性评估优化方案［J］．中国机械工程，2011，22（22）：2735-2738.

［72］Cox D. Regression models and life table（with discussion）［J］. Journal of the Royal Statistical Society: Series B (Methodological), 1972, 34 (2): 187-202.

[73] Kijima M, Morimura H, Suzuki Y. Periodical replacement problem without assuming minimal repair [J]. European Journal of Operational Research, 1988, 37 (2): 194-203.

[74] Doyen L, Gaudoin O, Syamsundar A. On geometric reduction of age or intensity models for imperfect maintenance [J]. Reliability Engineering and System Safety, 2017, 168 (12): 40-52.

[75] Bartholomew-Biggs M, Zuo M J, Li X. Modelling and optimizing sequential imperfect preventive maintenance [J]. Reliability Engineering and System Safety, 2009, 94 (1): 53-62.

[76] Jacopino A, Groen F, Mosleh A. Behavioural study of the general renewal process [C]. Annual Symposium Reliability and Maintainability, 2004-RAMS, 2004.

[77] Rodionov A, Atwood C L, Kirchsteiger C, Patrik M. Demonstration of statistical approaches to identify component's ageing by operational data analysis—A case study for the ageing PSA network [J]. Reliability Engineering and System Safety, 2008, 93 (10): 1534-1542.

[78] Le M D, Tan C M. Optimal maintenance strategy of deteriorating system under imperfect maintenance and inspection using mixed inspectionscheduling [J]. Reliability Engineering and System Safety, 2013, 113 (6): 21-29.

[79] Doyen L, Gaudoin O. Classes of imperfect repair models based on reduction of failure intensity or virtual age [J]. Reliability Engineering and System Safety, 2004, 84 (1): 45-56.

[80] Tanwar M, Rai R N, Bolia N. Imperfect repair modeling using Kijima type generalized renewal process [J]. Reliability Engineering and System Safety, 2014, 124 (4): 24-31.

[81] 张琛, 郭盛, 高伟, 邱逢涛, 杨涛, 李友良. 基于可靠度的风电机组机会维修策略 [J]. 广东电力, 2016, 29 (2): 40-44.

[82] 赵洪山, 张健平, 程亮亮, 李浪. 考虑不完全维修的风电机组状态-机会维修策略 [J]. 中国电机工程学报, 2016, 36 (3): 701-708.

［83］ Yang L, Zhao Y, Peng R, Ma X. Opportunistic maintenance of production systems subject to random wait time and multiple control limits ［J］. Journal of Manufacturing Systems, 2018, 47 (4): 12-34.

［84］ Byon E. Wind turbine operations and maintenance: A tractable approximation of dynamic decision making ［J］. IIE Transactions, 2013, 45 (11): 1188-1201.

［85］ Albadi M H, El-Saadany E F. Overview of wind power intermittency impacts on power systems ［J］. Electric Power Systems Research, 2010, 80 (6): 627-632.

［86］ Xu Z, Hong Y, Meeker W Q, Osborn B E, Illouz K. A multi-level trend-renewal process for modeling systems with recurrence data ［J］. Technometrics, 2015, 59 (2): 225-236.

［87］ Xu Z, Hong Y, Meeker W Q. Assessing risk of a serious failure mode based on limited field data ［J］. IEEE Transactions on Reliability, 2015, 64 (1): 51-62.

［88］ Ba H T, Cholette M E, Borghesani P, Zhou Y, Ma L. Opportunistic maintenance considering non-homogenous opportunity arrivals and stochastic opportunity durations ［J］. Reliability Engineering and System Safety, 2017, 160: 151-161.

［89］ Qiu Q, Cui L, Gao H, Yi H. Optimal allocation of units in sequential probability series systems ［J］. Reliability Engineering and System Safety, 2018, 169 (1): 351-363.

［90］ Pandey M, Zuo M J, Moghaddass R, Tiwari M K. Selective maintenance for binary systems under imperfect repair ［J］. Reliability Engineering and System Safety, 2013, 113 (1): 42-51.

［91］ Pandey M, Zuo M J, Moghaddass R. Selective maintenance modeling for a multistate system with multistate components under imperfect maintenance ［J］. Iie Transactions, 2013, 45 (11): 1221-1234.

［92］ Dao C D, Zuo M J, Pandey M. Selective maintenance for multi-state series-parallel systems under economic dependence ［J］. Reliability Engineering and System Safety, 2014, 121: 240-249.

［93］ Nakagawa T. Random maintenance policies ［M］. London: Springer, 2014.

［94］ Li P, Wang W, Peng R. Age-based replacement policy with consideration of production wait time ［J］. IEEE Transactions on Reliability, 2016, 65 (1): 235-247.

［95］ Cavalcante C A V, Lopes R S, Scarf P A. A general inspection and opportunistic replacement policy for one-component systems of variable quality ［J］. European Journal of Operational Research, 2018, 266 (3): 911-919.

［96］ Yang L, Zhao Y, Peng R, Ma X. Hybrid preventive maintenance of competing failures under random environment ［J］. Reliability Engineering and System Safety, 2018, 174 (6): 825-834.

［97］ Atashgar K, Abdollahzadeh H. Reliability optimization of wind farms considering redundancy and opportunistic maintenance strategy ［J］. Energy Conversion and Management, 2016, 112 (15): 445-458.

［98］ Tian Z, Jin T, Wu B, Ding F. Condition based maintenance optimization for wind power generation systems under continuous monitoring ［J］. Renewable Energy, 2011, 36 (5): 1502-1509.

［99］ Igba J, Alemzadeh K, Durugbo C, Eiriksson E T. Analysing RMS and peak values of vibration signals for condition monitoring of wind turbine gearboxes ［J］. Renewable Energy, 2016, 91 (3): 90-106.

［100］ Zhao H, Liu H, Hu W, Yan X. Anomaly detection and fault analysis of wind turbine components based on deep learning network ［J］. Renewable Energy, 2018, 127 (11): 825-834.

［101］ Le D D, Berizzi A, Bovo C. A probabilistic security assessment approach to power systems with integrated wind resources ［J］. Renewable Energy, 2016, 85 (1): 114-123.

［102］ Abdollahzadeh H, Atashgar K, Abbasi M. Multi-objective opportunistic maintenance optimization of a wind farm considering limited number of maintenance groups ［J］. Renewable Energy, 2016, 88 (4): 247-261.

［103］ 肖运启, 王昆朋, 贺贯举, 孙燕平, 杨锡运. 基于趋势预测的大型风

电机组运行状态模糊综合评价 [J]. 中国电机工程学报，2014，34（13）：2132-2139.

［104］Mirhassani S A，Yarahmadi A. Wind farm layout optimization under uncertainty [J]. Renewable Energy，2017，107（7）：288-297.

［105］Ursavas E. A benders decomposition approach for solving the offshore wind farm installation planning at the North Sea [J]. European Journal of Operational Research，2017，258（2）：703-714.

［106］Yin P Y，Wu T H，Hsu P Y. Risk management of wind farm micro-siting using an enhanced genetic algorithm with simulation optimization [J]. Renewable Energy，2017，107（7）：508-521.

［107］Chaouachi A，Covrig C F，Ardelean M. Multi-criteria selection of offshore wind farms：Case study for the Baltic States [J]. Energy Policy，2017，103（4）：179-192.

［108］Farajzadeh S，Ramezani M H，Nielsen P，Nadimi E S. Statistical modeling of the power grid from a wind farm standpoint [J]. Electric Power Systems Research，2017，144：150-156.

［109］Gigović L，Pamučar D，Božanić D，Ljubojević S. Application of the GIS-DANP-MABAC multi-criteria model for selecting the location of wind farms：A case study of Vojvodina，Serbia [J]. Renewable Energy，2017，103：501-521.

［110］Yao J，Liu R，Zhou T，Hu W，Chen Z. Coordinated control strategy for hybrid wind farms with DFIG-based and PMSG-based wind farms during network unbalance [J]. Renewable Energy，2017，105：748-763.

［111］Rashid G，Ali M H. Fault ride through capability improvement of DFIG based wind farm by fuzzy logic controlled parallel resonance fault current limiter [J]. Electric Power Systems Research，2017，146：1-8.

［112］Ghorbani A，Mehrjerdi H，Al-Emadi N A. Distance-differential protection of transmission lines connected to wind farms [J]. International Journal of Electrical Power and Energy Systems，2017，89：11-18.

［113］Khenar M，Adabi J，Pouresmaeil E，Gholamian A，Catalão J. A control

strategy for a multi-terminal HVDC network integrating wind farms to the AC grid [J].
International Journal of Electrical Power and Energy Systems, 2017, 89: 146-155.

[114] Kim Y H, Lim H C. Effect of island topography and surface roughness on the estimation of annual energy production of offshore wind farms [J]. Renewable Energy, 2017, 103: 106-114.

[115] Irawan C A, Song X, Jones D, Akbari N. Layout optimisation for an installation port of an offshore wind farm [J]. European Journal of Operational Research. 2017, 259 (1): 67-83.

[116] Astariz S, Iglesias G. The collocation feasibility index-A method for selecting sites for co-located wave and wind farms [J]. Renewable energy, 2017, 103: 811-824.

[117] Abdulrahman M, Wood D. Investigating the Power-COE trade-off for wind farm layout optimization considering commercial turbine selection and hub height variation [J]. Renewable Energy, 2017, 102: 267-278.

[118] Lei X, Sandborn P A. Maintenance scheduling based on remaining useful life predictions for wind farms managed using power purchase agreements [J]. Renewable Energy, 2018, 116: 188-198.

[119] 黄玲玲, 曹家麟, 张开华, 符杨, 徐涵璐. 海上风电机组运行维护现状研究与展望 [J]. 中国电机工程学报, 2016, 36 (3): 729-738.

[120] Tian Z, Liao H. Condition based maintenance optimization for multi-component systems using proportional hazards model [J]. Reliability Engineering and System Safety, 2011, 96 (5): 581-589.

[121] Mwanza B G, Mbohwa C. Safety in maintenance: An improvement framework [J]. Procedia Manufacturing, 2017, 8: 657-664.

[122] Vilarinho S, Lopes I, Oliveira J A. Preventive maintenance decisions through maintenance optimization models: A case study [J]. Procedia Manufacturing. 2017, 11: 1170-1177.

[123] Madureira S, Flores-Colen I, de Brito J, Pereira C. Maintenance planning of facades in current buildings [J]. Construction and Building Materials, 2017,

147: 790-802.

[124] Bokrantz J, Skoogh A, Berlin C, Stahre J. Maintenance in digitalised manufacturing: Delphi-based scenarios for 2030 [J]. International Journal of Production Economics, 2017, 191: 154-169.

[125] Assaf D, Shanthikumar J G. Optimal group maintenance policies with continuous and periodic inspection [J]. Management Science, 2011, 33 (11): 1440-1452.

[126] Wilson J G, Benmerzouga A. Bayesian group replacement policies [J]. Operations Research, 2012, 43 (43): 471-476.

[127] Wildeman R E, Dekker R, Smit A C J M. A dynamic policy for grouping maintenance activities [J]. European Journal of Operational Research, 1997, 99 (3): 530-551.

[128] Van P D, Barros A, Bérenguer C, Bouvard K, Brissaud F. Dynamic grouping maintenance with time limited opportunities [J]. Reliability Engineering and System Safety, 2013, 120 (120): 51-59.

[129] Vu H C, Do P, Barros A, Bérenguer C. Maintenance grouping strategy for multi-component systems with dynamic contexts [J]. Reliability Engineering and System Safety, 2014, 132: 233-249.

[130] Do P, Vu H C, Barros A, Bérenguer C. Maintenance grouping for multi-component systems with availability constraints and limited maintenance teams [J]. Reliability Engineering and System Safety, 2015, 142: 56-67.

[131] Xiao L, Song S, Chen X, Coit D W. Joint optimization of production scheduling and machine group preventive maintenance [J]. Reliability Engineering and System Safety, 2016, 146: 68-78.

[132] Jonge B D, Klingenberg W, Teunter R, Tinga T. Reducing costs by clustering maintenance activities for multiple critical units [J]. Reliability Engineering and System Safety, 2015, 145: 93-103.

[133] Barron Y. Group maintenance policies for an R-out-of-N system with phase-type distribution [J]. Annals of Operations Research, 2018, 261 (1-2):

79-105.

［134］Aizpurua J I, Catterson V M, Papadopoulos Y, Chiacchio F, D'Urso D. Supporting group maintenance through prognostics-enhanced dynamic dependability prediction ［J］. Reliability Engineering and System Safety, 2017, 168: 171-188.

［135］Byon E, Ding Y. Season-dependent condition-based maintenance for a wind turbine using a partially observed Markov Decision Process ［J］. IEEE Transactions on Power Systems, 2010, 25（4）: 1823-1834.

［136］Ozay C, Celiktas M S. Statistical analysis of wind speed using two-parameter Weibull distribution in Alaçatı region ［J］. Energy Conversion and Management, 2016, 121（8）: 49-54.

［137］Byon E, Ntaimo L, Ding Y. Optimal maintenance strategies for wind turbine systems under stochastic weather conditions ［J］. IEEE Transactions on Reliability, 2010, 59（2）: 393-404.

［138］Kendall D G. Stochastic processes occurring in the theory of queues and their analysis by the method of the imbedded Markov chain ［J］. The Annals of Mathematical Statistics, 1953, 24（3）: 338-354.

［139］曹慧. 基于蚁群算法的集装箱码头船舶调度优化问题研究 ［D］. 大连: 大连海事大学, 2012.

［140］陈玲. 基于排队论的工程建设现场监理人员配备量化研究 ［D］. 郑州: 郑州大学, 2014.

［141］Yu S, Liu Z, Wu J. Equilibrium strategies of the unobservable M/M/1 queue with balking and delayed repairs ［J］. Applied Mathematics and Computation, 2016, 290（11）: 56-65.

［142］Economou A, Manou A. Equilibrium balking strategies for a clearing queueing system in alternating environment ［J］. Annals of Operations Research, 2011, 208（1）: 489-514.

［143］Guha D, Goswami V, Banik A D. Equilibrium balking strategies in renewal input batch arrival queues with multiple and single working vacation ［J］. Performance Evaluation, 2015, 94（12）: 1-24.

［144］姚运志，孟晨，王成. 考虑失效相关的多部件系统最优预防维修策略 ［J］. 计算机集成制造系统，2013，19（12）：2976-2981.

［145］姚运志，孟晨，王成，田再克，冯德龙. 状态监测下装备最优预防维修策略 ［J］. 计算机集成制造系统，2013，19（12）：2968-2975.

［146］Bountali O，Economou A. Equilibrium joining strategies in batch service queueing systems ［J］. European Journal of Operational Research，2017，260（3）：1142-1151.

［147］Kim C，Klimenok V I，Dudin A N. Analysis of unreliable BMAP/PH/N type queue with Markovian flow of breakdowns ［J］. Applied Mathematics and Computation，2017，314（12）：154-172.

［148］Ziani S，Rahmoune F，Radjef M S. Customers' strategic behavior in batch arrivals M2/M/1 queue ［J］. European Journal of Operational Research，2015，247（3）：895-903.

［149］Clegg R G. A discrete–time Markov–modulated queuing system with batched arrivals ［J］. Performance Evaluation，2010，67（5）：376-385.

［150］Falin G I. A single–server batch arrival queue with returning customers ［J］. European Journal of Operational Research，2010，201（3）：786-790.

［151］Yildirim U，Hasenbein J J. Admission control and pricing in a queue with batch arrivals ［J］. Operations Research Letters，2010，38（5）：427-431.

［152］Claeys D，Walraevens J，Laevens K，Bruneel H. Analysis of threshold–based batch–service queueing systems with batch arrivals and general service times ［J］. Performance Evaluation，2011，68（6）：528-549.

［153］Çerekçi A，Banerjee A. Effect of upstream re–sequencing in controlling cycle time performance of batch processors ［J］. Computers and Industrial Engineering，2015，88（10）：206-216.

［154］Bierbooms W A A M，van Bussel G. The impact of different means of transport on the operation and maintenance strategy for offshore wind farms ［C］. International Conference on Marine Renewable Energy，2002.

［155］卢震，郭巧顺，徐健. 基于周期性不完全预防性维修的最优经济生产

批量决策［J］. 系统工程理论与实践，2017，37（10）：2621-2629.

［156］杨志秀. 可修复系统不完全预防性维修策略研究［D］. 秦皇岛：燕山大学，2013.

［157］刘腾. 基于有效役龄的变电站断路器优化维修策略的研究［D］. 保定：华北电力大学，2016.

［158］Yeh R H, Kao K C, Chang W L. Preventive–maintenance policy for leased products under various maintenance costs［J］. Expert Systems with Applications, 2011, 38（4）：3558-3562.

［159］Ilgin M A, Tunali S. Joint optimization of spare parts inventory and maintenance policies using genetic algorithms［J］. International Journal of Advanced Manufacturing Technology, 2007, 34（5-6）：594-604.

［160］Poore R. Development of an operations and maintenance cost model to identify cost of energy savings for low wind speed turbines：Julyz, 2004–June 30, 2008［R］, 2008.

［161］Mazhar A K M. Reliable preventive maintenance scheduling［J］. AIIE Transactions, 1979, 11（3）：221-228.

［162］Chan J K, Shaw L. Modeling repairable systems with failure rates that depend on age and maintenance［J］. IEEE Transactions on Reliability, 1993, 42（4）：566-571.

［163］张民悦，李丹丹. 基于混合故障率的并联系统预防维修优化及其仿真［J］. 四川理工学院学报（自然科学版），2014（2）：87-90.

［164］杨云聪，何平. 可靠度限制下弹性周期预防维修模型［J］. 黄冈师范学院学报，2012（3）：10-14.

［165］Chan D, Mo J. Life cycle reliability and maintenance analyses of wind turbines［J］. Energy Procedia, 2017, 110：328-333.

［166］Tsai Y T, Wang K S, Tsai L C. A study of availability–centered preventive maintenance for multi–component systems［J］. Reliability Engineering and System Safety, 2004, 84（3）：261-270.

［167］Castanier B, Grall A, Bérenguer C. A condition–based maintenance policy with non-periodic inspections for a two-unit series system [J]. Reliability Engineering and System Safety, 2005, 87 (1): 109-120.

[168] Wang L, Chu J, Mao W. A condition-based order-replacement policy for a single-unit system [J]. Applied Mathematical Modelling, 2008, 32 (11): 2274-2289.

[169] Wang L, Chu J, Mao W. A condition-based replacement and spare provisioning policy for deteriorating systems with uncertain deterioration to failure [J]. European Journal of Operational Research, 2009, 194 (1): 184-205.

[170] Zhou W, Wang D, Sheng J, Guo B. Collaborative optimization of maintenance and spare ordering of continuously degrading systems [J]. Journal of Systems Engineering and Electronics, 2012, 23 (1): 63-70.

[171] Zhang X, Zeng J. Joint optimization of condition-based opportunistic maintenance and spare parts provisioning policy in multiunit systems [J]. European Journal of Operational Research, 2017, 262 (2): 479-498.

[172] Giorsetto P, Utsurogi K F. Development of a new procedure for reliability modeling of wind turbine generators [J]. IEEE Power Engineering Review, 1983, PER-3 (1): 138.

[173] Ross S. Introduction to Probability Models [M]. New York: Academic Press, 2014.

[174] Press W S, Teukolsky S A, Vetterling W T, Flannery B P. Book review: Numerical recipes in C: The art of scientific computing/Cambridge University Press, 1993 [J]. The Observatory, 1993, 113 (113): 214.

[175] Jung C, Schindler D, Laible J. National and global wind resource assessment under six wind turbine installation scenarios [J]. Energy Conversion and Management, 2018, 156 (1): 403-415.